# 通信线路

王　邠　王泉啸　主编

张炯韬　徐德龙　张国候　叶培欣　主审

中国铁道出版社

2011年·北京

## 内 容 简 介

本书以项目的形式系统地介绍了通信线路维护的主要内容，分为5个项目，即电缆接续、电缆测试、光缆接续、光缆测试、通信线路工程设计。每个项目包括若干模块，每个模块均包含学习目标、工作任务、阅读与理解、实践与操作、评价完成质量、相关理论知识、想一想等内容。通过学习本书内容，可以对通信线路的维护有一个较全面的了解和掌握。

本书为铁路高等职业教育及城市轨道交通企业职工培训教材，也可作为从事铁路通信信号的工程技术人员和科技人员的参考用书。

**图书在版编目(CIP)数据**

通信线路/王邠，王泉啸主编. —北京：中国铁道出版社，2011.7
ISBN 978-7-113-13139-5

Ⅰ.①通… Ⅱ.①王… ②王… Ⅲ.①通信线路
Ⅳ.①TN913.3

中国版本图书馆CIP数据核字(2011)第112682号

**书　　名：通信线路**
**作　　者：**王邠　王泉啸　主编

---

**责任编辑：**崔忠文　朱雪玲　**电话：**010-51873146　**电子信箱：**dianwu@vip.sina.com
**编辑助理：**董苗苗　李嘉懿
**封面设计：**郑春鹏
**责任校对：**张玉华
**责任印制：**郭向伟

---

**出版发行：**中国铁道出版社(100054，北京市宣武区右安门西街8号)
**网　　址：**http://www.tdpress.com
**印　　刷：**三河市兴达印务有限公司
**版　　次：**2011年8月第1版　2011年8月第1次印刷
**开　　本：**787mm×1092mm　1/16　印张：14　字数：347千
**书　　号：**ISBN 978-7-113-13139-5
**定　　价：**35.00元

---

# 前　　言

在专业课教学中，如何调动学生的学习积极性、主动性和创造性，将教学“寓教于乐”呢？行之有效的一种方法就是项目教学法。项目教学法是师生通过共同实施一个完整的“教学项目”而进行的教学活动。为此，我们以项目的形式编写了通信线路教材。在教材中体现“三个转变”：由以课堂为中心转变为以实训为中心；由以课本为中心转变为以项目为中心；由以教师为中心转变为以学生为中心。

本书按照项目来划分内容。每个项目包含若干模块，每个模块均包含学习目标、工作任务、阅读与理解、实践与操作、评价完成质量、相关理论知识、想一想等内容。书后附有相关的实训内容，供读者进行试验操作。

本书根据铁路通信信号、信息工作岗位职责，参考国家通信行业职业鉴定标准和铁路信号职业鉴定标准编写，是一本适合于铁路通信信号专业、电子信息类专业“通信线路”课程使用的教材。本书建议讲授课时为90学时。

通信线路是通信网的重要组成部分，是信息化的基础设施，因此，维护通信线路的安全就是保证通信的安全和行车的安全。本书共分5个项目，系统讲述了通信线路维护的各种技术。

项目一　电缆接续：学习通信电缆的类型、结构及色谱，电缆线序编排方法，完成电缆线序编排、电缆芯线的接续、电缆接头封合，培养学生正确识别电缆的能力，以及准确进行电缆线序编排、芯线接续、接头封的能力。

项目二　电缆测试：学习通信电缆单盘检测、直流电测试、交流电测试、障碍测试，培养学生电缆施工单盘检测、交直流电测试、障碍检测等工作技能。

项目三　光缆接续：学习通信光纤光缆及熔接机知识，完成光纤的熔接、光缆接续，培养学生通信光缆线路障碍维修技能。

项目四　光缆测试：学习通信光缆测试知识，完成通信光缆传输指标测试及单盘光缆测试，培养学生通信光缆线路测试技能。

项目五　通信线路工程设计：学习通信线路工程量计算知识，完成通信线路工程量及通信线路设备安装工程量计算；学习通信线路工程概、预算表格编制方法，完成通信通信线路工程量表一至表五的编制；学习通信线路工程概、预算文件说明编制方法，完成通信通信线路工程概、预算文件说明及文件编写；培养学生通信线路工程设计能力。

全书由南京铁道职业技术学院王邠、王泉啸主编，李国虎副主编，并由张炯韬、徐德龙、张国候、叶培欣主审。在本书审定和编写过程中提供大量帮助的个人有：蒋勇、袁孝钧、邓建芳、龙章勇、晏蓉、赵丽花、薄宜勇、康瑞锋、李萍、刘永林、徐漳、王予平。在本书编写过程中提供大量帮助的单位有：上海铁路局电务处、中国铁路通信信号总公司苏州光缆工艺研究所。编者在此表示忠心的感谢。

由于编者水平所限，本书中错误、不妥之处在所难免，望读者给予提出批评指正，不断提高教材质量。

编者

2011年6月于南京

# 目　　录

**项目一　电缆接续** …… 1

模块一　全塑通信电缆的线序编排 …… 1
模块二　全塑电缆芯线的接续 …… 27
模块三　全塑电缆接头的封合 …… 38

**项目二　电缆测试** …… 58

模块一　通信电缆的单盘检测 …… 58
模块二　通信电缆直流电测试 …… 65
模块三　通信电缆交流电测试 …… 70
模块四　通信电缆障碍测试 …… 75

**项目三　光缆接续** …… 90

模块一　光纤熔接 …… 90
模块二　光缆接续 …… 106

**项目四　光缆测试** …… 120

**项目五　通信线路工程设计** …… 134

模块一　工程量的计算 …… 134
模块二　概、预算表格的编制 …… 161
模块三　概、预算文件的编写 …… 169

**附　　录** …… 198

实训一　电缆芯线接续 …… 198
实训二　电缆接头封合 …… 200
实训三　电缆的单盘检验 …… 200
实训四　线路绝缘电阻测试 …… 203
实训五　电缆线路障碍测试 …… 204
实训六　用万用表测试电缆线路 …… 205
实训七　接地电阻测试 …… 207
实训八　电缆串音测试 …… 207
实训九　环路电阻、不平衡电阻测试 …… 209
实训十　光纤熔接 …… 210
实训十一　光缆测试 …… 212
实训十二　通信线路工程概、预算 …… 214

**参考文献** …… 216

# 项目一　电缆接续

通信电缆接续是通信电缆线路施工与维护的重要工作之一。为保证通信线路的传输质量，必须按照国家通信行业标准认真完成通信电缆的接续。

**学习目标**

（一）掌握电缆的结构、种类及特性；
（二）掌握电缆接续规定；
（三）掌握电缆接续方法。

**工作任务**

（一）会用模块接续机进行电缆接续；
（二）会用接线子进行电缆接续。

## 模块一　全塑通信电缆的线序编排

### 一、学习目标

（一）掌握电缆对号、放音、编号原理；
（二）能识别电缆端别；
（三）能识别电缆的类型；
（四）能识别电缆的型号。

### 二、工作任务

（一）会用开剥工具开剥电缆；
（二）能识别电缆的色谱；
（三）能进行电缆芯线对号；
（四）能准确进行线序编排。

### 三、阅读与理解

（一）通信对称电缆的分类和型号

从事通信电缆工程设计、施工和维护等工作，首先应对通信电缆产品要有清晰、准确的认识。

1. 全塑电缆的分类

全塑市内通信电缆无论是芯线绝缘还是成缆后的包层和护套，均采用聚烯烃塑料制成。

全塑市内通信电缆的常见类型为：

(1)按电缆结构类型分类——非填充型和填充型；

(2)按导线材料分类——铜导线和铝导线；

(3)按芯线绝缘结构分类——实心绝缘、泡沫绝缘和泡沫/实心皮绝缘；

(4)按线对绞合方式分类——对绞式和星绞式；

(5)按芯线绝缘颜色分类——全色谱和普通色谱；

(6)按缆芯结构分类——同心式(层绞式)、单位式、束绞式和SZ绞；

(7)按屏蔽方式分类——单层涂塑铝带屏蔽、多层铝及钢金属带复合屏蔽，而屏蔽带又分绕包和纵包；

(8)按护套分类——单层塑料护套、双层塑料护套、综合护套、粘接护套、密封金属/塑料护套和特种护套；

(9)按外护层分类——单层、双层钢带铠装和钢丝铠装塑料护层；

(10)按用途分类——传输模拟信号和传输数字信号；

(11)按敷设方式分类——架空、管道、直埋、水底电缆等。

2. 全塑电缆的型号

电缆型号是识别电缆规格程式和用途的代号。按照用途、芯线结构、导线材料、绝缘材料、护层材料、外护层材料等，分别用不同的汉语拼音字母和数字来表示，称为电缆型号。按照原邮电部行业标准(YD 2001—92)，全塑电缆型号的表示方法和意义见表1—1。

**表1—1　电缆型号中各代号的含义**

| 类别、用途 | 导体 | 绝缘层 | 内护层 | 特征 | 外护层 | 派生 |
|---|---|---|---|---|---|---|
| H市话电缆<br>HE长途通信电缆<br>HJ局用电缆<br>HP配线电缆 | G钢<br>L铝<br>T铜(省略不标) | M棉纱<br>V聚氯乙烯<br>Y聚乙烯<br>YF泡沫聚乙烯<br>Z纸(省略不标)<br>YP聚乙烯发泡带实心皮 | A铝—聚乙烯综合粘接护层<br>BM棉纱编织<br>G钢管<br>GW皱纹钢管<br>L铝管<br>LW皱纹铝管<br>Q铅包(省略不标)<br>S钢—铝—聚乙烯<br>V聚氯乙烯<br>Y聚乙烯<br>AG表示铝塑综合粘接护层的复合铝带是轧纹的 | B扁、平行<br>C自承式<br>J交换机用<br>P屏蔽<br>T填充石油膏<br>Z表示综合电缆兼有高、低频线对 | 02聚氯乙烯套<br>03聚乙烯套<br>20裸钢带铠装<br>(21)钢带铠装纤维外被<br>22钢带铠装聚氯乙烯套<br>23钢带铠装聚乙烯套<br>30裸细圆钢丝铠装<br>(31)细圆钢丝铠装纤维外被<br>32细圆钢丝铠装聚氯乙烯套<br>33细圆钢丝铠装聚乙烯套<br>(40)裸粗圆钢丝铠装<br>41粗圆钢丝铠装纤维外被<br>(42)粗圆钢丝铠装聚氯乙烯套<br>(43)粗圆钢丝铠装聚乙烯套<br>441双粗圆钢丝铠装纤维外被<br>241钢带—粗圆钢丝铠装纤维外被<br>2441钢带—双粗圆钢丝铠装纤维外被 | —1第一种<br>—2第二种<br>—252<br>252 kHz<br>—120<br>120 kHz |

全塑市内通信电缆型号中各代号的排列次序如图1—1所示。

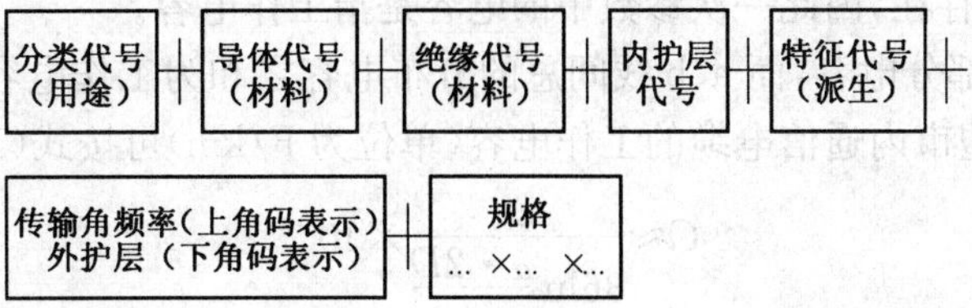


图 1—1　电缆型号构成

示例：HYA-100×2×0.5。

HYA-100×2×0.5 表示铜芯、实心聚烯烃绝缘、涂塑铝带粘接屏蔽、容量 100 对、对绞式、线径为 0.5 mm 的全塑市内通信电缆。

(二)通信对称电缆的主要电气参数

1. 全塑电缆的一次参数

全塑电缆的一次参数包括回路有效电阻 $R$、电感 $L$、电容 $C$ 和绝缘电导 $G$。

(1)回路有效电阻 $R$

全塑市内通信电缆回路的有效电阻 $R$ 由直流电阻 $R_0$ 和交流电阻 $R_{\sim}$ 组成。

$$R=R_0+R_{\sim} \tag{1—1}$$

全塑市内通信电缆常用于 5 000 Hz 以下，电缆回路的有效电阻 $R$ 近似等于回路的直流电阻 $R_0$（单位为 Ω/km），计算公式为

$$R\approx R_0=\lambda\rho\frac{8\ 000}{\pi d^2} \tag{1—2}$$

式中　$\rho$——导线的电阻系数，在 20℃时铜和铝的电阻系数分别为 0.017 5 和 0.023 8；

$d$——导线直径，mm；

$\lambda$——电缆芯线总绞合系数，即扭绞电缆芯线的实际长度与电缆标称长度之比，一般总绞合系数为 1.005～1.070。

当环境温度不是 20℃时，回路电阻可用下式换算：

$$R_t=R_{20}[1+\alpha(t-20)] \tag{1—3}$$

式中　$R_t$——温度为 $t$ 时的回路电阻；

$R_{20}$——温度为 20℃时的回路电阻；

$\alpha$——导体的电阻温度系数（铜为 0.003 93，铝为 0.004 10）；

$t$——计算时的环境温度，℃。

(2)回路电感 $L$

电缆回路的电感决定于导线的相对位置、材料和形状等。全塑电缆传输音频信号时，回路电感（单位为 H/km）的近似值可用下式计算：

$$L=4\ln\frac{2a}{d}\times10^{-4} \tag{1—4}$$

式中　$a$——两导线中心间的距离，mm；

$d$——线径，mm。

(3)回路电容 $C$

电缆回路两根导线相当于电容器的两个极板，线间绝缘相当于介质，电缆芯线间的电容是均匀分布的，回路电容分为工作电容和部分电容（分布电容），由于任何相邻芯线间和芯线与屏

蔽间都会有分布电容存在，因此一次参数中的电容是指工作电容。

a、b 线间电容为部分电容，而 a、b 线间总的分布电容之和为工作电容，它是决定传输质量的重要参数之一，全塑市内通信电缆的工作电容(单位为 F/km)可按式(1－5)计算：

$$C\approx\frac{\varepsilon_r}{36\ln\frac{\alpha\cdot 2D}{d}}\times 10^{-6} \tag{1-5}$$

式中　$\varepsilon_r$——绝缘媒质的相对介电常数；

$\alpha$——由于芯线扭绞形式而决定的校正系数(对绞式为 0.94，星绞式为 0.74)；

$D$——两根芯线间的距离，mm；

$d$——芯线直径，mm。

(4)绝缘电导 $G$

电缆芯线虽然包有绝缘物质，但任何绝缘物质都不可能绝对不导电，因此回路上总存在着一定的漏电通道，漏电回路是并联的，所以用电导参数。电缆回路的绝缘电导(单位为 S/km)由直流电导 $G_0$ 和交流电导 $G_\sim$ 组成，可用式(1－6)表示：

$$G=G_0+G_\sim \tag{1-6}$$

其中 $G_0$ 是由于介质的绝缘不完善对直流造成泄漏而引起的，$G_\sim$ 则是由于介质产生循环极化而引起的。实际上 $G_0\ll G_\sim$，直流绝缘电导 $G_0$ 忽略不计，因此绝缘电导可按式(1－7)计算：

$$G\approx G_\sim=\omega C\tan\sigma \tag{1-7}$$

式中　$\omega$——传输信号的角频率，rad/s；

$C$——回路电容，F/km；

$\tan\sigma$——介质损耗角的正切。

从式(1－7)可知，$G$ 与传输信号的频率 $\omega$、电缆回路工作电容 $C$ 和绝缘介质的介质损耗角的正切 $\tan\sigma$ 成正比。

全塑市内通信电缆验收时经常测试每根绝缘导线与其他导线和屏蔽地之间的绝缘电阻和绝缘耐压试验。

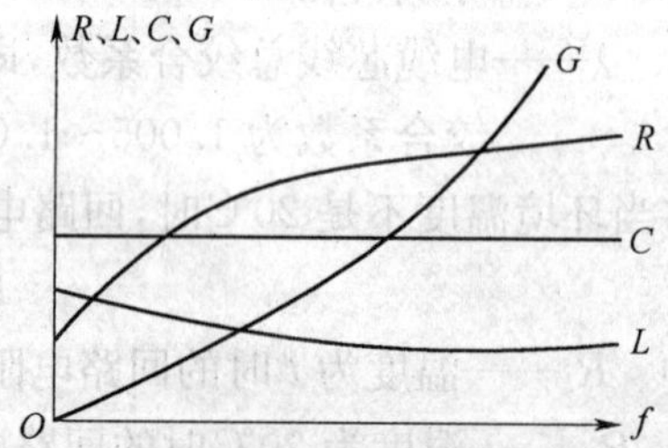


图 1－2　一次参数与频率的关系

全塑电缆回路的一次参数 $R$、$L$、$C$、$G$ 随频率及两导线之间的距离 $a$ 和导线直径 $d$ 而变化，其关系如图 1－2、图 1－3、图 1－4 所示。

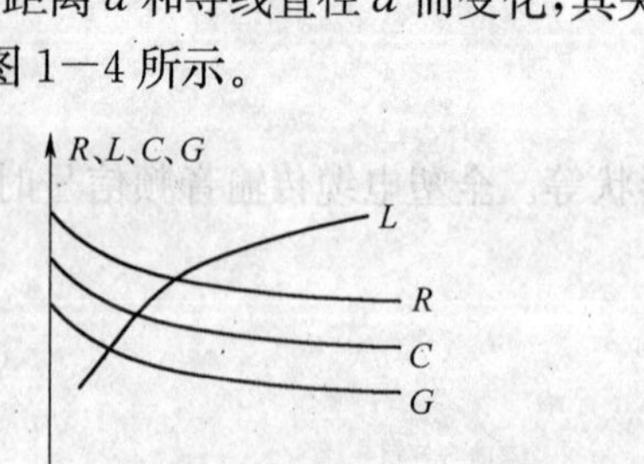


图 1－3　一次参数与两导线间距离的关系

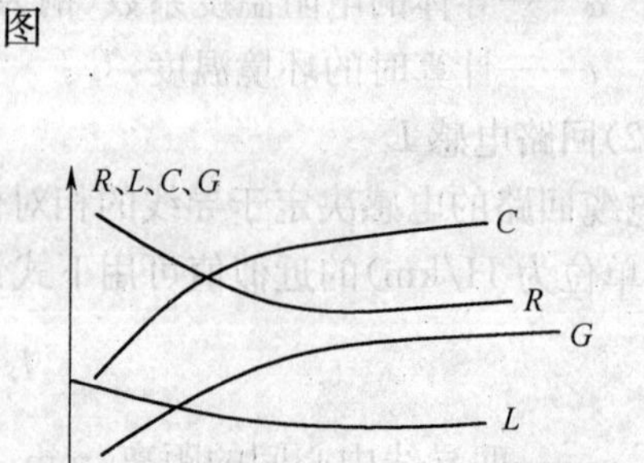


图 1－4　一次参数与两导线直径的关系

2. 全塑电缆的二次参数

二次参数由一次参数确定，它是一次参数的函数。二次参数有特性阻抗 $Z_C$、传输常数 $\gamma$。

(1)特性阻抗 $Z_C$

电磁波在终端匹配的均匀回路中传播时，回路上电压波幅与电流波幅的比值叫做特性阻抗。特性阻抗可用式(1－8)表示：

$$Z_C=\sqrt{\frac{R+j\omega L}{G+j\omega C}} \tag{1-8}$$

由式(1－8)可见，特性阻抗只与电缆回路的一次参数和传输信号的频率有关，而与回路的长度无关，也就是说，一定形式的电缆线路在某个频率下具有一定的特性阻抗。

由于市内通信电缆一般在音频范围内使用，800 Hz 时市内通信电缆回路的 $R\gg\omega L$、$\omega C\gg G$，因此(1－8)式中的 $j\omega L$ 和 $G$ 两项可以省略得：

$$Z_C=\sqrt{\frac{R}{j\omega C}} \tag{1-9}$$

(2)传输常数 $\gamma$

由于回路上存在着回路电阻、电感、电容和电导，电磁能在回路上传播时，其能量逐渐减小，电压和电流的振幅逐步减小，相位也逐步滞后。电磁能沿着无反射均匀回路传播 1 km 时，其电压或电流振幅的衰减和相位的变化称为该回路的传输常数，可以用式(1－10)表示：

$$\gamma=\sqrt{(R+j\omega L)(G+j\omega C)}=\alpha+j\beta \tag{1-10}$$

从式(1－10)中可以看出传输常数是复数，它的实部 $\alpha$ 称为衰减常数，表示每公里回路对传输信号引起的衰耗，单位为 dB/km；它的虚部 $\beta$ 为相移常数，表示每公里回路对传输信号引起初相角的变化，单位是 rad/km。

原邮电部部颁标准规定的全塑电缆主要电气特性见表 1－2。

**表 1－2　原邮电部部颁标准规定的全塑电缆主要电气特性**

<table>
<tr><th>序号</th><th colspan="2">项目名称</th><th colspan="5">指　标</th><th>换算系数</th><th>备　注</th></tr>
<tr><td rowspan="3">1</td><td colspan="2" rowspan="3">导线直流电阻最大值，20℃(Ω/km)</td><td colspan="5">导线直径(mm)</td><td rowspan="3">L/1 000</td><td rowspan="3"></td></tr>
<tr><td>0.32</td><td>0.4</td><td>0.5</td><td>0.6</td><td>0.8</td></tr>
<tr><td>236.0</td><td>148.0</td><td>95.0</td><td>65.8</td><td>36.6</td></tr>
<tr><td>2</td><td colspan="2">绝缘电阻，20℃，每根绝缘导线与其余导线和屏蔽接地之间最小值(MΩ·km)</td><td colspan="5">填充：3 000<br>非填充：10 000<br>(直流电压：100～300 V，<br>充电 1 min后)</td><td>1 000/L</td><td></td></tr>
<tr><td rowspan="5">3</td><td colspan="2">工作电容(nF/km)</td><td colspan="2">高电容</td><td colspan="3">低电容</td><td rowspan="5">L/1 000</td><td rowspan="5">高电容 10 对以上可暂时允许下列两个指标中的一个：平均值为 52±2 或不大于 53</td></tr>
<tr><td rowspan="2">平均值</td><td>10 对</td><td colspan="2">/</td><td colspan="3">/</td></tr>
<tr><td>10 对以上</td><td colspan="2">51±2</td><td colspan="3">不大于 42</td></tr>
<tr><td rowspan="2">最大值</td><td>10 对</td><td colspan="2">61</td><td colspan="3">49</td></tr>
<tr><td>10 对以上</td><td colspan="5">与该盘电缆工作电容平均值之比不大于 1.09</td></tr>
<tr><td rowspan="5">4</td><td colspan="2" rowspan="2">绝缘强度，直流电压(kV)</td><td colspan="2">实心</td><td colspan="3">泡沫</td><td rowspan="5"></td><td rowspan="5">导线直径为 0.32 mm 的电缆，导线与导线间的耐压指标与泡沫绝缘电缆相同</td></tr>
<tr><td>3 s</td><td>60 s</td><td>3 s</td><td colspan="2">60 s</td></tr>
<tr><td colspan="2">导线与导线间</td><td>2</td><td>1</td><td>1.5</td><td colspan="2">0.75</td></tr>
<tr><td colspan="2">导线与屏蔽间</td><td>6</td><td>3</td><td>6</td><td colspan="2">3</td></tr>
<tr><td colspan="2">导线与高频隔离带间(内屏蔽电缆)</td><td>5</td><td>2.5</td><td>5</td><td colspan="2">2.5</td></tr>
</table>

续上表

| 序号 | 项目名称 | 指标 | 换算系数 | 备注 |
|---|---|---|---|---|
| 5 | 电容不平衡(pF/km) | | $L/1\ 000$ | |
| | 线对一线对　最大值 | 350 | | |
| | 线对一地　最大平均值(10 对电缆除外) | 570<br>490(仅对 0.6、0.8 mm 实心绝缘) | | |
| | 线对一地　最大个别值 | 2 630 | | |
| | 线对一地　允许个别最大变异 | 3 940(泡沫、泡沫/实心皮)<br>3 280(实心) | | |
| 6 | 固有衰减(20℃) | 导线直径(mm)：0.32 / 0.4 / 0.5 / 0.6 / 0.8 | $L/1\ 000$ | *填充电缆为 15.8，标出值为高电容电缆之值，低电容电缆的值待定 |
| | 150 kHz，标称值(dB/km)不大于 | *15.5 / 11.7 / 8.6 / 6.9 / 5.4 | | |
| | 1 024 kHz，标称值(dB/km)不大于 | 31.1 / 26.0 / 21.4 / 17.6 / 13.0 | | |
| | 与标称值偏差，百分数　10 对 | −10～+15 | | |
| | 与标称值偏差，百分数　10 对以上 | −10～+5 | | |
| | 与标称值偏差，百分数　允许最大变异 | +15 | | |
| 7 | 远端串音防卫度(dB/km)同层相邻及间隔线对间和中心线对与它的相邻层各线对间均方根值*，不小于 | 非内屏蔽电缆(150 kHz)：68；内屏蔽电缆(1 024 kHz)：51 | $-10\lg\frac{L}{1\ 000}$ | *今后改定为平均值 |
| | 任意线对组合，不小于 | 58；41 | | |
| | 允许个别最大变异 | 52；/ | | |
| 8 | 近端串音衰减，1 024 kHz<br>非内屏蔽电缆<br>(长度大于或等于 300 m) | $M-S$(dB) | 如果被测电缆端长度在 300 m 以下时<br>$-10\lg\left(\frac{1-10^{-\frac{aL\times 10^{-3}}{5}}}{1-10^{-\frac{a\times 0.3}{5}}}\right)$<br>其中：$a$ 是用 dB 表示的单位长度的衰减 | ( )内值为 10 对电缆值 |
| | (1)10 对电缆和子单位内不小于 | 54(53) | | |
| | (2)20 对电缆及基本单位内，不小于 | 58 | | |
| | (3)相邻基本单位间，不小于 | 63 | | |
| | (4)相邻基本单位时，不小于 | 64 | | |
| | (5)不相邻单位所有线对间，不小于 | 79 | | |
| | 内屏蔽电缆，长度大于或等于 300 m(高射隔离带两侧的线对间) | $M-S$(dB) | | $M$—平均值；<br>$S$—标准差 |
| | 电缆内线对总数：10 对，不小于 | 70 | | |
| | 20 对，不小于 | 66 | | |
| | 30 对，不小于 | 80 | | |
| | 等于或大于 50 对，不小于 | 84 | | |

续上表

| 序号 | 项目名称 | 指　标 | 换算系数 | 备　注 |
|---|---|---|---|---|
| 9 | 线心断线、混线 | 不断线,不混线 | | |
| 备注 | 1. 表中 $L$ 为被测电缆长度,单位为 m。<br>2. 线对对地电容不平衡的测量:在没有超单位的电缆内测试线对对地电容不平衡时,电缆内所有非被测线对均应与屏蔽连接接地,在有超单位的电缆内将该单位内所有被测线对与屏蔽连接接地。<br>3. 绝缘强度试验:对内屏蔽电缆,测量导线与隔离带之间的绝缘强度时,电缆的屏蔽带和铠装层应悬空,测量导线与屏蔽之间的绝缘强度时,电缆的隔离带应悬空 | | | |
| 说明 | 根据我国法定计量单位使用方法的国家标准。<br>毫微法/千米改为纳法/千米;微微法/千米改为皮法/千米 | | | |

(三)通信对称电缆的结构

1. 缆芯结构

全塑市内通信电缆的缆芯主要由芯线、芯线绝缘、缆芯绝缘、缆芯扎带及包带层等组成。

(1)芯线

芯线由金属导线和绝缘层组成。导线是用来传输电信号的,要求具有良好的导电性能、柔软性和机械强度,同时还要求便于加工、敷设和使用。导线的线质为电解软铜,铜线的线径主要有 0.32 mm、0.4 mm、0.5 mm、0.6 mm、0.8 mm 这 5 种。导线的表面应均匀光滑,没有毛刺、裂纹、伤痕和锈蚀等缺陷。芯线绝缘层简称绝缘,芯线绝缘的优劣对于信号传输和使用是十分重要的。理想的电缆芯线绝缘应介电常数低、介质损耗小和绝缘强度高,并具有一定的机械强度、耐老化和性能稳定等特点。

①绝缘材料

全塑市内通信电缆的芯线绝缘主要采用高密度的聚乙烯、聚丙烯或乙烯—丙烯共聚物等高分子聚合物,称为聚烯烃塑料。其优点是对各种溶剂具有较好的稳定性,防潮性能好,机械强度高,有较好的弹性和延展性,加工方便。

②绝缘结构

全塑市内通信电缆芯线绝缘主要有实心聚烯烃绝缘、泡沫聚烯烃绝缘、泡沫/实心皮聚烯烃绝缘 3 种,如图 1—5 所示。

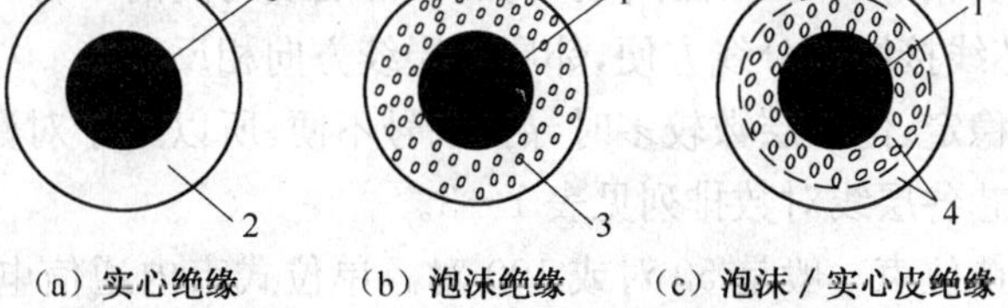


(a) 实心绝缘　(b) 泡沫绝缘　(c) 泡沫 / 实心皮绝缘

图 1—5　全塑市内通信电缆芯线绝缘

1—金属导线;2—实心聚烯烃绝缘层;3—泡沫聚烯烃绝缘层;4—泡沫/实心皮聚烯烃绝缘层。

(2)芯线扭绞

全塑市内通信电缆线路为双线回路,因此必须构成线对(组),为了减少线对之间的电磁耦合,提高线对之间的抗干扰能力,便于电缆弯曲和增加电缆结构的稳定性,线对(或四线组)应当进行扭绞。

扭绞是将一对线的两根导线或一个四线组的四根导线均匀地绕着同一轴线旋转。电缆芯线沿轴线旋转一周的纵向长度称为扭绞节距。

芯线扭绞常用对绞和星绞两种，如图 1－6 所示。

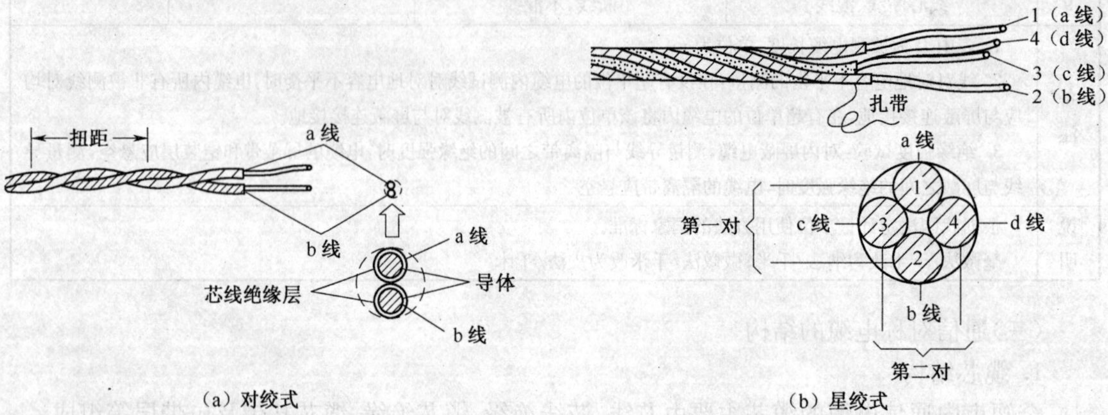


图 1－6. 芯线扭绞

要求对绞式的钮绞节距(简称扭距)在任意一段 3 m 长的线对上均不超过 155 mm，相邻线对的扭距均不相等，电缆制造时要适当搭配，使线对间串音最小。

星绞式的扭绞节距平均长度一般不大于 200 mm，星绞组组内的两对线处于互为对角线的位置，由分布电容构成的电桥接近于平衡，所以串音较小，一般多用于长途通信电缆。线对是传输信号的回路，为了保证导电可靠、绝缘良好、串音最小，扭绞时应使芯线张力不过松或过紧，应松紧一致而且平衡，便于成缆。

(3)缆芯

芯线扭绞成对(或组)后，再将若干对(或组)按一定规律绞合(即绞缆)成为缆芯。常用对绞式缆芯和星绞式缆芯。

①对绞式缆芯

对绞式全塑市内通信电缆的缆芯结构有同心式、单位式、束绞式和 SZ 绞 4 种。

a. 同心式缆芯

同心式缆芯也称为层绞式缆芯。中心层一般为 1、2 或 3 对，然后每层大约依次增加 6 个线对，绞绕若干层，同层相邻线对扭距不同。为减少邻层线对间的串音和使线束绞绕得较为紧凑，电缆便于弯曲及芯线接续时分线方便，邻层的层绞方向相反。

同心式缆芯结构稳定，但在层数较多时寻找线号不便，所以用于对数较少(800 对以下)的全塑电缆。同心式缆芯各层线对数排列见表 1－3。

普通色谱电缆的单位束一般是 50 对或 100 对。单位式市内通信电缆的缆芯组成单位均用非吸湿性带色扎带疏扎加以区分，并要求颜色鲜明易辨，在规定条件下不褪色，不污染相邻芯线。

组成同一基本单位的子单位扎带颜色是相同的。当电缆内既有 50 对又有 100 对超单位时，若用 100 对超单位序号计数，2 个 50 对超单位占一个序号；用 50 对超单位序号计数时，1 个 100 对超单位则要占用两个序号；全塑市内通信电缆的导线直径与对数见表 1－4。

b. 单位式缆芯

单位式缆芯是把 10、25(12＋13)、50、100 个线对采用编组方法分成单位束，然后再将若干个单位束分层绞合而成单位式缆芯。

表 1—3　同心式缆芯各层线对数排列

| 线对数 | | 各层线对数 | | | | | | | | | | | | | | | |
|---|---|---|---|---|---|---|---|---|---|---|---|---|---|---|---|---|---|
| 标称 | 实际 | 中心 | 1 | 2 | 3 | 4 | 5 | 6 | 7 | 8 | 9 | 10 | 11 | 12 | 13 | 14 | 15 |
| 5 | 5 | 5 | | | | | | | | | | | | | | | |
| 10 | 10 | 2 | 8 | | | | | | | | | | | | | | |
| 15 | 15 | 4 | 11 | | | | | | | | | | | | | | |
| 20 | 20 | 1 | 6 | 13 | | | | | | | | | | | | | |
| 25 | 25 | 2 | 8 | 15 | | | | | | | | | | | | | |
| 30 | 30 | 4 | 10 | 16 | | | | | | | | | | | | | |
| 50 | 50 | 3 | 9 | 16 | 22 | | | | | | | | | | | | |
| 80 | 81 | 4 | 10 | 16 | 22 | 29 | | | | | | | | | | | |
| 100 | 101 | 1 | 6 | 13 | 20 | 27 | 34 | | | | | | | | | | |
| 150 | 151 | 3 | 9 | 15 | 22 | 28 | 34 | 40 | | | | | | | | | |
| 200 | 202 | 4 | 10 | 16 | 22 | 28 | 34 | 41 | 47 | | | | | | | | |
| 300 | 303 | 3 | 9 | 15 | 21 | 27 | 33 | 39 | 46 | 52 | 58 | | | | | | |
| 400 | 404 | 1 | 6 | 12 | 18 | 24 | 31 | 37 | 43 | 49 | 55 | 61 | | | | | |
| 500 | 505 | 3 | 9 | 15 | 21 | 27 | 33 | 39 | 45 | 51 | 57 | 63 | 68 | 74 | | | |
| 600 | 606 | 3 | 9 | 16 | 22 | 28 | 34 | 40 | 46 | 53 | 59 | 65 | 71 | 77 | 83 | | |
| 700 | 707 | 5 | 11 | 17 | 23 | 29 | 35 | 41 | 47 | 53 | 59 | 65 | 71 | 77 | 84 | 90 | |
| 800 | 808 | 5 | 11 | 17 | 23 | 29 | 35 | 41 | 47 | 54 | 60 | 66 | 72 | 78 | 84 | 90 | 96 |

根据芯线绝缘的颜色可将全塑市内通信电缆分为普通色谱单位式缆芯和全色谱单位式缆芯。

全色谱单位式缆芯的单位束可根据单位束内线对的多少，将这些单位束分为子单位（12 对和 13 对）、基本单位（10 对或 25 对，代号为 U）和超单位（50 对，代号为 S、SI 或 SJ；100 对，代号为 SD；150 对，代号为 SC；200 对，代号为 SB）。全色谱电缆是先把单位束分为基本单位或子单位，再由基本单位或子单位绞合成超单位。

为了保证成品电缆具有完好的标称对数，100 对及以上的全色谱（80 对及以上的同心式电缆）单位式电缆中设置备用线对（又叫做预备线对），其数量均为标称对数的 1%，最多不超过 6 对（其中 0.32 及以下线径最多不超过 10 对），备用线对作为一个预备单位或单独线对置于缆芯的间隙中。

c. 束绞式缆芯

束绞式缆芯是许多线对以一个方向绞合成束状结构，其特点是生产效率高，但束内线对位置不固定，相互有挤压。束绞式缆芯可作为单位式缆芯中的一个单位，也可单独使用于市内通信电缆中。

d. SZ 绞缆芯

SZ 绞是一种专门缆芯绞合工艺，它是将被绞合的绝缘线对按顺时针及逆时针方向旋转，从而得到左向及右向的绞合，所以 SZ 绞又称为左右绞。

**表 1—4　全塑市内通信电缆的导线直径与对数**

| 导线直径(mm) | 0.8 | 0.6 | 0.5 | 0.4 | 0.32 |
|---|---|---|---|---|---|
| | 10 | 10 | 10 | 10 | |
| | 15 | 15 | 15 | 15 | |
| | 20 | 20 | 20 | 20 | |
| 缆芯中线对系列（对）（300 对及以下可以制作成自承式电缆） | 30 | 30 | 30 | 30 | |
| | 50 | 50 | 50 | 50 | |
| | 100 | 100 | 100 | 100 | |
| | 200 | 200 | 200 | 200 | |
| | 300 | 300 | 300 | 300 | |
| | 400 | 400 | 400 | 400 | |
| | 600 | 600 | 600 | 600 | |
| | | 800 | 800 | 800 | |
| | | 900 | 900 | 900 | |
| | | 1 000 | 1 000 | 1 000 | |
| 缆芯中线对系列（对）（300 对及以下可以制作成自承式电缆） | | | 1 200 | 1 200 | |
| | | | 1 600 | 1 600 | |
| | | | | 1 800 | |
| | | | | 2 000 | 2 000 |
| | | | | 2 400 | 2 400 |
| | | | | | 2 700 |
| | | | | | 3 000 |

②星绞电缆缆芯

星绞电缆结构缆芯是由若干星绞组绞合而成，有同心式和单位式之分。同心式如图 1—7所示。

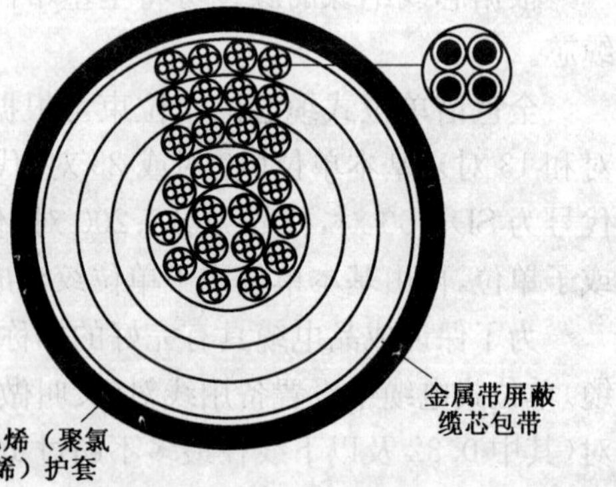


图 1—7　星绞同心式缆芯

星绞单位式缆芯通常是以 5 个星绞组(10 对)、25 个星绞组(50 对)或 50 个星绞组(100 对)为单位分层绞合而成。

(4)全塑电缆规格程式

全塑电缆的规格程式(芯线总绞合方式)可分为基本单位、子单位、50 对超单位、100 对超单位。

基本单位由 10 对线对或 25 对线对组成;子单位把一个基本单位 25 对分为 12 对和 13 对(12 对＋13 对＝25 对)，称为 2 个子单位(或半单位);50 对超单位由 2 个基本单位(25 对)组成;100 对超单位由 4 个基本单位(25 对)或 10 个 10 对的基本单位组成。

(5)缆芯包层

在总绞缆完成后，为保证缆芯结构的稳定性，必须在缆芯外面重叠绕包或纵包一、二层非吸湿性的绝缘材料带(聚乙烯或聚酯薄膜带)作为缆芯包层，然后再用非吸湿性的扎带疏扎牢固。缆芯包层应隔热性能好，机械强度高，以保证缆芯在加屏蔽层和挤压塑料护套后以及在使用过程中不会遭到损伤、变形或粘接。

在缆芯包层的外表面，有的电缆还附加纵向标志带，带上印有产品规格、制造长度、制造厂名和制造年月日等（有的电缆印在外护套上）。

2. 色谱

电缆的缆芯色谱可分为普通色谱和全色谱两大类。

(1)普通色谱

普通色谱对绞同心式缆芯线对的颜色有蓝/白对、红/白对（分子为 a 线色谱，分母为 b 线色谱）两种，每层中有一对特殊颜色的芯线作为该层计算线号的起始标记，这一对线称为标记（或标志）线对，作为本层最小线号，其他线对称为普通线对。100 对及以上的市内通信电缆设置备用线对，备用线对数为电缆对数的 1%，色谱与普通线对相同。

图 1—8 为对绞同心式缆芯。普通色谱对绞单位式缆芯的单位束一般是由若干个 100 对同心式缆芯组成的，其线对颜色与同心式缆芯相同。

图 1—8　对绞同心式缆芯

在单位式缆芯中，每一层的第一个单位称为标志单位，其他为普通单位。在标志单位中，每层的第一对线（即标记线）色谱为红/白，其余普通线对为蓝/白，在普通单位中每一层的第一对（标志线）色谱为蓝/白，其余普通线对为红/白。为分辨单位，每个单位均疏扎白色扎带。普通色谱星绞同心式缆芯和单位式缆芯，每个四线组色谱均为红（a 线）、黄（白）（b 线）、蓝（c 线）、绿（d 线）。

(2)全色谱

全色谱的含义是指电缆中的任何一对芯线都可以通过各级单位的扎带颜色以及线对的颜色来识别，换句话说给出线号就可以找出线对，拿出线对就可以说出线号。

①全色谱对绞同心式缆芯

全色谱对绞同心式缆芯是由若干个规定色谱的线对按同心方式分层绞合而成，其线对色谱见表 1—5。

从表 1—5 中可看出，全色谱对绞同心式缆芯每层的第一对线为橘（黄）白，最后一对线为绿/黑，其余偶数线对为红/灰，奇数线对为蓝/棕重复循环排列构成。

**表 1—5　全色谱对绞同心式缆芯市内通信全塑电缆芯线色谱**

| 线对号 | 1 | 2 | 3 | 4 | 5 | 其他线对号 | | 最末线对号 |
|---|---|---|---|---|---|---|---|---|
| | | | | | | 偶数号 | 奇数号 | |
| 芯线 | a,b | a,b | a,b | a,b | a,b | a,b | a,b | a,b |
| 1 对 | 橘(黄)/白 | | | | | | | |
| 5 对 | 橘(黄)/白 | 红/灰 | 蓝/棕 | 红/灰 | 绿/黑 | | | |

续上表

| 线对号 | | | 1 | 2 | 3 | 4 | 5 | 其他线对号 | | 最末线对号 |
|---|---|---|---|---|---|---|---|---|---|---|
| | | | | | | | | 偶数号 | 奇数号 | |
| 5对以上 | 中心层 | 1对 | 橘(黄)/白 | | | | | | | |
| | | 2对 | 橘(黄)/白 | 绿/黑 | | | | | | |
| | | 3对 | 橘(黄)/白 | 红/灰 | 绿/黑 | | | | | |
| | 其他层 | | 橘(黄)/白 | 红/灰 | 蓝/棕 | 红/灰 | 蓝/棕 | 红/灰 | 蓝/棕 | 绿/黑 |

全色谱对绞同心式缆芯每层均疏扎特定的扎带，扎带的色谱见表1－6。

**表1－6 扎带的色谱**

| 层的位置 | 中心及偶数层 | 奇数层 |
|---|---|---|
| 扎带颜色 | 蓝 | 橘 |

②全色谱对绞单位式缆芯

全色谱对绞单位式缆芯色谱在全塑市话电缆中使用最多。它是由白(W)、红(R)、黑(B)、黄(Y)、紫(V)作为领示色(代表a线)，蓝(Bl)、橘(O)、绿(G)、棕(Br)、灰(S)作为循环色(代表b线)，10种颜色组成25对全色谱线对，见表1－7。

**表1－7 全色谱与线对编号色谱**

| 线对编号 | 1 | 2 | 3 | 4 | 5 | 6 | 7 | 8 | 9 | 10 | 11 | 12 | 13 |
|---|---|---|---|---|---|---|---|---|---|---|---|---|---|
| a线 | 白 | 白 | 白 | 白 | 白 | 红 | 红 | 红 | 红 | 红 | 黑 | 黑 | 黑 |
| b线 | 蓝 | 橘 | 绿 | 棕 | 灰 | 蓝 | 橘 | 绿 | 棕 | 灰 | 蓝 | 橘 | 绿 |
| 线对编号 | 14 | 15 | 16 | 17 | 18 | 19 | 20 | 21 | 22 | 23 | 24 | 25 | |
| a线 | 黑 | 黑 | 黄 | 黄 | 黄 | 黄 | 黄 | 紫 | 紫 | 紫 | 紫 | 紫 | |
| b线 | 棕 | 灰 | 蓝 | 橘 | 绿 | 棕 | 灰 | 蓝 | 橘 | 绿 | 棕 | 灰 | |

已知全色谱单位式缆芯的基本单位有25对和10对两种，其中25对基本单位线对色谱如图1－9所示，10对基本单位线对色谱取表1－7中的前10对色谱如图1－10所示。

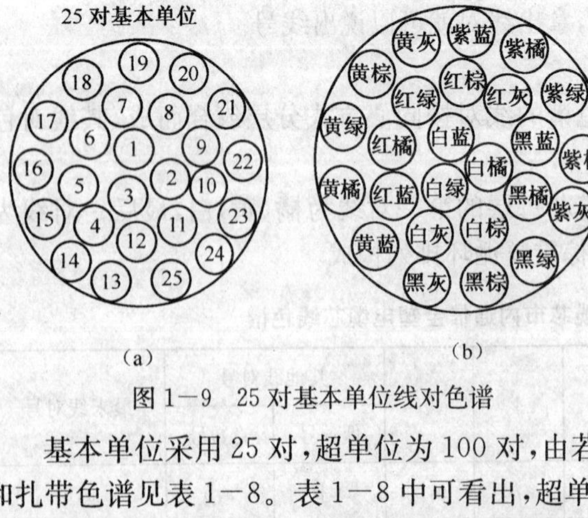

(a) (b)

图1－9 25对基本单位线对色谱

图1－10 10对基本单位线对色谱

基本单位采用25对，超单位为100对，由若干超单位组成的大对数电缆内超单位序号和扎带色谱见表1－8。表1－8中可看出，超单位的扎带色谱有6个白色、6个红色、6个黑色、6个黄色和6个紫色。超单位的序号是从中心层顺次向外层排列的、扎带色谱顺序为白、红、黑、黄、紫。但要在同色扎带的超单位中识别出先后顺序，则要根据基本单位的扎带色谱来判断。

**表 1—8　全色谱单位式电缆的线对序号与扎带色谱**

| 基本单位序号 | 100 对超单位序号 | 1～6 | 7～12 | 13～18 | 19～24 | 25～30 |
|---|---|---|---|---|---|---|
| | 50 对超单位序号 | 1～12 | 13～24 | 25～36 | 27～48 | 49～60 |
| | 超单位扎带颜色 / 线对序号 / 基本单位扎带颜色 | 白 | 红 | 黑 | 黄 | 紫 |
| 1 | 白/蓝 | 1～25 | 601～625 | 1 201～1 225 | 1 801～1 825 | 2 401～2 425 |
| 2 | 白/橘 | 26～50 | 626～650 | 1 226～1 250 | 1 826～1 850 | 2 426～2 450 |
| 3 | 白/绿 | 51～75 | 651～675 | 1 251～1 275 | 1 851～1 875 | 2 451～2 475 |
| 4 | 白/棕 | 76～100 | 676～700 | 1 276～1 300 | 1 876～1 900 | 2 476～2 500 |
| 5 | 白/灰 | 101～125 | 701～725 | 1 301～1 325 | 1 901～1 925 | 2 501～2 525 |
| 6 | 红/蓝 | 126～150 | 726～750 | 1 326～1 350 | 1 926～1 950 | 2 526～2 550 |
| 7 | 红/橘 | 151～175 | 751～775 | 1 351～1 375 | 1 951～1 975 | 2 551～2 575 |
| 8 | 红/绿 | 176～200 | 776～800 | 1 376～1 400 | 1 976～2 000 | 2 576～2 600 |
| 9 | 红/棕 | 201～225 | 801～825 | 1 401～1 425 | 2 001～2 025 | 2 601～2 625 |
| 10 | 红/灰 | 226～250 | 826～850 | 1 426～1 450 | 2 026～2 050 | 2 626～2 650 |
| 11 | 黑/蓝 | 251～275 | 851～875 | 1 451～1 475 | 2 051～2 075 | 2 651～2 675 |
| 12 | 黑/橘 | 276～300 | 876～900 | 1 476～1 500 | 2 076～2 100 | 2 676～2 700 |
| 13 | 黑/绿 | 301～325 | 901～925 | 1 501～1 525 | 2 101～2 125 | 2 701～2 725 |
| 14 | 黑/棕 | 326～350 | 926～950 | 1 526～1 550 | 2 126～2 150 | 2 726～2 750 |
| 15 | 黑/灰 | 351～375 | 951～975 | 1 551～1 575 | 2 151～2 175 | 2 751～2 775 |
| 16 | 黄/蓝 | 376～400 | 976～1 000 | 1 576～1 600 | 2 176～2 200 | 2 776～2 800 |
| 17 | 黄/橘 | 401～425 | 1 001～1 025 | 1 601～1 625 | 2 201～2 225 | 2 801～2 825 |
| 18 | 黄/绿 | 426～450 | 1 026～1 050 | 1 626～1 650 | 2 226～2 250 | 2 826～2 850 |
| 19 | 黄/棕 | 451～475 | 1 051～1 075 | 1 651～1 675 | 2 251～2 275 | 2 851～2 875 |
| 20 | 黄/灰 | 476～500 | 1 076～1 100 | 1 676～1 700 | 2 276～2 300 | 2 876～2 900 |
| 21 | 紫/蓝 | 501～525 | 1 101～1 125 | 1 701～1 725 | 2 301～2 325 | 2 901～2 925 |
| 22 | 紫/橘 | 526～550 | 1 126～1 150 | 1 726～1 750 | 2 326～2 350 | 2 926～2 950 |
| 23 | 紫/绿 | 551～575 | 1 151～1 175 | 1 751～1 775 | 2 351～2 375 | 2 951～2 975 |
| 24 | 紫/棕 | 576～600 | 1 176～1 200 | 1 776～1 800 | 2 376～2 400 | 2 976～3 000 |

备用线对的线序及色谱见表 1—9。

**表 1—9　备用线对的线序及色谱**

| 线序 | 1 | 2 | 3 | 4 | 5 | 6 | 7 | 8 | 9 | 10 |
|---|---|---|---|---|---|---|---|---|---|---|
| 色谱 | 白红 | 白黑 | 白黄 | 白紫 | 红黑 | 红黄 | 红紫 | 黑黄 | 黑紫 | 黄紫 |

③全色谱星绞同心式或单位式缆芯

全色谱星绞同心式或单位式缆芯，每个四线组的色谱见表 1—10。

表 1—10 星绞四线组线组号和色谱排列

| 星绞四线组组号 | 星绞四线组色谱 | | | |
|---|---|---|---|---|
| | a线 | b线 | c线 | d线 |
| 1 | 白 | 蓝 | 天蓝 | 紫 |
| 2 | 白 | 橘 | 天蓝 | 紫 |
| 3 | 白 | 绿 | 天蓝 | 紫 |
| 4 | 白 | 棕 | 天蓝 | 紫 |
| 5 | 白 | 灰 | 天蓝 | 紫 |
| 6 | 红 | 蓝 | 天蓝 | 紫 |
| 7 | 红 | 橘 | 天蓝 | 紫 |
| 8 | 红 | 绿 | 天蓝 | 紫 |
| 9 | 红 | 棕 | 天蓝 | 紫 |
| 10 | 红 | 灰 | 天蓝 | 紫 |
| 11 | 黑 | 蓝 | 天蓝 | 紫 |
| 12 | 黑 | 橘 | 天蓝 | 紫 |
| 13 | 黑 | 绿 | 天蓝 | 紫 |
| 14 | 黑 | 棕 | 天蓝 | 紫 |
| 15 | 黑 | 灰 | 天蓝 | 紫 |
| 16 | 黄 | 蓝 | 天蓝 | 紫 |
| 17 | 黄 | 橘 | 天蓝 | 紫 |
| 18 | 黄 | 绿 | 天蓝 | 紫 |
| 19 | 黄 | 棕 | 天蓝 | 紫 |
| 20 | 黄 | 灰 | 天蓝 | 紫 |
| 21 | 紫 | 蓝 | 天蓝 | 紫 |
| 22 | 紫 | 橘 | 天蓝 | 紫 |
| 23 | 紫 | 绿 | 天蓝 | 紫 |
| 24 | 紫 | 棕 | 天蓝 | 紫 |
| 25 | 紫 | 灰 | 天蓝 | 紫 |

3. 全塑市内通信电缆的端别

普通色谱对绞式市话电缆一般不作 A、B 端规定。为了保证在电缆布放、接续等过程中的质量，全塑全色谱市内通信电缆规定了 A、B 端。

全色谱对绞单位式全塑市话电缆 A、B 端的区分为：面向电缆端面，按表 1—8 单位序号由小到大顺时针方向依次排列，30 对以下电缆按表 1—7 线序号顺时针方向排列，则该端为 A 端，另一端为 B 端。

全塑市内通信电缆 A 端用红色标志，又叫内端，伸出电缆盘外，常用红色端帽封合或用红色胶带包扎，规定 A 端面向局方。另一端为 B 端用绿色标志，常用绿色端帽封合或绿色胶带包扎，一般又叫外端，紧固在电缆盘内，绞缆方向为反时针，规定外端面向用户。

4. 电缆屏蔽层

为了减少电缆线对受外界电磁场的干扰，电缆缆芯的外层（护套的里层）包覆金属屏蔽层，将缆芯与外界隔离。

全塑市内通信电缆的金属屏蔽层有绕包和纵包两种结构。纵包屏蔽层有轧纹和不轧纹两种形式，屏蔽带重叠宽度一般不少于 6 mm。

根据使用场合与使用要求的不同，常用的屏蔽带类型包括裸铝带、双面涂塑铝带、铜带、铜包不锈钢带、高强度软性铜带、裸铝、裸钢双层金属带、双面涂塑铝和钢双层金属带。

5. 电缆护套和外护层

(1)护套

全塑市内通信电缆的护套包在屏蔽层(或缆芯包带层)的外面，其材料主要采用高分子聚合物塑料。护套的种类包括单层护套、双层护套、综合护套、粘接护套和特殊护套等。

①单层护套

单层护套是由低密度聚乙烯树脂加炭黑及其他助剂或普通聚氯乙烯塑料挤制而成的。这类护套的特点是加工方便、质轻柔软、容易接续等。

黑色聚乙烯护套分为两类：PE-HJ 适用于一般场合；PE-HH 适用于耐火环境和对外力开裂要求苛刻的场合。单层聚氯乙烯护套是发展较早应用较广泛的一种护套，它具有耐磨、不延燃、耐老化、柔软等特点。

②双层护套

双层护套主要有聚乙烯—聚氯乙烯双层护套和聚乙烯—黑色聚乙烯双层护套两种。其结构如图1—11所示。

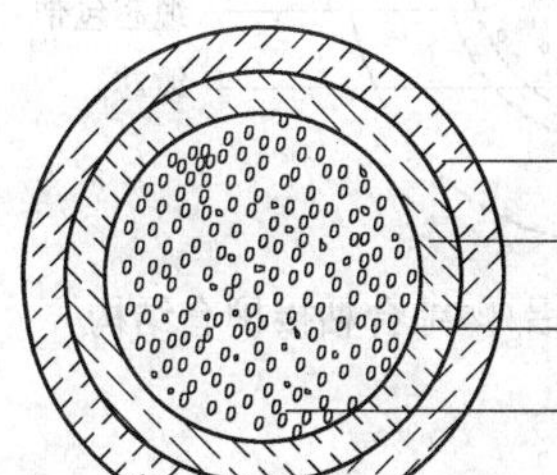

图 1—11　双层塑料护套结构

双层护套的挤制是先在屏蔽层(或缆芯包层)外挤包一层内护套，然后再挤包一层外护套。单层护套、双层护套均由单纯的高分子聚合物塑料构成，所以又称为普通塑料护套。

普通塑料护套的缺陷是具有一定透潮性。原因是高分子聚合物的分子比水分子大。塑料护套透潮会造成电缆芯线绝缘电阻下降，衰减常数增加，甚至造成芯线短路，严重影响通信质量。因此普通塑料护套电缆应尽量避免在潮湿环境下使用。

③综合护套

通常把电缆金属屏蔽层与塑料护套组合在一起，称为电缆综合护套，综合护套有下列几种。

a. 铝—聚乙烯(聚氯乙烯)护套

铝—聚乙烯护套有两层，里面一层由 0.15～0.2 mm 厚铝带轧纹纵包，外面一层由黑色聚乙烯(或聚氯乙烯)护套构成。这种护套的全塑市内通信电缆主要适用于架空安装。

b. 聚乙烯—铝—聚乙烯(聚氯乙烯)护套

聚乙烯—铝—聚乙烯护套有聚乙烯—铝—聚乙烯护套和聚乙烯—铝—聚氯乙烯护套两种。在缆芯包层外先挤包一层聚乙烯内护套，然后再包覆一层铝带屏蔽层，最后再挤包一层黑色聚乙烯或聚氯乙烯护套。这类护套的特点是机械强度高，芯线对屏蔽层的耐压强度高，防潮效果也较好，用途较广泛。

④粘接护套

为了解决塑料护套的防潮问题，将黑色聚乙烯护套和铝屏蔽层紧密地粘接构成了铝—塑粘接护套，其结构如图 1—12 所示，其防潮、防电磁干扰和机械强度等方面的性能，都比上述一些塑料护套优良，其中防潮效果可提高 50～200 倍。

⑤特殊护套(层)

特殊护套(层)用于以下情况：

a. 用于改善电缆护层机械强度和屏蔽性能的裸钢、铝双层金属—聚乙烯护层，双面涂塑钢、铝双层金属—聚乙烯粘接护层；铜包钢带—聚乙烯护层，高强度软性铜带—聚乙烯护层，铜带—聚乙烯护层；

b. 用于防昆虫(如白蚁、蜂等)叮咬的半硬塑料护套；

c. 用于防冻裂的耐寒塑料护套。

(2)外护层

全塑市内通信电缆的外护层，主要包括 3 层结构：内衬层、铠装层和外被层，如图 1－13 所示。

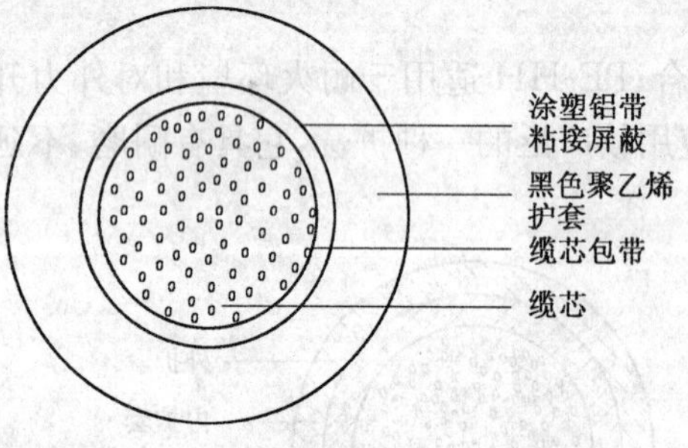

图 1－12　铝/塑综合粘接护套结构

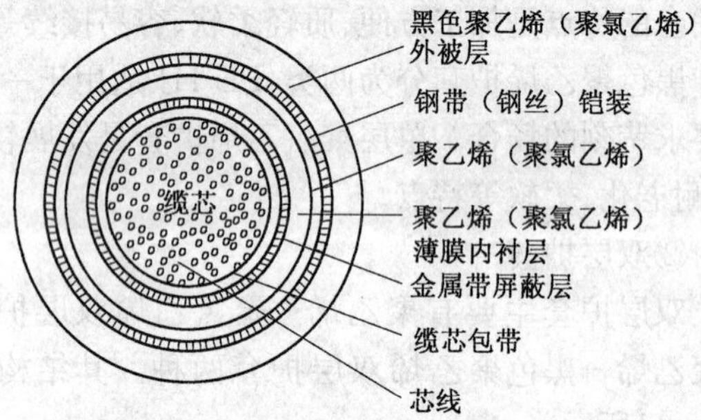

图 1－13　电缆外护层

①内衬层

内衬层是铠装层的衬垫，防止塑料护套因直接受铠装层的强大压力而受损。内衬层可在黑色聚乙烯或聚氯乙烯护套外，重叠绕包三层聚乙烯或聚氯乙烯薄膜带；也可先绕包两层聚乙烯或聚氯乙烯薄膜带，再绕包两层浸渍皱纹纸带，然后再绕包两层聚乙烯或聚氧乙烯薄膜带，作为铠装的内衬层。

②铠装层

铠装层有两大类：钢带铠装和钢丝铠装。

钢带铠装是在塑料护套或内衬层外纵包一层钢带(厚 0.15～0.20 mm 的钢带或涂塑钢带)，在纵包过程中浇注防腐混合物，或者绕包两层防腐钢带并浇注防腐混合物。

钢丝铠装电缆一般敷设在水下，有单钢丝和双钢丝之分，轻型单钢丝通常用于静止水域和有岩石的沟里，粗型单钢丝用于水流不急和不受船锚伤害的水域。双层钢丝通常用于流速较大，岩底河床和有可能带锚航行的水域，为防止钢丝受摩擦损伤，可对钢丝挤制一层氯丁橡胶。双层钢丝的绞向是相反的，而双层钢带的绞向则相同。

③外被层

为了保护铠装层，在金属铠装层外面还要加一层(1.4～2.4 mm 厚的黑色聚乙烯或聚氯乙烯)外被层。其主要作用是增强电缆的屏蔽、防雷、防蚀性能和抗压及抗拉机械强度，加强保护缆芯。

6. 自承式全塑市内通信电缆

自承式全塑市内通信电缆是为架空敷设而设计的，特点是电缆和钢绞线合为一体，架设时不需另装吊线和电缆挂钩，施工和维护都极为方便。

自承式全塑市内通信电缆的一般结构特性与全塑市内通信电缆相同，电缆带有自承吊线。自承吊线为钢绞线，它与缆芯处在同一护套内，安装后承受电缆自身重量与附加载荷。自承式全塑电缆的钢绞线必须符合规格要求：外径 12 mm 以下的电缆使用 7×1.0 mm 的钢绞线；外径 12.1～36 mm 的电缆使用 7×1.6 mm 的钢绞线，外径 36.1～50 mm 的电缆使用 7×2.0 mm 的钢绞线。

自承式全塑市内通信电缆分为同心型和葫芦型两种结构。葫芦型自承式全塑市内通信电缆如图 1—14 所示。

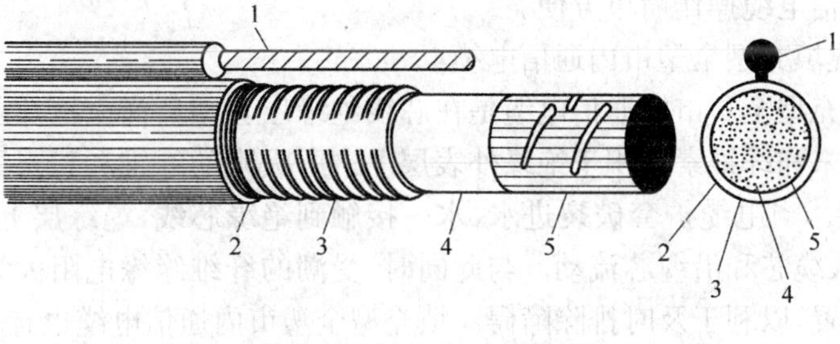


图 1—14 葫芦型自承式全塑市内通信电缆

1—自承钢绞线；2—护套；3—屏蔽；4—缆芯包带；5—芯线。

7. 特殊结构的全塑电缆

全塑市内通信电缆随着其使用领域的扩大，为适应特殊情况，相继出现了几种特殊结构的全塑电缆，如填充型全塑市内通信电缆、内屏蔽(PCM)电缆等。

填充型全塑市内通信电缆是利用亲水或憎水的绝缘介质材料填充在缆芯内绝缘芯线之间和缆芯与包带之间的所有空隙，防止护套外面的水沿径向(垂直于电缆中心线)进入缆芯和沿纵向流动，护套损坏时水也无法进入缆芯或沿电缆内流动，从而确保通信的可靠性，也便于电缆障碍的修复。填充型电缆不需充气维护，从而减少了维护的工作量和费用。

(1)石油膏填充型全塑市内通信电缆

普通塑料护套电缆由于存在着透潮问题而影响使用，即使是防潮性能较好的铝/塑粘接护套，当护套受损伤或粘接不完备时，也会造成缆芯进水。1963 年有人提出了电缆填充的理论，引发了填充型全塑市内通信电缆的出现。其中发展最快的是石油膏填充型全塑市内通信电缆，其结构如图 1—15 所示。

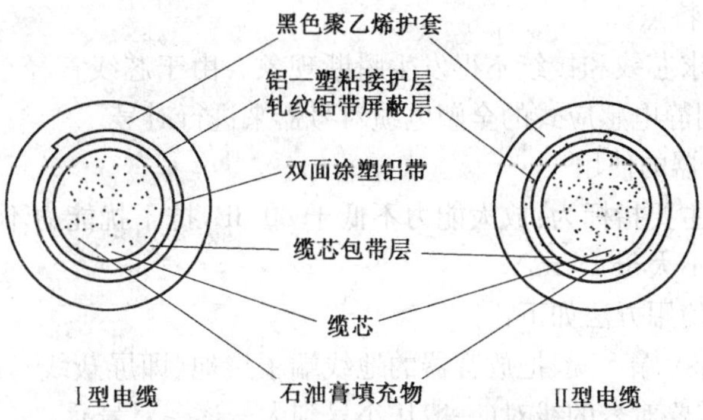


图 1—15 石油膏填充型全塑市内通信电缆

石油膏填充材料主要是采用石油膏烃类混合物。石油膏混合物的性能对电缆的传输特性、防潮效果、机械强度和使用寿命关系很大，电缆制造厂商选用最佳配方和优质石油膏混合物，以确保电缆的电气特性和机械性能。

(2)粉末填充型全塑市内通信电缆

粉末填充型全塑市内通信电缆是在缆芯内绝缘芯线之间和缆芯与包带之间的所有空隙中填入绝缘粉末填充剂。该填充剂包括经脂肪酸处理过的碳酸钙和亲水的高分子聚合物树脂，它们一般按 95∶5 的比例配制而成。采用粉末填充后，电缆具有可靠的防潮效果。

粉末填充型全塑市内通信电缆在使用和维护方面类似于石油膏填充型全塑市内通信电缆。在电缆接续或测试中，开剥外护套后只要稍加抖掸就可去掉缆芯内的填充粉末，比石油膏填充型全塑市内通信电缆操作简单方便。

(3)纤维素微囊填充型全塑市内通信电缆

纤维素微囊填充型全塑市内通信电缆是在芯线绝缘层套塑后尚未冷却前，采用静电吸附的方法把聚乙烯粉末和纤维素沉积于绝缘外表层上。所吸附的纤维和粉末层的厚度要均匀，以形成防水填充层。当电缆护套破裂进水，水一接触到绝缘芯线，绝缘层上的纤维素立刻膨胀，阻止水继续进入缆芯和沿缆芯流动。与此同时，受潮的纤维绝缘电阻大为下降，因而可检测出故障的准确位置，以利于及时排除障碍。填充型全塑市内通信电缆也有一个缺陷，在芯线测试和接续时，必须先将填充物抖、洗掉，才能进行测试和接续。

## 四、实践与操作

### (一)电缆芯线的编号

电缆芯线的编号与对号是保证电缆芯线接续质量的一项重要工作。单位式结构中往往以25对为一个基本单位，并按色谱规定其芯线顺序，全色谱电缆芯线顺序是由中心层起向外层顺序编号的。在电缆盘上的电缆是有方向的。

全色谱电缆芯线顺序是由中心层起向外层顺序编号的。一般规定 A 端线号是面向电缆按顺时针方向进行编号；B 端线号则按反时针方向进行编号。全塑全色谱电缆的线序使用原则为“由远到近，从小到大”。

### (二)电缆芯线的对号

1. 电缆芯线对号的目的和要求

电缆芯线对号的目的主要是核对和辨认一段全塑电缆的芯线序号，防止造成错接。对号时一般以靠近电话局或交接箱的一端为准，用放音对号器与另一端对号，使两端线序一致。

2. 全塑电缆对号特点

全塑电缆对号要求芯线和接续不得发生瞬断现象。由于芯线直径小，不允许以直接接触方式对号，应使用专用静电感应式的全塑电缆对号器来进行对号。

3. 全塑电缆对号器的使用

全塑电缆对号器主要指标为：放大能力不低于 80 dB，抗干扰能力不低于 60 dB(50 Hz)，静态情况下电源消耗不大于 10 mA。

全塑电缆对号器使用方法如下：

(1)在对号器放音一端，一般把放音器的地线端子接地(即屏蔽线)，从放音端子连出另一根放音线，逐对连接需要对号的线对(一般从小号到大号逐一对号)。

(2)如果在新建的电缆中对号，放音一端用联络线把芯线号及其色谱通知对号一方(如该线由测量室配线架放音则告诉线号及 a 或 b 线)。对号一方根据放音一方提供的情况测找线号。

(3)为了提高效率,第一根线对号方法是:对号一方把电缆按大单位分开,左手拿探针,右手一把把地抓各个大单位,如果所抓的这个单位的声音比其他单位略大,则被查找的芯线必在此单位中,下一步再用同样方法找小单位,然后再根据色谱来测找被放音线对的线号。这时应反复验证是否正确。如果是按顺序对第二号线,放音方应按色谱放音,先放 a 线后放 b 线。查找方也应按色谱摸音。

(4)如果被对号的线对正在使用中或在旧电缆中摸音,这时对号的困难程度较大。查找方用左手拿住探头后,用右手一束一束地分线,对于其中声音较大的一束应反复比较与分析,找出声音较大的一束,然后把该束一分为二,比较两束声音的大小,取其中声音大的一束再一分为二比较,直到找出所放音的线对。

以上方法是对芯线线序比较混乱的电缆的对号。一般情况下,只要能找出被放音的线号,按线号去查找所对号的线对,然后根据扎带及线对色谱,很快就能查到其他线对,最后再放音其他线对以核实对错。

## 五、评价完成质量

(一)各小组介绍工作流程步骤,并演示操作过程、展示接续成果。

(二)学生按线务员作业程序、国家标准进行自评和互评。

(三)教师评价:教师对学生整个工作过程、结果进行评价,指出每个小组及成员的优点,并提出改进建议,综合评价学生各项能力。

(四)评价方案见表 1－11。

**表 1—11　评 价 方 案**

| 评价指标(依据教学阶段设计) | 评价标准 | 评价依据 | 权重 | 自评分 | 互评分 | 教师评分 | 平均分 |
|---|---|---|---|---|---|---|---|
| 电缆缆开剥 | 1. 开剥作业程序标准<br>2. 开剥尺寸<br>3. 开剥熟练程度 | 学生实际开剥的电缆 | 20 | | | | |
| 电缆结构类型 | 1. 电缆型式代号<br>2. 电缆的行业标准 | 1. 书面测试<br>2. 电缆实物识别测试 | 20 | | | | |
| 电缆线序编排 | 1. 线序编排程序过程<br>2. 电缆线序编排标准<br>3. 线序编排熟练程度 | 学生线序编排的电缆 | 30 | | | | |
| 评价完成质量 | 1. 作业程序<br>2. 行业标准 | 1. 实际操作过程<br>2. 学生作品 | 20 | | | | |

## 六、相关理论知识

(一)通信同轴电缆的结构、类型

1. 概述

在同轴电缆里采用同轴对(或称同轴管)作为信息的传输回路。同轴对的中心是一根圆柱形的铜线,称为内导体,外面是一个空心铜质圆筒,称为外导体。内、外导体间用绝缘物隔开,使内、外导体的轴心重合,这种用内导体、外导体构成的通信回路称为同轴对。同轴对是一种对地不对称回路。鱼泡式绝缘的小同轴对，其结构如图 1－16 所示。以同轴对组成缆芯的电缆称为同轴电缆，同轴电缆与对称电缆相比有下列特点：

①高频时衰减小、传输频带宽；

②在高频时同轴对间及对外界的电磁干扰防卫度高；

③在大通路时整个通信体制较经济。

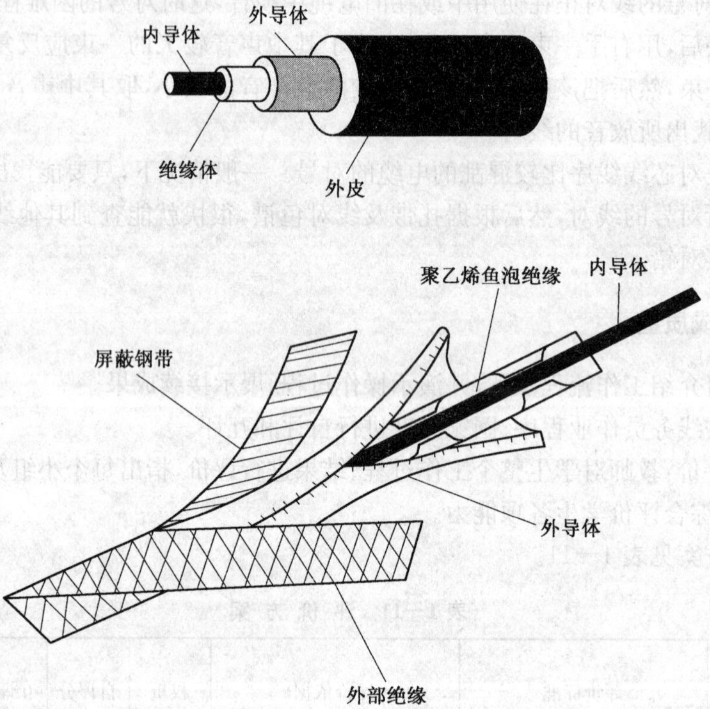


图 1－16　同轴电缆结构

根据内、外导体的结构尺寸，同轴电缆分为微同轴、小同轴、中同轴及大同轴电缆等。同轴对的结构尺寸可用 $d/D$（$d$ 为内导体直径，$D$ 为外导体内直径）表示，小同轴对表示为 1.2/4.4 mm，即内导体标称直径为 1.2 mm，外导体标称内直径为 4.4 mm。中同轴电缆结构尺寸为 2.6/9.5 mm（即内导体的标称直径为 2.6 mm，外导体标称内直径为 9.5 mm）。中、小同轴对是国际上的标准尺寸。大同轴电缆是指其结构尺寸比中同轴直径还大的一类电缆。大同轴电缆用的不多，属于非标准型电缆，有各种不同的结构尺寸，如 5/18 mm、5.5/20 mm 等。为了适应数据传输、工业电视或较短线路通信的需要，有些国家设计并制造了微型同轴电缆，如 0.65/2.8 mm、0.9/3.2 mm、0.7/2.9 mm 等。微同轴也属于非标准型电缆。同轴电缆可用于长途干线开通多路载波通信或传输电视节目，也可用同轴电缆传输高速码率的数据信息。

2. 同轴对的结构元件

(1)同轴对的内导体

同轴对的内导体必须是圆柱形的导体，它具有优良的导电率、足够的机械强度和一定的柔韧性。中、小同轴对的内导体均由导电性能良好的实心铜线制成，我国已生产的小同轴内导体为直径 1.19 mm 的软铜线，中同轴内导体为直径 2.6 mm 的半硬铜线。为保证其电特性，内导体直径公差不能超过±0.005 mm。

(2)同轴对的外导体

外导体的理想结构是全长均匀的空心圆筒,要制造这种具有足够柔韧性且无纵缝的外导体,在工艺上是难以实现的。在实际生产中,采用纵包铜带来构成同轴对的外导体。根据纵缝的形式,小同轴对外导体多为皱边式和压痕式。图1—16所示为皱边式,它是在铜带两边缘上压有反向锯齿形波纹,以便纵包时两边缘的波纹互相顶住,以保持圆筒的直径和形状。压痕式是皱边式的派生结构,它是在铜带两边每隔7～8 mm有规则地滚压上压痕且两边相互错开,纵包时可相互顶住。

(3)同轴对的绝缘

同轴对内、外导体通过之间的绝缘介质,其轴线才能恰好重合,形成同轴结构。绝缘材料均采用聚乙烯和空气的混合绝缘。绝缘结构形式很多,常用的有管状鱼泡式和垫式,如图1—16所示,铁路用小同轴对便采用前者。

(4)同轴对的屏蔽层

为使同轴对具有足够的机械强度,防止同缆中各同轴对间、同轴对与对称四芯组间的相互串音以及外界电磁场对同轴对引起的低频干扰,在同轴对外导体的外面再绕包两层镀锡钢带作为屏蔽。内层钢带是间隙绕包的,外层镀锡钢带是反向重叠绕包的。中同轴对采用厚0.15 mm、宽14.3 mm的镀锡钢带。为了改善电缆的弯曲性能,中同轴对两层钢带均为同向间隙绕包。

(5)同轴对的外部绝缘

在镀锡钢带外面再绕包1～2层厚为0.25 mm的聚乙烯带或电缆纸带,以保持同轴对间的相互绝缘,并提高靠近同轴对的其他电缆芯线的对地电气绝缘强度。包覆外部绝缘也可便于在制造、施工及维护中进行电气测试。

3. 同轴电缆的其他结构类型

(1)超导同轴电缆

同轴电缆与对称电缆相比具有高频时衰减小的特点,但是,同轴对仍然有随着传输频率增高而衰减增大的传输特性。因此,在一定结构尺寸的前提下,其通信容量进一步扩展将受到限制。为了解决通信网络不断扩容的需要,目前除了正在发展通信光缆外,超导同轴电缆也是一种可以提供特大容量的通信线路。

超导同轴电缆具有传输频带宽、结构尺寸小、损耗小、在超低温下工作热噪声极低以及屏蔽性能好等特点。

在一定条件下,有些导电材料的电阻会完全消失,这种现象就叫做超导,这时导电材料就叫超导体,常用作超导体的金属是铌(Nb)、铅(Pb)、铝(Al)等。超导现象最早是由荷兰科学家卡·翁纳斯于1911年发现的。超导需要在一定的温度下才能实现,能使导体的电阻转变为零的温度,就叫超导转变温度,又称超导临界温度。超导转变温度是用开尔文温度(K)来表示的。绝对温度零度(相当于—273℃)每升高1℃,即增长1 K。超导现象不仅已经应用于电子计算机、高速悬浮列车和高能物理等一系列尖端科学,而且许多国家正在设计超导电力输送干线,研究用超导材料制成微小同轴电缆作为大容量的通信干线。我国也正在积极研制这种超导微小同轴线。

目前,超导同轴电缆在各国都处于研制阶段,尚无定型的结构,前苏联和日本均已制出超导同轴电缆。日本提出作为通信用的超导同轴对的截面如图1—17(a)所示。该电缆特性阻抗是50 Ω,在整个长度上最大偏差为±0.2 Ω,最高工作频率为2 000 MHz。内导体直径$d$为

0.48 mm，外导体内径 $D$ 为 1.59 mm，厚度为 0.1 mm。

超导同轴对的内导体采用镀铅铜线，外导体采用镀铅铜带。铅为导体材料，在 4.2 K 时呈超导状态，由于质地柔软，加工制造时不易保持同轴对要求的结构特点，故用铜加固。内外导体间绝缘，使用氟化乙烯丙烯共聚物制成，外包材料用两条聚乙烯对酞酸聚酯带绕包而成。

由日本设计和研制的通信专用超导同轴电缆，其结构示意如图 1－17(b)所示。在一根铜线周围螺旋形地缠绕 18 个超导同轴对构成缆芯，缆芯固定在低温护套中。低温护套是由内、外两层皱纹铜管组成的隔热层，在两管之间放置了多层真空屏蔽绝热层以及作为返回气态氦用的中间管子，真空屏蔽绝热层上面还绕了铜带。液态氦冷却剂在同轴对与内层铜管间流动，内层铜管的外径为 12.3 mm，外层铜管的外径为 60 mm，聚乙烯护套外径为 64 mm。

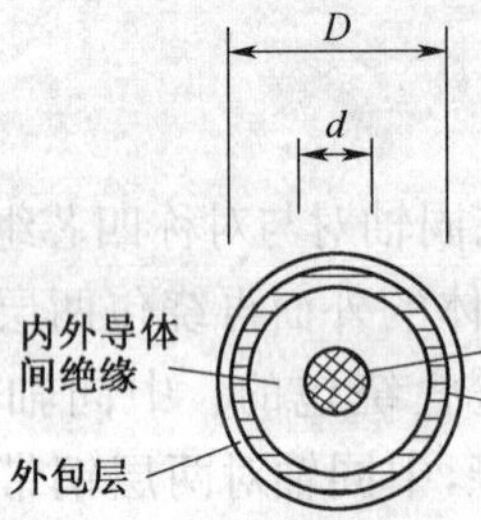


(a) 超导同轴对截面示意

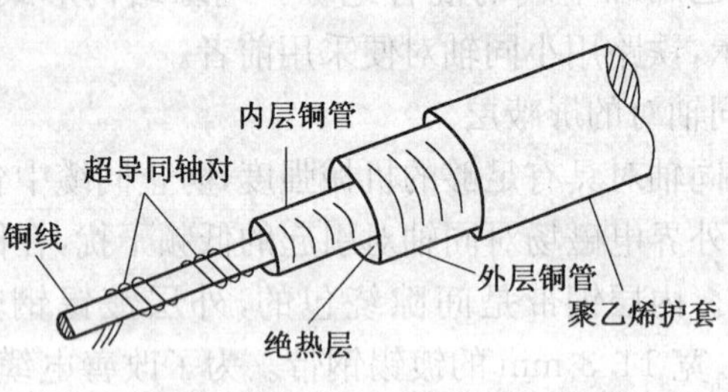


(b) 超导同轴电缆结构示意

图 1－17　超导同轴电缆

超导通信同轴电缆与普通同轴电缆相比，具有结构尺寸小、容量大(是一般同轴电缆的 10～100 倍)、衰减小(1 GHz 时为 0.55 dB/km)、噪声小、施工容易等优点。

(2)漏泄同轴电缆

漏泄同轴电缆是在同轴对外导体上周期性开槽，并能沿电缆辐射电磁波的同轴电缆。它是具有传输线和辐射场天线两方面性能的一种电缆。为了满足地下、隧道、街道、铁道、矿井巷道以及其他大型地下建筑物内部的无线通信传输问题，科技人员制造和发展了漏泄同轴电缆。

漏泄同轴电缆是可以辐射电磁波的传输线，电磁能量沿同轴对传输过程中有一小部分能量作为辐射波形式沿线路均匀地发射出去，大部分能量沿电缆继续向前传输。由于这些辐射波的发射方向垂直于传输方向，能够按一定方向传输到接收点，因而它具有收信电平稳定的特点。

漏泄同轴电缆可在较小衰减下传送高频信号，通信频谱一般为 30～450 MHz。漏泄同轴的典型结构是用铝管或单根软铜线做内导体，采用带周期性斜槽的外导体，即八字槽结构，如图 1－18 所示。这种结构的电缆传输频带较宽，所以又称宽带漏泄同轴电缆。图 1－18 中 $h$ 表示八字槽节距，漏泄同轴电缆八字槽的周期配置可以是多种多样的，可能是单一周期式的，也可以是双周期和多重周期的开槽排列形式，如图 1－19 所示。采用多重周期排列可以提高有效带宽，如双重周期使用频率上下限之比由单一周期的 2 倍提高到 7 倍。

漏泄同轴电缆的辐射电场强度，也就是辐射性能，通常是用耦合损耗来衡量的。耦合损耗 $A_C$(单位为 dB)就是用传输线内传输的功率 $P_L$ 与外部空间天线接收功率 $P_T$ 之比的对数值，即

$$A_C = 10\lg P_L/P_T \qquad (1-11)$$

在电缆制造与实际使用时，式(1－11)中的 $P_L$ 通常采用传输线的传输功率，$P_T$ 采用半波长标准偶极子天线在离电缆方向 1.5 m 处所测得的接收功率。

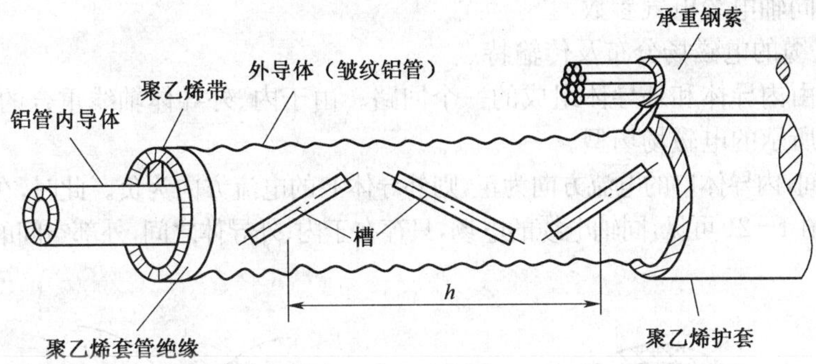


图 1—18　漏泄同轴电缆

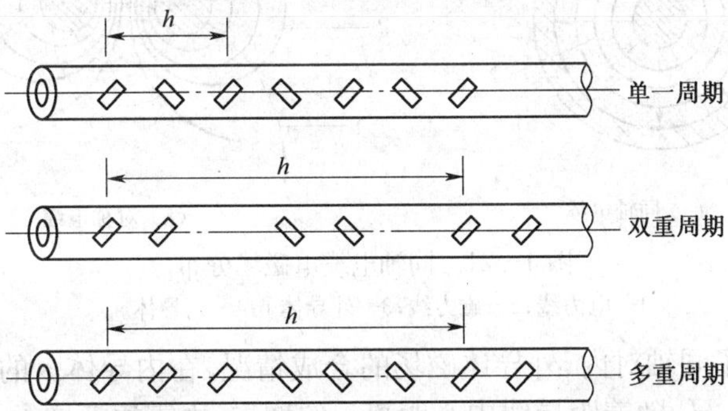


图 1—19　八字槽排列形式

漏泄同轴电缆为了满足传输功率较大、本身衰减较低、重量轻的使用要求，其结构尺寸都比较大，一般为 20～60 mm。外导体大都采用铝导体，最理想的是采用铝—塑粘结复合带。为便于安装敷设，电缆往往都制成自承式及单同轴对的结构。

(3)隧道通信天线

移动通信的空间波在隧道中传播时衰减非常严重，当工作频率为 160 MHz，且隧道中无车辆时，传播距离只有 183 m，传播损耗达 110 dB，若隧道内有车辆或天线架设在隧道外，则传播损耗更大，通信距离只有 100 多米，甚至更短。为了解决电波在隧道内传播的损耗，保证通信的连续，通常采用两种措施：一是沿隧道壁敷设导波线，使电磁波沿导波线传播，减少传播损耗，增大通信距离；二是在数百兆赫以上频段使用强方向性天线，把大功率电磁波集中射入隧道内以提高通信距离。

导波线与电台相连代替原有天线，导波线向周围辐射电磁场供机车台天线接收，同时也接收机车台天线辐射的电磁场，传向电台，从而实现机车台与站台间通信，如图 1—20 所示。导波线可用双根或单根传输线沿隧道壁敷设，高频工作时其辐射特性受敷设条件和周围环境影响大，造成通信不稳定，目前广泛使用的是漏泄同轴电缆。

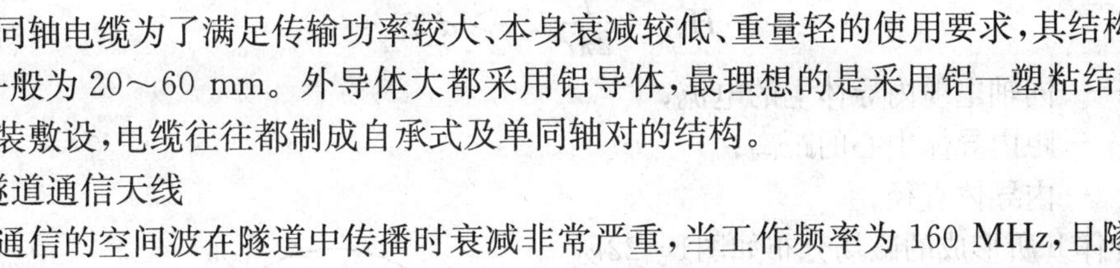


图 1—20　隧道通信天线

(二)通信同轴电缆电气参数

1. 同轴电缆的电磁场分布及传输特点

同轴对是由内导体和外导体组成的一个回路。由于内、外导体轴线重合的特殊结构,形成了如图 1—21 所示的电磁场场型。

当某一瞬间,内导体口的电流方向为正,则外导体 b 的电流方向为负。此时,在内、外导体之间产生电场。由图 1—21 可见,同轴电缆的电场,只存在于内、外导体之间,外部空间的电场为零。

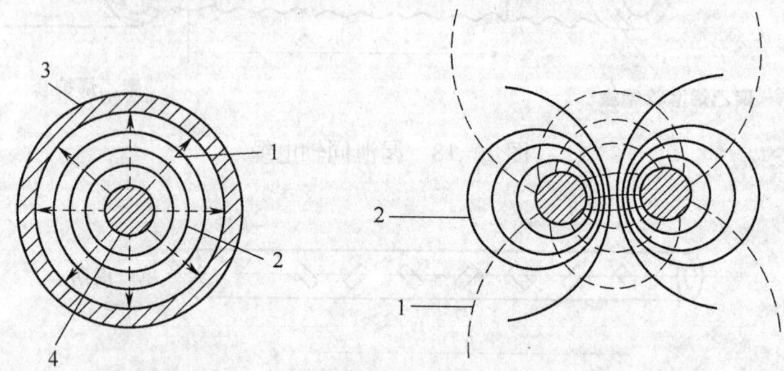

(a) 同轴电缆 (b) 对称电缆

图 1—21 同轴电缆电磁场分布

1—电力线;2—磁力线;3—外导体 b;4—内导体 a。

图 1—21 中表示了同轴对内、外导体磁场的合成情况,在内导体 a 的内部,根据安培环路定律可知,其磁场强度 $H_a$ 随着距导线中心距离 $r$ 的增加,由零逐渐增大;在内导体 a 的外部,磁场强度 $H_{a外}$ 随着 $r$ 的增加而减小,其计算公式如下:

$$H_{a外}=\frac{I}{2\pi r} \quad (r \geqslant d/2) \tag{1—12}$$

式中 $I$——同轴电缆内导体上的电流;

$r$——距内导体中心的距离;

$d$——内导体直径。

外导体 b 所形成的磁场分布如图1—22所示,根据电磁学原理,在外导体 b 的空心内部不存在磁场;在外导体的横截面上,随着离开轴心的距离 $r$ 增大,磁场强度 $H_b$ 逐渐增大。而在外导体外径以外的磁场强度 $H_{b外}$,随着离开轴心距离 $r$ 的增大,磁场强度 $H_{b外}$ 逐渐减小,由于内、外导体上的电流大小相等,方向相反,故外导体 b 外部所形成的磁场与内导体的磁场方向相反,大小相等,$H_{b外}$ 可由式(1—13)计算:

$$H_{b外}=-\frac{I}{2\pi r} \quad \left(r \geqslant \frac{D}{2+t}\right) \tag{1—13}$$

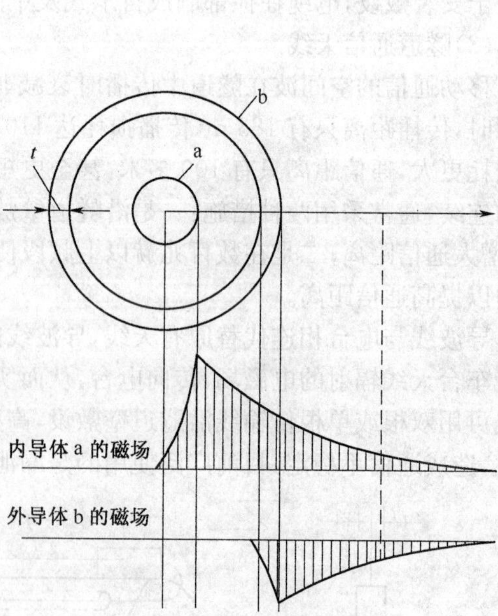

图 1—22 磁场分布

式中 $r$——距内导体中心的距离,mm;

$D$——同轴对外导体的内直径,mm;

$t$—— 外导体厚度,mm。

同轴对在横截面上任何一点的磁场强度 $H$ 都是 $H_a$ 与 $H_b$ 的和。所以同轴对在外导体外

部任意一点磁场强度 $H_{外}$ 为 0，即

$$H_{外}=H_{a外}+H_{b外}=\frac{I}{2\pi r}+\left(-\frac{I}{2\pi r}\right)=0 \quad \left(r\geqslant\frac{D}{2+t}\right) \tag{1-14}$$

从以上分析可知，同轴电缆产生的电磁场只作用在内、外导体之间，其磁力线是以内导体轴心为圆心按同心圆分布。在同轴对的外部空间没有电磁场的影响，即同轴电缆的电磁场是封闭型的，而对称电缆回线的电磁场则是开放型的，在该电磁场的作用下，使邻近回路受到干扰；该电磁场还在邻近金属层内产生涡流而增大回路的衰减，传输频率越高，上述两种现象愈显著。同轴对外部无电磁场，因而不会产生对称回路上述情况，故同轴电缆具有传输衰减较低、相互干扰小的传输特性。

同轴电缆传输高频电流时，内、外导体上的电流密度分布情况会给传输带来影响。由于外导体中的电流不会在内导体中产生磁场，所以内导体上电流密度的分布仅决定于集肤效应的作用，其结果是内导体外表面电流密度增大，如图 1－23 所示。外导体电流密度的分布决定于内导体对它的邻近效应以及外导体本身集肤效应作用之和。由于合成后总磁场的作用结果，使外导体中的电流愈趋近内表面，电流密度愈大，如图 1－23(a)、(b)所示。综合以上内、外导体的电流密度分布情况，可以看出，当高频电流经过同轴电缆传输时，电流集中在内导体的外表面和外导体的内表面上，如图 1－23(c)所示。

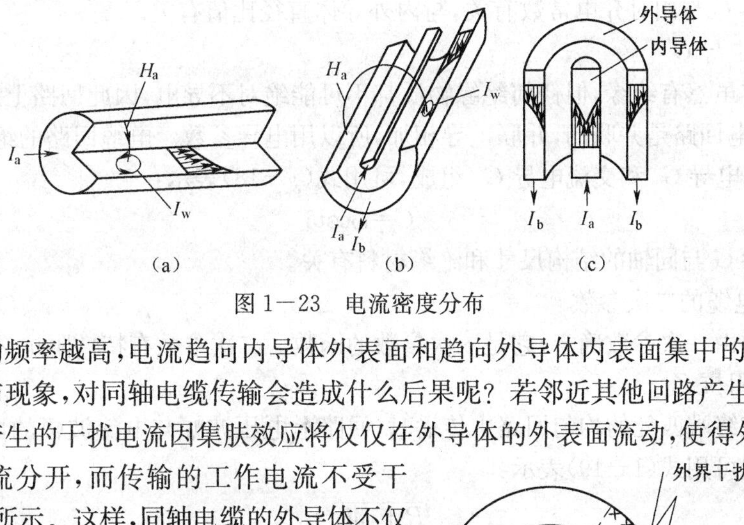


图 1－23　电流密度分布

传输电流的频率越高，电流趋向内导体外表面和趋向外导体内表面集中的现象越突出。电流的这种分布现象，对同轴电缆传输会造成什么后果呢？若邻近其他回路产生干扰磁场时，在同轴回路中产生的干扰电流因集肤效应将仅仅在外导体的外表面流动，使得外导体中工作电流和干扰电流分开，而传输的工作电流不受干扰，如图 1－24 所示。这样，同轴电缆的外导体不仅作为回路的一根导线，而且还起着有效的屏蔽作用。所以同轴电缆电流密度分布的这种特点，又决定了同轴电缆具有防干扰性能强的传输优点。以上所述同轴电缆的传输特点，在传输高频信号时是十分明显的，但当同轴电缆传输低频或直流时，则电流通过内、外导体的整个截面，上述特点将不复存在。同时，同轴电缆内、外导体的电气参数不一致，是不对称回路，所以它在传输低频电流时，效果反而不及对称电缆。因此，小同轴电缆使用的频率在 60 kHz 以上，中同轴电缆则在 300 kHz 以上。

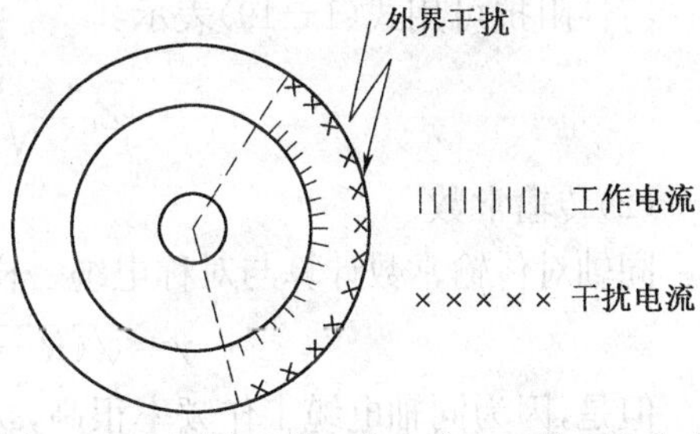


图 1－24　同轴对的工作电流和干扰电流分布

需要指出的是，以上的分析，都是假定同轴电缆在理想结构和理想导体的情况下得出的，实际同轴电缆回路还存在着相互干扰，也要受到外界干扰。

2. 同轴电缆的一次参数

(1)回路有效电阻 $R$

同轴电缆回路的有效电阻 $R$(单位为 Ω/km)由直流电阻 $R_0$ 和交流电阻 $R_{\sim}$ 组成。近似计算如下：

$$R=\frac{5.5}{d^2}+8.32\sqrt{f}\left(\frac{1}{d}+\frac{1}{D}\right)\times10^{-2} \quad (1-15)$$

回路有效电阻 $R$ 与频率的平方根成正比,与内外导体直径成反比。

(2)回路电感 $L$

回路的电感决定于内电感和外电感之和,回路电感(单位为 H/km)的近似值可用式(1－16)计算：

$$L=L_{内}+L_{外}\approx L_{外}=2\ln\frac{D}{d}\times10^{-4} \quad (1-16)$$

高频时电感近似等于外电感,电感大小决定于同轴对的结构尺寸。

(3)回路电容 $C$

由于无外磁场,故只计算内外导体间的工作电容,回路电容(单位为 F/km)的近似值可用式(1－17)计算：

$$C=\frac{2\pi\varepsilon}{\ln\frac{D}{d}}=\frac{\varepsilon_\gamma}{18\ln\frac{D}{d}}\times10^{-6} \quad (1-17)$$

回路电容 $C$ 与相对介电常数有关,与内外导体直径比值有关。

(4)绝缘电导 $G$

内外导体虽然有绝缘,但任何绝缘物质都不可能绝对不导电,因此回路上总存在着一定的漏电通道,漏电回路是并联的,并联电导相加,所以用电导参数。电缆回路的绝缘电导(单位为 S/km)由直流电导 $G_0$ 和交流电导 $G_{\sim}$ 组成,可用式(1－18)表示：

$$G=\omega\cot\delta \quad (1-18)$$

绝缘电导 $G$ 与同轴的结构尺寸和绝缘材料有关。

3. 同轴电缆的二次参数

二次参数由一次参数确定,它是一次参数的函数。二次参数有特性阻抗 $Z_C$、传输常数 $\gamma$。

(1)特性阻抗 $Z_C$

电磁波在终端匹配的均匀回路中传播时,回路上电压波幅与电流波幅的比值叫做特性阻抗。特性阻抗可用式(1－19)表示：

$$Z_C=\sqrt{\frac{R+j\omega L}{G+j\omega C}}=|Z_C|e^{j\varphi_C} \quad (1-19)$$

(2)传输常数

同轴对传输常数计算与对称电缆一样,即

$$\gamma=\sqrt{(R+j\omega L)(G+j\omega C)}=\alpha+j\beta \quad (1-20)$$

但是,因为同轴电缆工作频率很高,$\omega L\gg R$,$\omega C\gg G$,计算公式如下：

$$\gamma=\left(\frac{R}{2}\sqrt{\frac{C}{L}}+\frac{G}{2}\sqrt{\frac{L}{C}}\right)+j\omega\sqrt{LC} \quad (1-21)$$

## 七、想 一 想

1. 对称电缆与同轴电缆在电磁场分布上有什么不同?
2. 试用同轴电缆电磁场分布特性解释其抗干扰特性。
3. 比较对称电缆与同轴电缆在铁路通信应用上有什么特点。

# 模块二　全塑电缆芯线的接续

## 一、学习目标

(一)掌握电缆芯线接续原理;

(二)掌握电缆芯线接续规定;

(三)掌握纽扣式接线子选用、操作方法;

(四)掌握模块式接线子选用、操作方法;

(五)掌握模块式接线机操作方法;

(六)掌握全塑电缆芯线的常用接续方法。

## 二、工作任务

(一)掌握纽扣式接线子接续电缆芯线;

(二)掌握模块式接线子接续电缆芯线。

## 三、阅读与理解

(一)全塑电缆常用接续方法

全塑电缆芯线接续是全塑电缆敷设施工中的一个重要组成部分。在质量上要求较高:必须接续可靠并长时期保持应有的性能,以保证通信畅通;要求施工有较高的效率、劳动强度低、操作简便、易于掌握;要求工料费少;适合架空、直埋或管道等各种场合使用。原来的扭接法工序多、费工时,要求有技术熟练的工人操作且接续不牢靠,已被接线子接续法取代。

全塑电缆芯线接续技术主要采用接线子压接法,如美国 3M 公司生产的扣式接线子与模块式接线子的接线法;英国 BICC 公司、EGERTON 公司生产的套管式(B 型)与槽式(6 号)接线子接线法;日本生产使用的销钉式接线子接线法等。我国全塑电缆芯线的接续方法主要采用扣式接线子和模块式接线子接续法。

1. 全塑电缆芯线压接接续的原理和要求

(1)全塑电缆芯线压接接续的原理

导线连接后其电阻值决定于导体材料的电阻、两接触面间的接触电阻和因污染或氧化而产生的薄膜电阻。因而芯线的接续除了要考虑增大和保持接触面间的压力外,还要做到两点:要除去或刺穿任何存在于导线表面上的不导电薄膜;让这些接触面上没有或不产生新的氧化膜,这就需要有足够牢固的气密接触面。

(2)全塑电缆芯线压接接续的要求

①在芯线接续过程中,要除去或刺穿导线表面的不导电薄膜;

②在接头处要有一个紧密的接触面,形成一个可靠的气密面接触状态;

③接续后要在芯线接头处长期保持稳定与持久的压力;

④芯线接头应加硅脂保护,以便与外界空气隔离,以免再生成新的氧化膜。

(3)全塑电缆芯线接续的一般规定

①电缆芯线接续前，应保证气闭良好（填充型电缆除外），并应核对电缆程式、对数，检查端别，如有不符合规定者应及时返修，合格后方可进行电缆接续；

②全塑电缆芯线接续必须采用压接法，不得采用扭接法；

③电缆芯线的直接、复接线序必须与设计要求相符，全色谱电缆必须色谱、色带对应接续；

④电缆芯线接续不应产生混线、断线、地气、串音及接触不良等问题，接续后应保证电缆的标称对数全部合格；

⑤填充型全塑电缆的清洗应使用专用清洗剂。

2. 扣式接线子接续法

扣式接线子接续法是我国广泛采用的小对数全塑全色谱电缆芯线接续方式。本节主要介绍接线子的型号、扣式接线子（HJK）的结构和接续原理、扣式接线子的程式、扣式接线子压接钳、扣式接线子接续操作方法和步骤。

(1)接线子的型号

目前，市话全塑电缆的接线子品种较多，按其接续方式、器件外形和内部结构及特点，可分为套管型、纽扣型、槽型、销钉型、齿型和模块型等。

接线子的型号分类必须符合原邮电部标准《市内通信电缆接线子》（YD 334—87）的规定，其型号编写方法如图 1—25 所示。

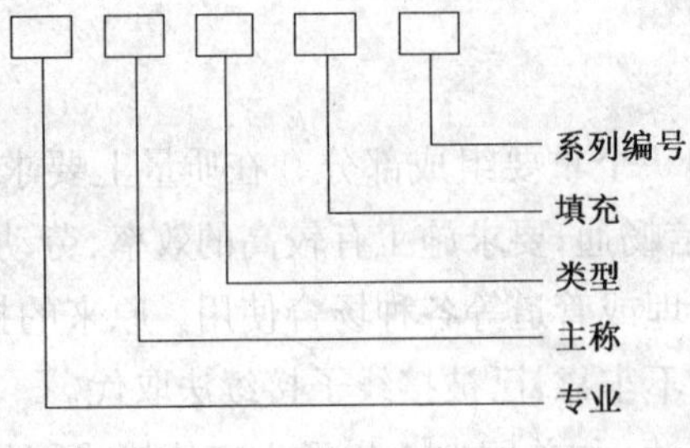


专业：H——市内通信电缆
主称：J——接线子
类型：K——纽扣型
X——销钉型（又称销套型、销子型）
C——齿型
M——模块型
填充：T——含防潮填充剂，如无填充则不写
系列：1，2，…，9——系列编号

图 1—25　接线子的型号

接线子型式分类见表 1—12。

**表 1—12　接线子型式**

| 型号 / 有无填充 / 接线子名称 | 代号 | |
|---|---|---|
| | 不含防潮填充剂 | 含防潮填充剂 |
| 纽扣式接线子 | HJK | HJKT |
| 销钉型接线子 | HJX | / |
| 齿型接线子 | HJC | / |
| 模块式接线子 | HJM | HJMT |

(2)扣式接线子的结构和接续原理

扣式接线子外形如图 1—26 所示，它由 3 部分组成，即扣身、扣帽、U 型卡接片。

扣式接线子 U 型卡接片卡接示意（二线）如图 1—27、图 1—28 所示。在塑料盖内镶嵌镀

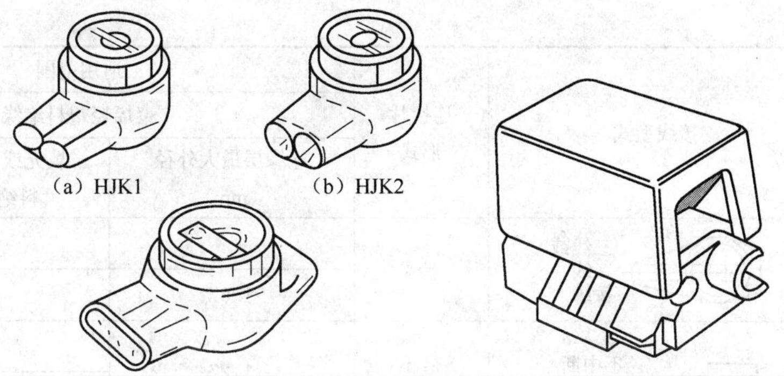

（a）HJK1　（b）HJK2　（c）HJK3　（d）HJK4

图 1－26　扣式接线子外形

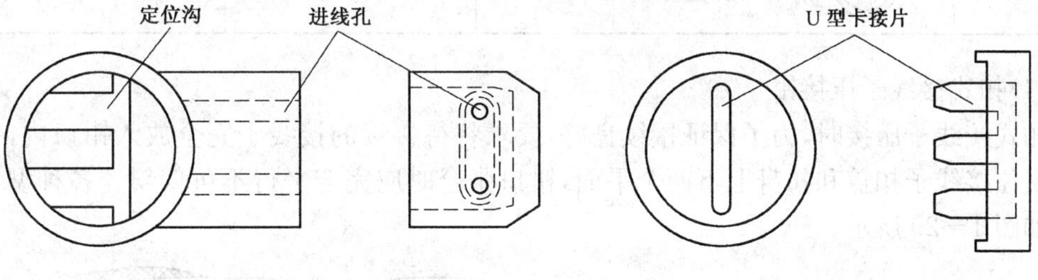


（a）纽扣身　（b）纽扣帽

图 1－27　卡接片

锡的铜合金 U 型卡接片，在接续时将待接芯线放入沟槽内，用专用手压钳将塑料盖压入塑料座内，芯线被压入 U 型卡接槽内。由于芯线可压入槽内比线径稍窄处，刀口可卡破芯线绝缘及氧化层，卡接片能与铜线本体接触，同时能够保持一定的接续压力，形成无空隙接续。充有硅脂的接线子具有防潮、防氧化性能。

(3)扣式接线子的程式

扣式接线子的种类很多，分进口和国产两大类。国产扣式接线子的程式及使用范围见表 1－13。

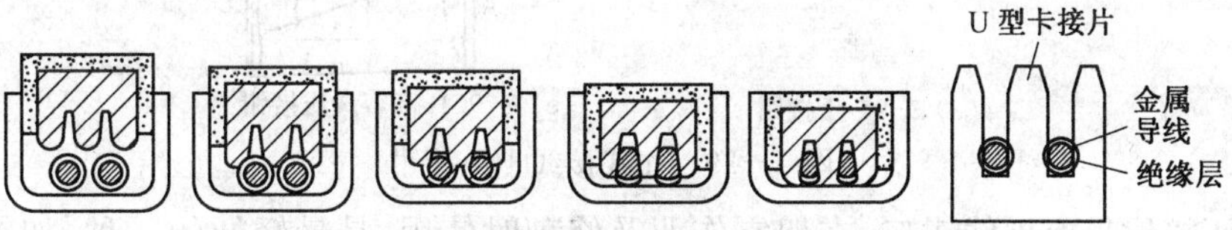


图 1－28　扣式接线子 U 型卡接片卡接示意(二线)

**表 1－13　扣式接线子的程式**

| 规格型号 | 接线型式 | 连接片形式 | 适用范围 | |
|---|---|---|---|---|
| | | | 聚烯烃塑料绝缘 | |
| | | | 绝缘层最大外径(mm) | 填充或非填充聚烯烃塑料绝缘电缆(mm) |
| HJK1 | 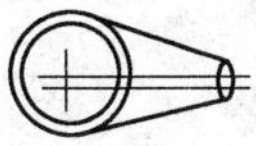 二线接续 | 单式 | 1.52 | / |
| HJKT1 | | | | 0.4～0.5 |
| HJK2 | 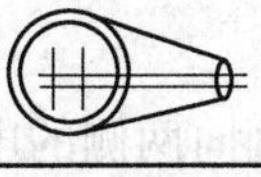 二线接续 | 双式 | 1.80 | / |
| HJKT2 | | | | 0.4～0.9 |

续上表

| 规格型号 | 接线型式 | 连接片形式 | 适用范围 | |
|---|---|---|---|---|
| | | | 聚烯烃塑料绝缘 | |
| | | | 绝缘层最大外径(mm) | 填充或非填充聚烯烃塑料绝缘电缆(mm) |
| HJK3 | 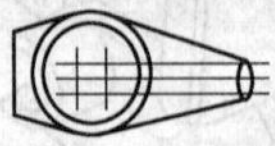 三线或二线接续 | 双式 | | / |
| HJKT3 | | | 1.67 | 0.4～0.5 |
| HJK4 | 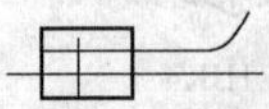 不中断线路复接 | 单式 | 1.27 | / |
| HJKT4 | | | | 0.4～0.9 |
| HJKT5 | 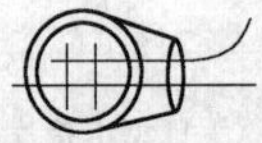 不中断线路复接 | 双式 | 1.67 | 0.4～0.9 |

(4)扣式接线子压接钳

扣式接线子压接时,为了保证接续良好,要求将待接续的接线子完全放入钳口内,钳口要平行夹住接线子扣盖和扣身上下两个平面,钳口张合时应完全平行不可偏斜。各种型号的压接钳如图 1—29 所示。

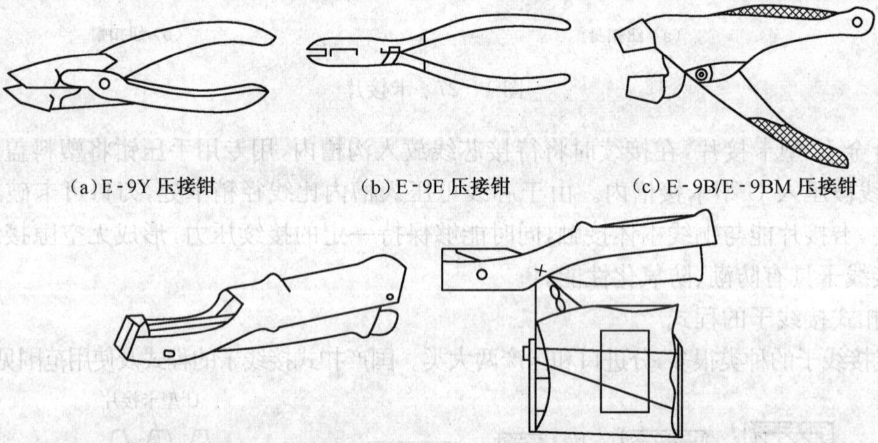

(a)E-9Y 压接钳　(b)E-9E 压接钳　(c)E-9B/E-9BM 压接钳

(d)E-9C 压接钳　(e)E-9CH 高容量压接钳

图 1—29　扣式接线子压接钳

E-9Y 压接钳带有剪线钳口,在架空作业及修理时使用,是最轻便的一种,如图 1—29(a)所示;E-9E 压接钳在压紧时钳口动作平行度好,使用功能与 E-9Y 相同,但无剪线钳口,如图 1—29(b)所示;E-9B/E-9BM 压接钳是用途最广的接线钳,可适用于各种接线子,其压接钳口间距可用调节螺丝调节,如图 1—29(c)所示;E-9C 压接钳用来压接链带式的接线子,每个链带上装有接线子 10 只,可在一定程度上提高接续效率,如图 1—29(d)所示;E-9CH 高容量压接钳能够进一步提高接续效率,对于 50 对以上电缆的接续可采用这种压接钳,钳下有一个铁架,用于存放链带接线子,可以连续接续,如图 1—29(e)所示。

(5)扣式接线子接续规定

①按设计要求的型号选用扣式接线子;

②接续长度为 50 mm,并扭绞 3～4 花;

③接线子排列整齐、均匀,每 5 对(同一领示色)为一组,分别倒向两侧的电缆切口;

④无接续差错,芯线绝缘电阻合格。

(6)扣式接线子接续操作方法和步骤

扣式接线子接续方法一般适用于 300 对以下电缆或在大对数电缆中接续分歧电缆。

全塑电缆接续长度及扣式接线子的排数应根据电缆对数、电缆直径及封合套管的规格等来确定。

接线子排列及接续长度见表 1—14。

**表 1—14 扣式接线子排数及接续长度**

| 电缆对数(对) | 接线子排数 | 接续长度(mm) |
|---|---|---|
| 25 | 2~3 | 149~160 |
| 50 | 3 | 180~300 |
| 100 | 4 | 300~400 |
| 200 | 5 | 300~450 |
| 300 | 6 | 400~500 |

3. 模块式接线子接续法

模块式接线子也称为模块型卡接排,简称模块或卡接排。它具有接续整齐、均匀、性能稳定、操作方便和接续速度快等优点。一般模块式接线子一次接续 25 对。利用模块式接线子可进行直接、桥接和搭接。大对数电缆常用此方法。

(1)模块式接线子的结构

模块式接线子由底板、主板和盖板 3 部分组成。主板由基板、U 型卡接片、刀片组成。基板由塑料制成上、下两种颜色。靠近底板一侧与底板颜色相同,一般为金黄色,靠近盖板一侧与盖板颜色一致,一般为乳白色。一般用底板与主板压接局方芯线,主板与盖板压接用户芯线。模块式接线子的结构如图 1—30 所示。

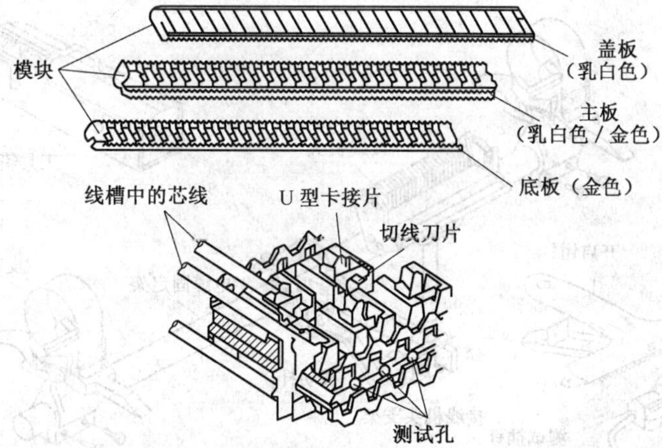


图 1—30 模块式接线子

(2)模块式接线子的型号

目前常用的模块式接线子有国产和进口(主要为 3M 公司)两大类,见表 1—15、表 1—16。

**表 1—15 国产模块接线子(HJM、HJMT)型号、规格及范围**

| 规格型号 | 接线形式 | 适用范围 | |
|---|---|---|---|
| | | 聚烯烃塑料绝缘电缆芯线 | |
| | | 接续对数 | 线径(mm) |
| HJM1 | 标准接续 | 25 | 0.32～0.6 |
| HJMT1 | 标准接续 | 25 | 0.32～0.6 |
| HJM2 | 桥接 | 25 | 0.32～0.6 |
| HJMT2 | 桥接 | 25 | 0.32～0.6 |

**表 1—16 3M 公司卡接排型号及选用表**

| 用途 | 编写 | 类别 | | 有无硅脂保护 | 适用电缆线径(mm) | | 备注 |
|---|---|---|---|---|---|---|---|
| | | 标准型 | 超小型 | | 线径 | 最大绝缘外径 | |
| 一字型接续直接 | 4000-B | √ | | | 0.32～0.7 | 1.17 | |
| | 4000-D | | √ | | 0.32～0.8 | 1.65 | |
| | 4000-DWP | | √ | √ | 0.32～0.8 | 1.65 | |
| | 4000-UWP | | √ | √ | 0.4～0.8 | 1.65 | 4000-D 防潮盒 |
| Y 字型接续桥接 | 4002-B | √ | | | 0.32～0.7 | 1.17 | |
| | 4005-D | | √ | | 0.32～0.8 | 1.65 | |
| T 字型接续搭接 | 4008-B | √ | | | 0.32～0.7 | 1.17 | |
| | 4008-D | | √ | | 0.32～0.8 | 1.65 | |

(3)模块式接线子的压接工具

用模块式接线子接续时，要用专用的压接工具。压接工具主要由接线架和压接器两部分组成。接线架由接线机头 1～2 个、支架管(电缆固定架)、接线机头支架、电缆扣带 2 个、检线梳及试线塞子等组成，如图 1—31 所示。

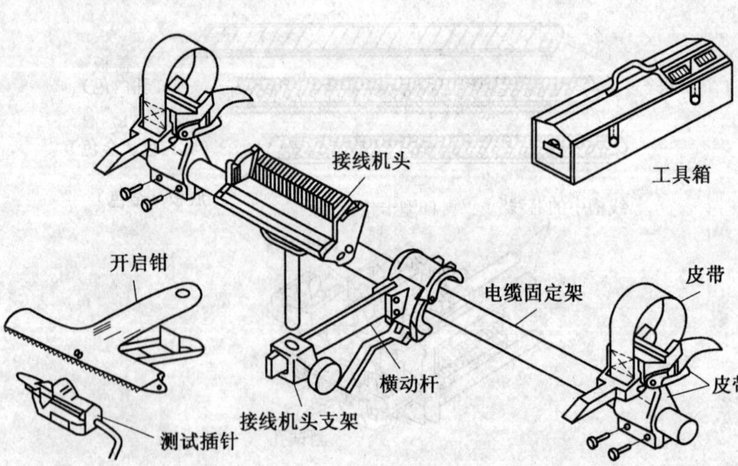


图 1—31 压接工具

接线机头是安装模块式接线子及进行接续的部件。它由两边的金属挡板、带色谱的进线板、蓝色分线齿和两排导线固定弹簧组成。

电缆固定架安放两侧(局方和用户方)已剖开护套的电缆,两侧各由一组皮带和皮带钩组成。

接线机头支架由接线机头固定夹及横动杆组成。

检线梳用于检查卡线质量,左移时仅显示 a 线,右移时仅显示 b 线。

开启钳用于开启未卡接好芯线的模块式接线子。

测试插针在接续完成后,从模块式接线子测试插孔插入,检测接续质量,尾部导线可接测试仪表。

修补工具有大、小两种,主要用于修补个别未卡好的芯线,重新卡接好。

压接器提供导线压接时的动力,常用手动液压器。它常由液压器主体、夹具和高压软管等组成,液压器提供 30 MPa 的压强,可对顺好线的底、主、盖板进行压接,加压时先旋紧气闭旋钮,上下扳动手柄,听到液压器发出“唧、唧”声时,压接工序完成。图 1—32 为模块式接线子接续工具——压接器。

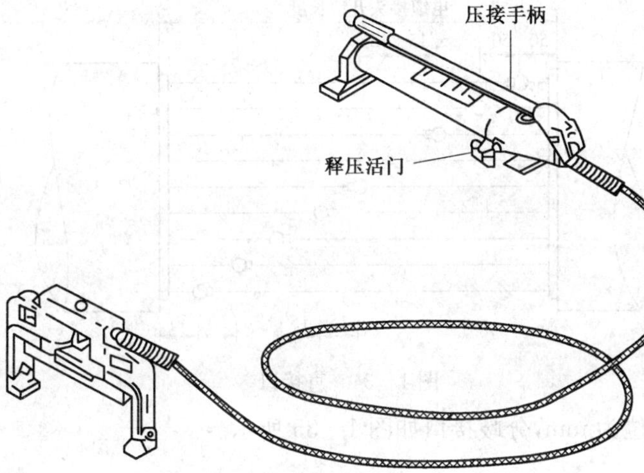


图 1—32　压接器

(4)模块式接线子接续规定

①按设计要求的型号选用模块式接线子。

②接续配线电缆芯线时,模块下层接局端线,上层接用户端线;接续中继电缆芯线时,模块下层接 B 端线,上层接 A 端线;接续不同线径芯线时,模块下层接细线径线,上层接粗线径线。

③模块排列整齐,松紧适度,线束不交叉,接头呈椭圆形。

④无接续差错,芯线绝缘电阻合格。

## 四、实践与操作

(一)直接口与分歧接口接续步骤

(1)根据电缆对数、接线子排数,电缆芯线留长应不小于接续长度的 1.5 倍。

(2)剥开电缆护套后,按色谱挑出第一个超单位线束,将其他超单位线束折回电缆两侧,临时用包带捆扎,以便操作,将第一个超单位线束编好线序。

(3)把待接续单位的局方及用户侧的第一对线(4 根)或三端(复接、6 根)芯线在接续扭线点疏扭 3～4 花,留长 5 cm,对齐剪去多余部分,要求 4 根导线平直、无钩弯。a 线与 a 线、b 线与 b 线压接。

(4)将芯线插入接线子进线孔内[直接口:两根 a 线(或 b 线)插入二线接线孔内。复接:将 3 根 a 线(或 b 线)插入三线接线孔内]。必须观察芯线是否插到底。

(5)芯线插好后,将接线子放置在压接钳钳口中,可先用压接钳压一下扣帽,观察接线子扣帽是否平行压入扣身并与壳体齐平,然后再一次压接到底。用力要均匀,扣帽要压实压平,如有异常,可重新压接。

(6)压接后用手轻拉一下芯线,防止压接时芯线跑出没有压牢。扣式接线子接续如图 1—33 所示。

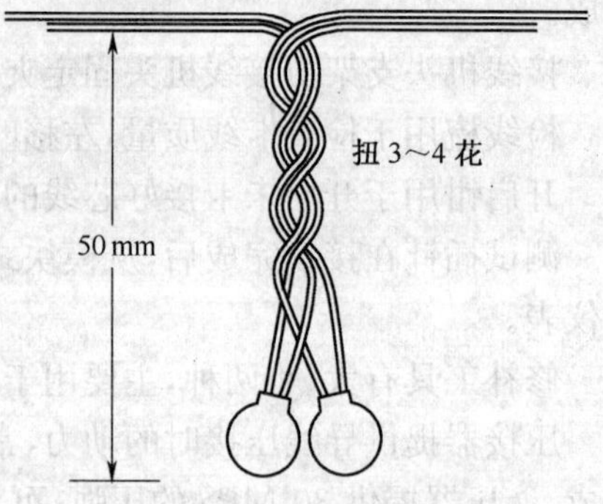


图 1—33　扣式接线子接续

芯线接续尺寸单位为 mm,直接口如图 1—34 所示。

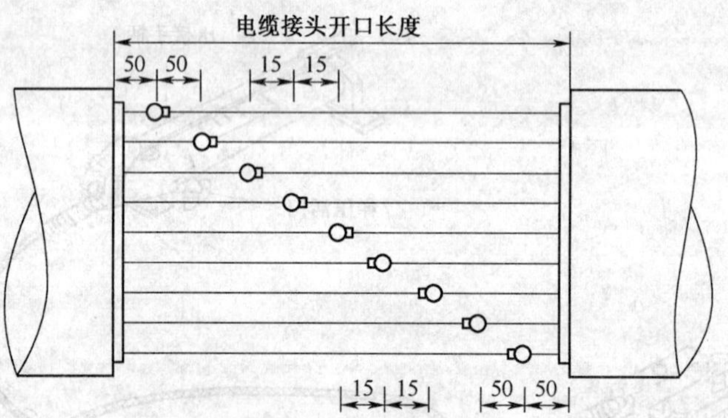


图 1—34　直接口

芯线接续尺寸单位为 mm,分歧接口如图 1—35 所示。

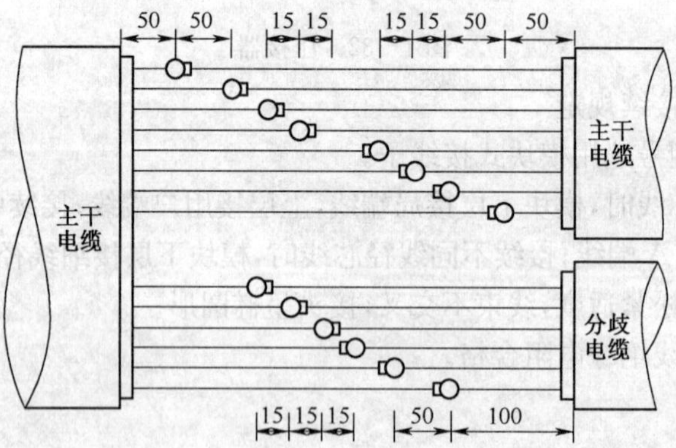


图 1—35　分歧接口

(二)芯线的掏线搭接(T 字型接)步骤

(1)将直通电缆芯线从 4 型或 5 型接线子侧面凹进的开口线槽套入,将扣式接线子在芯线上滑动,使扣式接线子悬挂在芯线上并放在预掏线的位置上。

(2)将被搭接的电缆芯线插入 4 型或 5 型扣式接线子半通的进线孔内,通过透明的扣帽检查芯线位置及色谱,确认无误后预压扣帽,使接线子在芯线上固定。

(3)选用压接钳进行正式压接。

(4)电缆芯线的掏线搭接，常用在电缆装设分线设备的接头中，4 型接线子掏线搭接示意如图 1—36 所示。

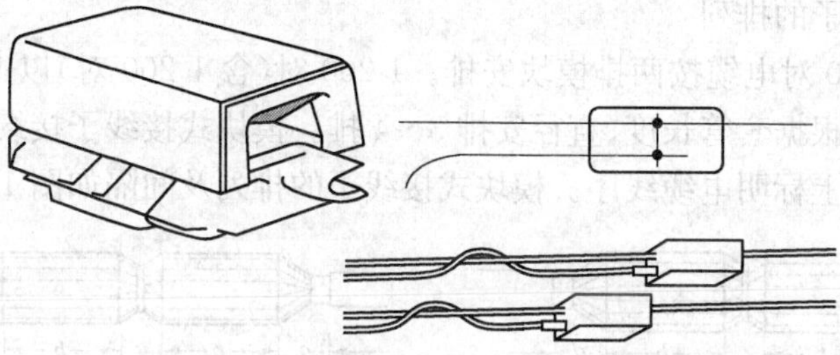

图 1—36　4 型接线子

(三)模块式接线子的接续方法

1. 准备工作和接口开长

(1)准备接线工具及接续器材，安装接线架，并把接线机头装在接线架上。

(2)电缆接续长度及模块式接线子排数，应根据电缆对数、芯线直径及接头套管的直径等确定。两排模块式接线子接续尺寸见表 1—17。

**表 1—17　模块式接线子电缆接续开口长度**

| 对数 | 线径(mm) | 接续长度(mm) | 直接头直径(mm) | 折回接头直径(mm) |
|---|---|---|---|---|
| 400 | 0.4 | 432 | 66 | 69 |
| | 0.5 | | 74 | 81 |
| | 0.6 | | 79 | 107 |
| 600 | 0.4 | 432 | 79 | 89 |
| | 0.5 | | 89 | 104 |
| | 0.6 | | 97 | 133 |
| 1 200 | 0.4 | 432 | 107 | 135 |
| | 0.5 | | 114 | 160 |
| 2 400 | 0.4 | 483 | 157 | 198 |

(3)全塑电缆护套的开剥长度根据电缆芯线接续长度而定。一般一字型接续(直接头)开剥长度至少为接续长度的 1.5 倍。例如：接续长度为 483 mm，则护套开剥长度至少为 483×1.5＝724.5 mm，如图 1—37 所示。

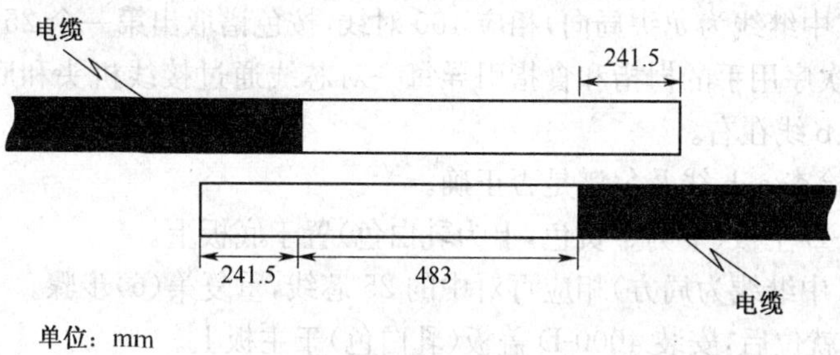


图 1—37　护套开剥长度

若为折回直接，塑料护套开剥长度至少为接续长度的 2 倍，并另加 152 mm。例如接续长度为 483 mm，则护套开剥长度至少为 483×2＋152＝1 118 mm。为了简化计算，一般也可乘 2.5 倍，无需另加 152 mm（483×2.5＝1 207.5 mm）。

（4）模块式接线子的排列

一般 400～1 200 对电缆按两排模块安排。1 200 对（含 1 200 对）以上的电缆一般也按两排模块安排，但也可根据套管长度、直径安排 3～4 排。模块式接线子接续后，应排列及绑扎整齐，并应在模块盖面上标明电缆线序。模块式接线子的排列及间隔如图 1－38 所示。

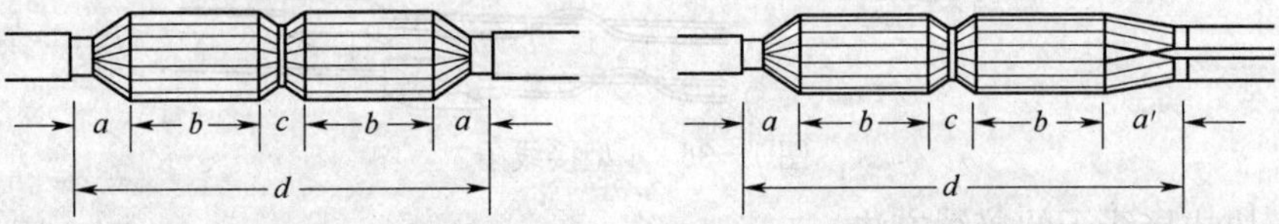


| d | a | b | c |
|---|---|---|---|
| 432 | 36 | 165 | 30 |
| 483 | 61.5 | 165 | 30 |

（a）直接接续

| d | a | a′ | b | c |
|---|---|---|---|---|
| 432 | 30 | 42 | 165 | 30 |
| 483 | 45 | 78 | 165 | 30 |

（b）分歧接续　　单位：mm

图 1－38　模块式接线子的排列及间隔

（5）模块式接线子接续 100 对超单位的接续顺序，应先下后上，先远后近。

（6）全塑电缆的备用线对应采用扣式接线子接续。

（7）电缆、支架及接续机头的装置如图 1－39 所示。

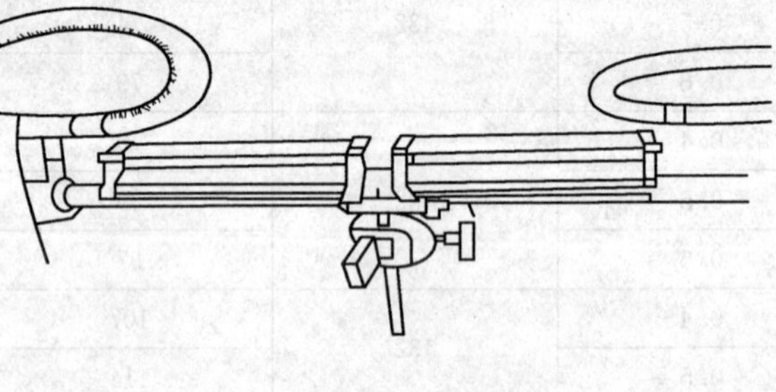

图 1－39　支架及接续机头

2. 模块式接线子直接

（1）在接续器头内安装衬板。

（2）检查芯线固定弹簧是否符合适当的线径。

（3）将模块的底板 4000-D（金黄色）置于固定座内。

（4）取出局向（中继线为龙头局向）相应 100 对线，按色谱取出第一个 25 对线，根部以色带结扎后，按照色谱次序用手的拇指和食指引导每一对芯线通过接线机头和底板置入固定弹簧夹紧，使 a 线在左、b 线在右。

（5）用检查梳检查 a、b 线及色谱是否正确。

（6）安装 4000-D 主板（下为金黄色，上为乳白色）置于底板上。

（7）取出用户（中继线为局方）相应百对中的 25 芯线，重复第（6）步骤。

（8）25 对芯线就位后，安装 4000-D 盖板（乳白色）于主板上。

（9）每次排完芯线后，放上模块主板或上盖板前务必用检查梳检查 a 线或 b 线是否有排错或有空线槽。

(10)将液压压接器固定夹内沿的凸梢置于接续器头的凹槽内。

(11)转动固定夹至直立位置,使压接器固定夹固定于接续器上。

(12)旋紧释压活门,压接模块。

(13)拉去切掉的芯线。

(14)放松释压活门,拆卸压接器。

(15)不断调整接续器与被接续芯线间位置,重复上述接续步骤直到全部芯线接续完毕。

(16)各接续完成的模块应标注线号。

(17)整理模块,使模块的芯线部分朝向缆芯,模块排列成圆形,将塑料带扎在两模块间的芯线部分。

(18)用双手紧握模块,以面向局方作逆时针转动,使芯线全部包容在模块圈内以后,用聚乙烯带将模块两侧扎紧,如图1—40所示。

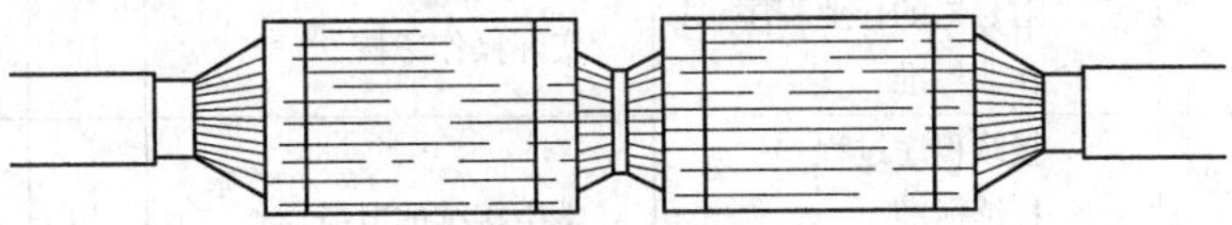

图1—40　整理模块

3. 芯线复接

(1)芯线复接应与相应的直接接续同时进行。

(2)将被复接的分支电缆进行线序编排,使芯线束环头后,在另端电缆切口处附近固定,如图1—41所示。

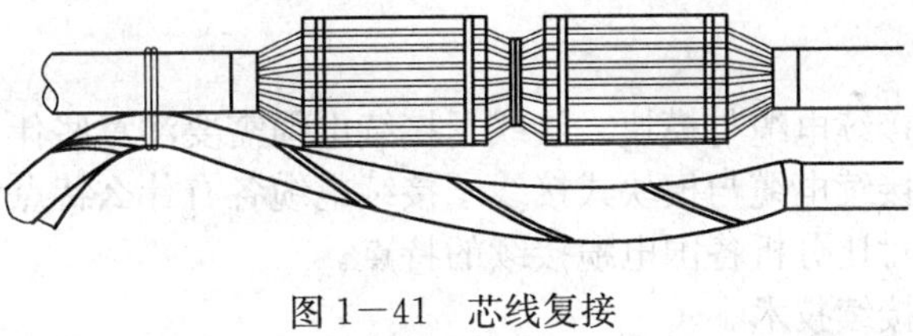

图1—41　芯线复接

(3)打开主干电缆已完成接续的相应模块的盖板,在打开盖板前应仔细检查复接线束,被复接线束的超单位色带、基本单位色带与设计规定的复接线序是否相符。

(4)安装4005-D复接模块的主板于4000-D主板之上,并以手指压紧。

(5)取出分支电缆中的相应线束,按照色谱,通过接续机和4005-D主板,置入固定弹簧夹,使a线在左、b线在右,并用检查梳检查。

(6)装上4005-D盖板于主板之上,与接续机头上的弹簧卡紧。

(7)装液力压接器,切除多余线头,并检查芯线是否重复入槽和模块空槽的现象。

(8)重复上述操作,直至全部复接工作完成。

(9)整理模块,使模块的芯线部分朝向缆芯,模块排列成圆形,用塑料带扎住两模块间的芯线部分。模块接续应注意以下几点:

①模块接续时对不同线径的处理:将细线径芯线置于模块的下方,将较粗线径的芯线置于模块上方,即先放置较细线径、后放置较粗线径。

②模块三排列:3 000对及以上的大对数电缆的模块接续,为适应现有的热缩套管的最大外径,模块需分列3排,开口长度为678 mm。

③防潮措施：宜采用模块本体加防潮胶体为好，如 4000-DWP。

## 五、评价完成质量

（一）各小组介绍工作流程步骤，并演示操作过程、展示接续成果。

（二）学生按线务员作业程序、国家标准进行自评和互评。

（三）教师评价：教师对学生整个工作过程、结果进行评价，指出每个小组及成员的优点，并提出改进建议，综合评价学生各项能力。

（四）评价方案见表 1—18。

**表 1—18 评 价 方 案**

| 评价指标<br>（依据教学阶段设计） | 评价标准 | 评价依据 | 权重 | 自评分 | 互评分 | 教师评分 | 平均分 |
|---|---|---|---|---|---|---|---|
| 电缆芯线的对号 | 1. 对号器的作业程序<br>2. 作业标准 | 实际操作考核 | 10 | | | | |
| 纽扣接线子接续 100 对电缆 | 1. 接续程序过程<br>2. 接续标准<br>3. 接续熟练程度 | 学生接续的电缆 | 40 | | | | |
| 模块接线子接续 300 对电缆 | 1. 接续程序过程<br>2. 接续标准<br>3. 接续熟练程度 | 学生接续的电缆 | 40 | | | | |
| 评价完成质量 | 1. 作业程序<br>2. 行业标准 | 1. 实际操作过程<br>2. 学生作品 | 10 | | | | |

## 六、想 一 想

1. 纽扣式接线子接续电缆与模块式接线子接续电缆需要注意些什么？
2. 纽扣式接线子接续电缆与模块式接线子接续电缆各有什么特点？
3. 查找有关资料对比分析各国电缆接续的特点。
4. 查找有关最新接续技术。

# 模块三 全塑电缆接头的封合

## 一、学习目标

（一）掌握接续套管及其安装技术要求；

（二）掌握接续套管的选用；

（三）掌握电缆接头封合方法。

## 二、工作任务

（一）掌握接续套管的安装；

（二）掌握电缆接头的封合。

## 三、阅读与理解

（一）全塑电缆接续套管及其安装的技术要求

全塑电缆线路的外界环境影响因素较多，既要考虑经常性因素，如夏季烈日照射、冬季的低温和冰凌、风雨和气温变化，以及潮气水分带来的影响，又要考虑突发现象，如雷电、台风、地震的影响和电力烧伤、直流管线的泄漏腐蚀等影响。根据电缆线路的维护经验，电缆线路的故障大部分发生在电缆接头封合处，因此选用合适的封合材料和方式正确地进行全塑电缆接头封合，对通信线路的设计、施工和维护工作具有极其重要的意义。

1. 全塑电缆接头封合的技术要求

(1)具有较强的机械强度，接头应能承受一定的压力和拉力；

(2)具有良好的密封性，能达到气闭要求；

(3)便于施工和维护，操作简单；

(4)具有较长的使用寿命。

2. 全塑电缆接续套管的分类

(1)接续套管按品种分类

①热缩套管：利用加热使套管径向收缩，使套管与电缆塑料外护套构成密封接头。

②注塑熔接套管：利用熔融塑料在一定压力下进行注塑，使套管与电缆塑料外护套熔接成密封接头。

③装配套管：不使用热源，利用密封元件装配，使套管与电缆外护套构成密封接头。

(2)接续套管按结构特征分类

①圆管式(O 型)：套管的主体部分截面为圆形或多边形的管状。圆管式套管要在电缆芯线接续前套在待接续电缆上。

②纵包式(P 型)：套管主体沿纵向有一条或两条开口。在电缆芯线接续以后，套管可以纵包在电缆芯线接头之外，利用必要的连接件，使纵向开口连成一体，形成完整的密封套筒。

③罩式：套管的一端开口，另一端为圆罩形。电缆进、出口都在套管的开口端。

(3)接续套管按是否用于电缆气压维护系统分类

①气压维护用套管：接头套管用于额定气压为 70 kPa 的气压维护电缆中，即接续套管能长期承受 70 kPa 的内部压力。

②非气压维护用套管：接头套管用于电缆非气压维护系统中，例如用于不充气系统或填充电缆接头密封。正常情况下接续套管中没有恒定的高气压，但接头仍应维持密封。非气压维护用套管有加强型和普通型之分，必要时可使用加强型。

(4)接续套管按直通或分歧分类

①直通型：套管一端进，另一端出，两端各接入一根电缆。

②分歧型：套管的一端或两端接入两根或更多根电缆。

当套管本身的结构既允许直通使用也允许分歧使用时，可以不加区分。

3. 全塑电缆接续套管的型式代号和规格

(1)全塑电缆接续套管的型式代号

①型式代号的组成

全塑电缆接续套管的型式代号一般由 2～4 部分组成，各部分的表示和含义如图 1－42 所示。

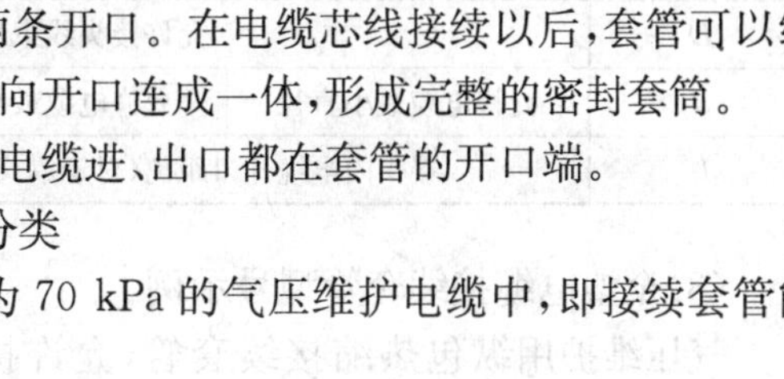


图 1－42　型式代号的组成

②型式代号各部分规定

型式代号各部分规定见表 1－19。

**表 1—19 接续套管型式代号各部分规定**

| 型式 | 型分类 | 代 | 型式代号名 | 型分类 | 代号 |
|---|---|---|---|---|---|
| 产品品种 | 热缩套管 | RS | 是否气压维护或加强 | 气压维护用 | A |
| | 注塑熔接套管 | ZS | | 非气压维护用(加强型) | J |
| | 装配套管 | ZP | | 非气压维护用(普通型) | — |
| 结构特征 | 圆管式 | Y | 派生 | 分歧型 | F |
| | 纵包式 | B | | | |
| | 罩式 | Z | | 直型 | — |

其他用途通信电缆附件型式代号见表 1—20。

**表 1—20 其他用途通信电缆附件型式代号**

| 代号 | C | D | M | Q | T | W |
|---|---|---|---|---|---|---|
| 名称 | 成端 | 堵塞 | 端帽 | 气门 | 填充 | 维护用外包覆材料(管、片、盖) |

(2)全塑电缆接续套管的规格代号

接续套管的规格用 $D\times d-L$ 表示,见表 1—21。

**表 1—21 接续套管的规格**

| 品种代号 | 热缩套管 | 注塑熔接套管 | 装配套管 | 备注 |
|---|---|---|---|---|
| $D$ | 允许接头线束最大直径 | | | 必须标注 |
| $d$ | 允许电缆最小直径 | 允许电缆最小直径 | 允许电缆最小直径 | 不必区分,可省略 |
| $L$ | 接头内电缆开口距离(对于罩式套管为接头线束的长度) | | | 必须标注 |

(3)全塑电缆接续套管型号示例

气压维护用纵包热缩接续套管,允许接头线束最大直径 122 mm,允许电缆最小直径 38 mm,接头内电缆开口距离 500 mm,表示为 RSBA 122×38～500 (YD/T 590.2—92)。

4. 全塑电缆接续套管的选用

(1)热可缩套管:O 型和片型,可用于架空、管道、直埋的填充型和非填充型电缆(自承式电缆除外),成端电缆也能采用。

(2)注塑套管:O 型只能用于聚烯烃护套充气维护的管道电缆和埋式电缆,成端电缆也能采用。

(3)玻璃钢 C 型套管:可用于非填充型不充气维护的自承式和吊挂式架空电缆。

(4)接线筒:一般用于 300 对以下的架空、墙壁、管道充气电缆。

(5)多用接线盒:用于非填充型不充气维护的自承式或吊挂式架空电缆。

(6)装配式套管(剖管):包括用于充气型架空、管道、直埋电缆的机械式套管和用于非充气型填充电缆的装配式套管。

5. 全塑电缆接续套管的技术要求

(1)接续套管在环境温度为－30℃～60℃,环境大气压力为 86～106 kPa 的条件下应能维持正常工作。

(2)接续套管施工环境温度应在－10℃～45℃范围内。

(3)接续套管的各主要部分的尺寸,应符合相应的产品标准规定。

(4)接续套管无论是气压维护型或非气压维护型,其性能均应满足检验要求。

(5)能防潮防水。

(6)要有一定的机械强度。

(7)能重开重合,并尽可能节省费用。

(8)要有较长的使用寿命。

6. 全塑电缆接续套管的封合方法

全塑电缆接头封合的类型有冷接法和热接法。冷接法主要应用于架空电缆线路和墙壁电缆线路;热接法由于气闭性好,广泛应用于充气维护的电缆线路中。

冷接法用于架空电缆、墙壁电缆和楼层电缆(采用带硅脂的接线子接续,防潮性能较好)等,接续套管有多用接线盒、接线筒、玻璃钢C型套管、装配式套管(剖管)等。前3种接续套管主要应用于架空电缆,后一种适用于填充型或充气型电缆。

热接法大体包括热缩套管封合法、注塑O型套管封合法和辅助O型套管包封法。

(二)热缩套管封合法

1. 接续芯线的包扎

(1)接续芯线包扎前的准备

全塑电缆接头封合前,应对芯线进行电性能测试,确认无故障时,再进行芯线包扎。

(2)接续模块的管理和绑扎

①整理已接续的模块,使所有模块的背向外,排列成圆柱形。

②用塑料带在两块模块之间进行绑扎,如图1—43所示。

③转动全部模块,使每块模块排列整齐,芯线全部包容在模块内呈圆柱形,再用聚乙烯带将模块两端扎紧。

(3)接线子接续的包扎

①整理已接续的接线子,使接线子排列整齐。

②用宽75 mm的聚酯薄膜带,从中间开始向两端进行往返3次交叉进行包扎,如图1—43所示。

(4)接头包扎注意事项

①严禁使用受潮或发霉的聚酯薄膜;

②严禁使用白布带一类棉纺品包扎芯线;

③严禁使用有粘胶一类胶带包扎芯线。

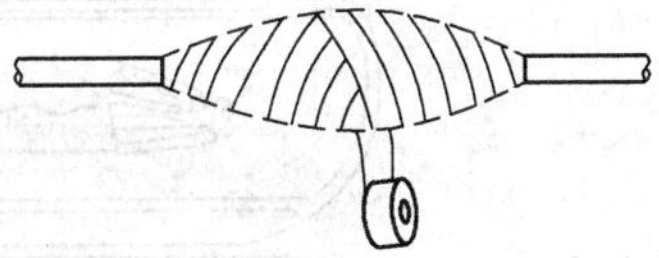

图1—43　接线子接续的包扎

2. 热缩套管的选型、组件、封合要求

(1)热缩套管的选型

根据电缆外径、接头开长、接头外径和电缆保气要求选择进口、国产产品,部分国产热缩套管的规格见表1—22,进口热缩套管的规格见表1—23。

**表1—22　中国普天公司部分接续套管规格型号参考表(充气型强力纤维热缩套管)(单位:mm)**

| 序号 | 分歧接头型号规格 | | 接头最大外径 | 接头最小外径 | 电缆开口长度 | 套管标称长度 | 适应电缆参考外径 | |
|---|---|---|---|---|---|---|---|---|
| | 不带气门 | 带气门 | | | | | 0.5线径 | 0.4线径 |
| 1 | RSBAF43/8-200 | RSBAQF43/8-200 | 43 | 8 | 200 | 450 | 10～50 | 10～50 |
| 2 | RSBAF62/15-350 | RSBAQF62/15-350 | 62 | 15 | 350 | 690 | 50～200 | 100～200 |
| 3 | RSBAF92/30-500 | RSBAQF92/30-500 | 92 | 30 | 500 | 900 | 300～600 | 300～600 |

续上表

| 序号 | 分歧接头型号 规格 | | 接头最大外径 | 接头最小外径 | 电缆开口长度 | 套管标称长度 | 适应电缆参考外径 | |
|---|---|---|---|---|---|---|---|---|
| | 不带气门 | 带气门 | | | | | 0.5 线径 | 0.4 线径 |
| 4 | RSBAF122/38-500 | RSBAQF122/38-500 | 122 | 38 | 500 | 950 | 800～1 200 | 800～1 200 |
| 5 | RSBAF160/55-500 | RSBAQF160/55-500 | 160 | 55 | 500 | 950 | 1 200～2 000 | 1 200～2 400 |
| 6 | RSBAF175/60-500 | RSBAQF175/60-500 | 175 | 60 | 500 | 950 | 2 400 | 2 400 |
| 7 | RSBAF200/65-500 | RSBAQF200/65-500 | 200 | 65 | 500 | 950 | 2 400～3 000 | 3 000～3 600 |

**表 1—23 瑞侃公司(美国)XAGA-1000 型热缩套管规格参考表(单位:mm)**

| 序号 | 型号 XAGA-1000 | 接头最大外径 | 接头最小外径 | 电缆开口长度 | 序号 | 型号 XAGA-1000 | 接头最大外径 | 接头最小外径 | 电缆开口长度 |
|---|---|---|---|---|---|---|---|---|---|
| 1 | XAGA1000-62/15-350 | 62 | 15 | 350 | 7 | XAGA1000-122/38-500 | 122 | 38 | 500 |
| 2 | XAGA1000-62/15-500 | 62 | 15 | 500 | 8 | XAGA1000-122/38-650 | 122 | 38 | 650 |
| 3 | XAGA1000-62/15-650 | 62 | 15 | 650 | 9 | XAGA1000-160/55-500 | 160 | 55 | 500 |
| 4 | XAGA1000-92/30-350 | 92 | 30 | 350 | 10 | XAGA1000-160/55-650 | 160 | 55 | 650 |
| 5 | XAGA1000-92/30-500 | 92 | 30 | 500 | 11 | XAGA1000-200/65-500 | 200 | 65 | 500 |
| 6 | XAGA1000-92/30-650 | 92 | 30 | 650 | 12 | XAGA-1000-200/65-650 | 200 | 65 | 650 |

(2)热缩套管组件

国产热缩套管 RSB 系统和瑞侃 XAGA-250 型热缩套管目前仅能用于非充气电缆的接头封合。RSB 系列和 XAGA-250 型热缩套管组件如图 1—44 所示。

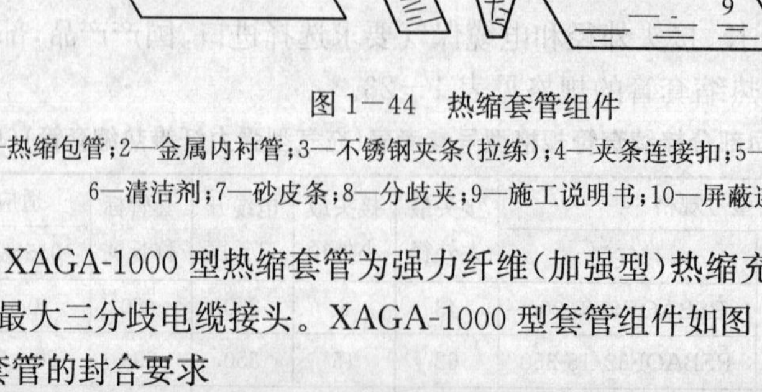


图 1—44 热缩套管组件

1—热缩包管;2—金属内衬管;3—不锈钢夹条(拉练);4—夹条连接扣;5—铝箔(隔热铝箔);6—清洁剂;7—砂皮条;8—分歧夹;9—施工说明书;10—屏蔽连接线。

瑞侃公司 XAGA-1000 型热缩套管为强力纤维(加强型)热缩充气型包管,用于充气型电缆的直接头和最大三分歧电缆接头。XAGA-1000 型套管组件如图 1—45 所示。

(3)热缩套管的封合要求

①电缆采用充气维护方式,应选用充气型套管;

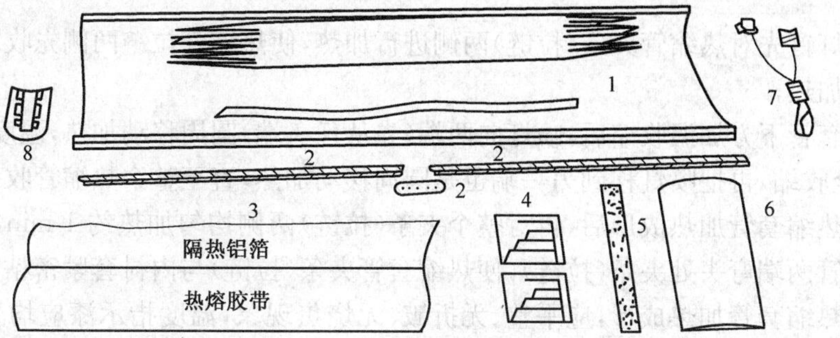


图 1－45　XAGA-1000 型套管组件

1—热缩套管，铝内衬管；2—夹条，夹条连接器；3—密封热熔胶带（连铝箔）；
4—清洁剂；5—砂布条；6—施工说明书；7—屏蔽连接线；8—分歧夹。

②非充气维护的电缆，可选用非充气型套管；

③应根据电缆的规格先选用热缩套管；

④电缆接头的金属内衬套管应置于接头的中间；

⑤电缆接头的一端，最多以 3 条电缆为限；

⑥内衬套管的纵向拼缝与热缩套管夹条成 90°；

⑦在电缆的接头两端，应绕包隔热铝箔，隔热铝箔应与热缩套管重叠 20 mm 左右；

⑧热缩套管的夹条（拉链）应面向操作人员（架空或墙挂电缆的夹条必须置于电缆的下方），气门朝上，遇有分歧电缆的一端，小电缆应在大电缆的下方；

⑨遇有分歧电缆的一端，距热缩套管 150 mm 处应用扎线永久绑扎固定后，方可加温烘烤热缩套管；

⑩热缩套管加热时要用中等火焰，加热要均匀，热缩套管封合后应平整、无折皱、无气泡、无烧焦现象，所有温度指示漆均变色消失，套管内热熔胶应充分熔化，在套管两端及拉链处、分歧夹两面都应有热熔胶流出，加强型热缩套管夹条内的两条白线应均匀显示。

3. 热缩套管的封合操作步骤、封合方法

国产 RSB 系列和瑞侃 XAGA-250 型热缩套管的封合操作步骤和封合方法如下：

①电缆芯线接续完毕后，在电缆两端口处，安装专用屏蔽线；

②对已接续芯线进行包扎；

③在电缆接续部位，安装金属内衬套管，并把纵剖面拼缝用铝箔条或用 PVC 胶带粘接固定；

④把内衬管的两端全部用 PVC 胶带进行缠包；

⑤用清洁剂清洁内衬管的两端电缆外护套，长度为 200 mm；

⑥再用砂布条打磨电缆清洁部位；

⑦在热缩套管两侧向内侧 20 mm 处的电缆护套划上标记；

⑧把隔热铝箔贴缠在电缆所划的标记外部；

⑨用钝滑工具平整隔热铝箔；

⑩用喷灯加热金属内衬管和铝箔之间的电缆护层约 10 s，其表面温度为 600 ℃左右；

⑪将热缩套管居中装在接头上，如遇有分支电缆时，应装上分歧夹；

⑫分歧电缆一端，距热缩套管 150 mm 处应用扎线永久绑扎固定后，方可进行加温烘烤热

缩套管；

⑬用喷灯首先对热缩管夹条(拉链)两侧进行加热，使热缩管拉链两侧先收缩，然后再从热缩管中下方加热；

⑭热缩套管下方加温收缩后，喷灯向两端(先从任一端)圆周移动加热，温度指示漆应均变色，直至完全收缩，再把喷灯移到另一端也是圆周移动加热，直至整个热缩管收缩成型；

⑮整个热缩套管加热成形后，再对整个夹条(拉链)两侧均匀加热约 1 min，然后用锤子柄轻敲打热缩管两端弯头处夹条(拉链)，使热缩套管夹条(拉链)与内衬套紧密粘合；

⑯整个热缩套管加热成形，应平整、无折皱、无烧焦现象，温度指示漆应均变色，套管两端应有少量热熔胶流出，如指示色点没有完全变色或套管两端无热熔胶流出，应再次用喷灯(中等火焰)对整个热缩管进行加热直到达到要求；

⑰架空和挂墙电缆接头固定，要求接头位置稍高于电缆，形成接头两端自然下垂，使雨水往两端流，接头的夹条(拉链)必须安放在电缆的下方。

4. 热缩套管加热注意事项

①在安装套管前，应对热缩套管进行检验；

②在封合热缩套管时，使用喷灯必须小心，喷灯头不能直接接触热缩套管，火焰要求中等、均匀；

③具有绿色指示漆的热缩套管，指示漆应完全消失，且无烤焦现象；

④热缩套管的两端周围热熔胶应均匀溢出；

⑤热缩套管上的白色指示线正直不歪；

⑥分歧夹保持原位，没有移动，并应有热熔胶溢出；

⑦接续后的套管必须检查，不得遗漏；

⑧当遇到热缩套管收缩最小内径大于电缆的外径时，可采用一段适当大小的塑料电缆(带有热缩端帽)或用尼龙棒插入热缩套管内，形成二分歧；

⑨如采用 RSY 系列圆型热缩套管时，应在芯线接续前套进电缆。

## 四、实践与操作

全塑电缆接头封合的方法与步骤如下。

(1)电缆芯线接续完毕后，在电缆两端口处，安装专用屏蔽线。

(2)对已接续芯线进行包扎，如图 1－46(a)所示。

(3)把内衬管的两端全部用 PVC 胶带进行缠包，如图 1－46(b)所示。

(4)用清洁剂清洁内衬管的两端电缆外护套，长度为 200 mm，如图 1－46(c)所示。

(5)再用砂布条打磨电缆清洁部位，如图 1－46(d)所示。

(6)在热缩套管两侧向内侧 20 mm 处的电缆护套划上标记，如图 1－46(e)所示。

(7)把隔热铝箔贴缠在电缆所划的标记外部，如图 1－46(f)所示。

(8)用钝滑工具平整隔热铝箔，如图 1－46(g)所示。

(9)用喷灯加热金属内衬管和铝箔之间的电缆护层约 10 s，其表面温度为 600℃左右，如图 1－46(h)所示。

(10)将热缩套管居中装在接头上，如遇有分支电缆时，应装上分歧夹，如图 1－46(i)所示。

(11)分歧电缆一端，距热缩套管 150 mm 处应用扎线永久绑扎固定后，方可进行加温烘烤热缩套管，如图 1－46(j)所示。

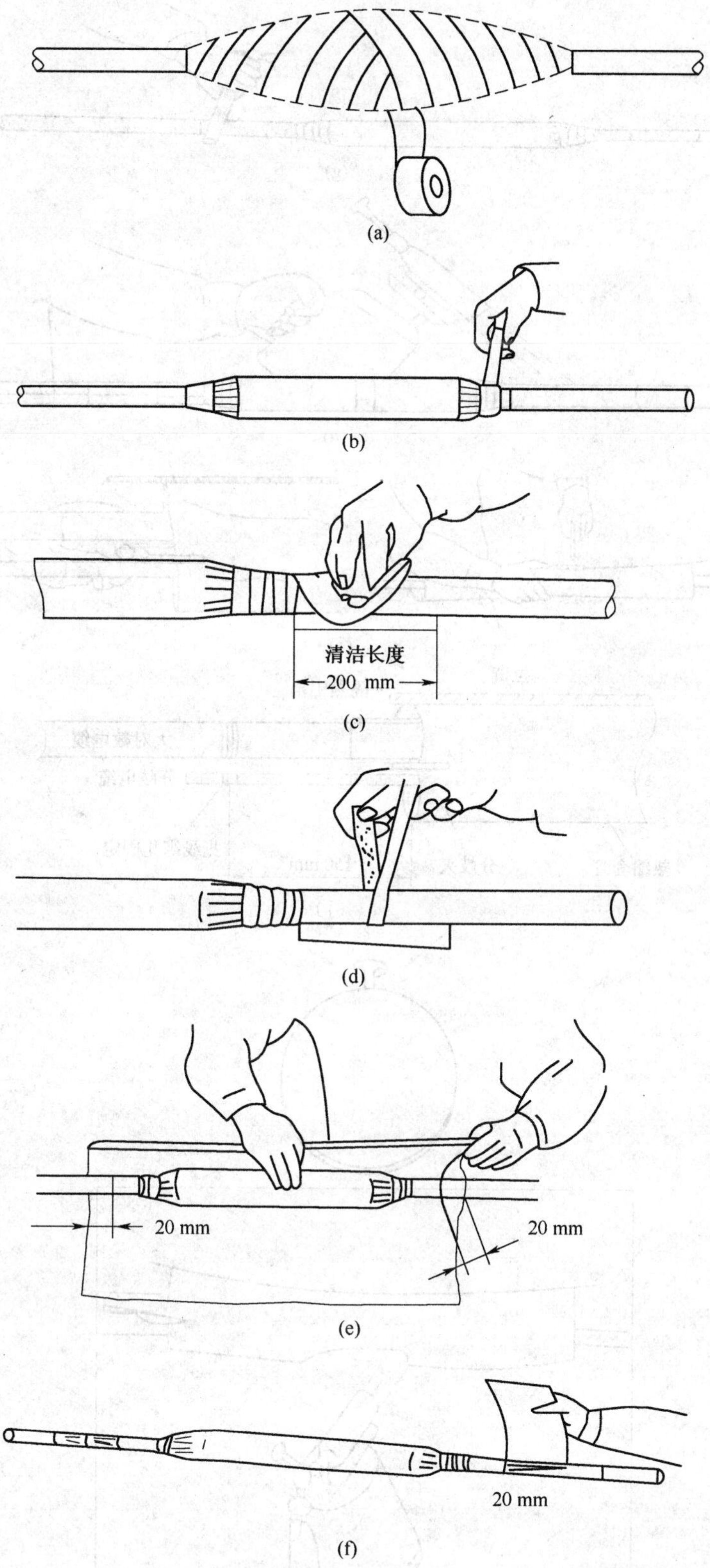


图 1—46

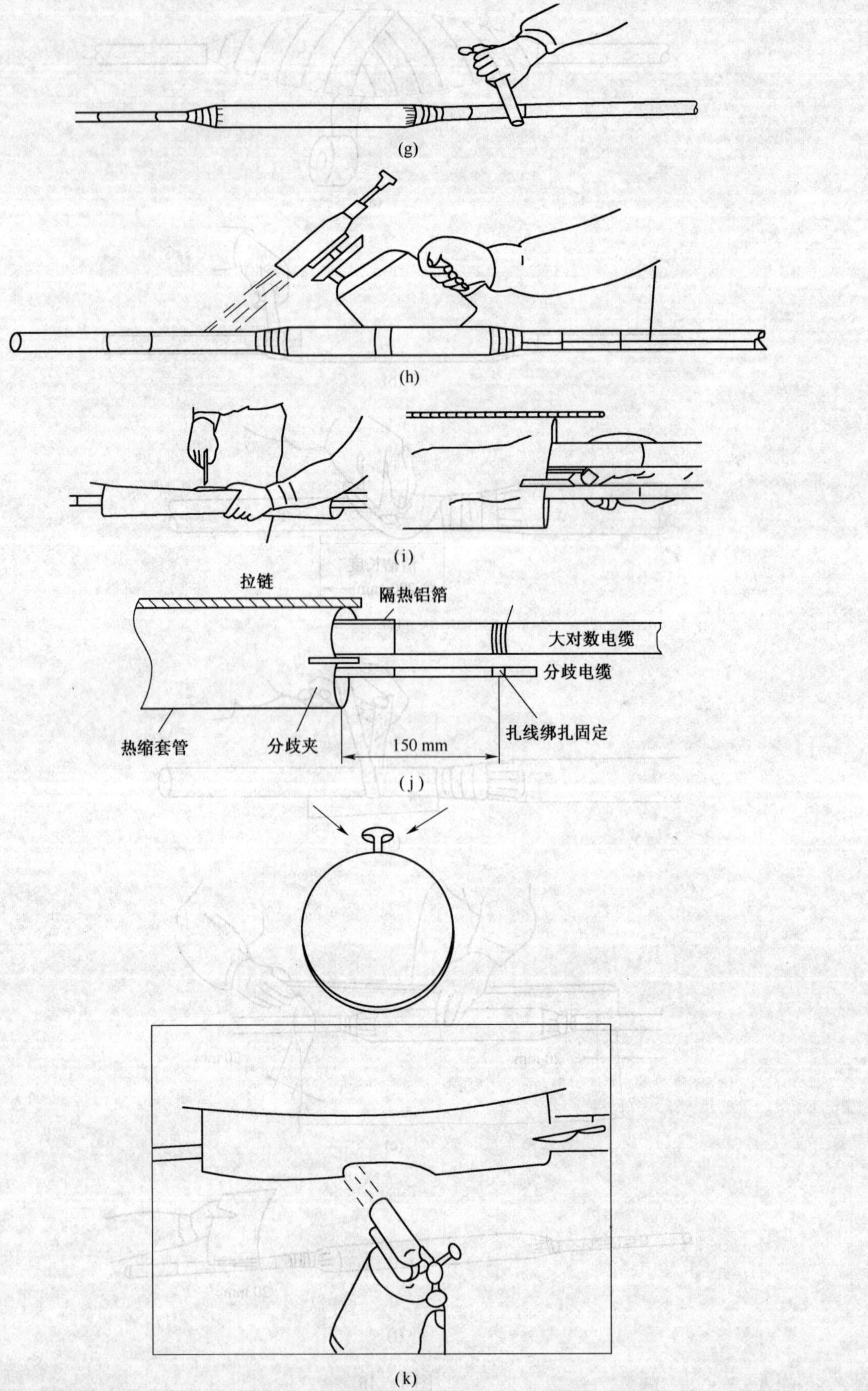


图 1—46

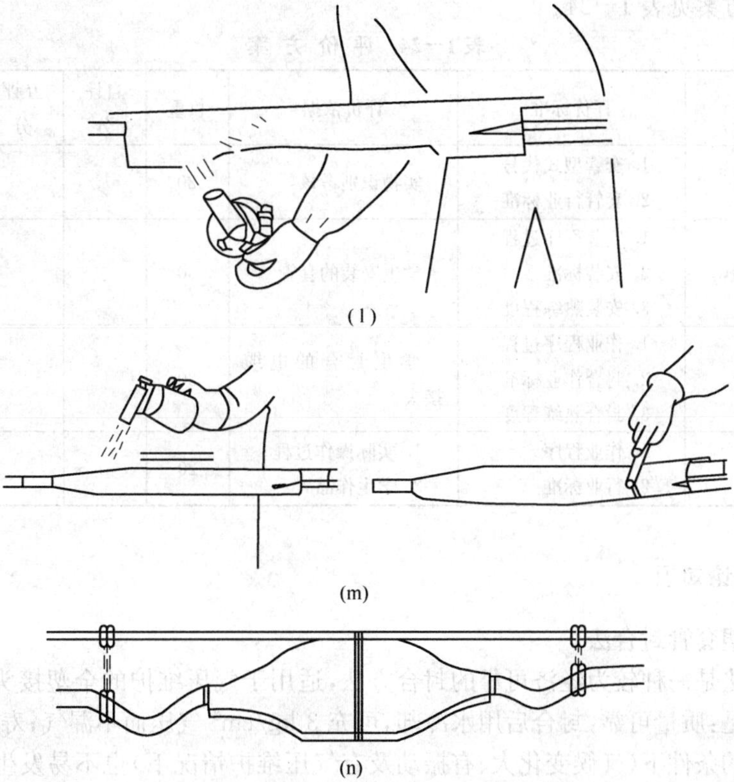


图1—46　全塑电缆接头封合的方法与步骤

(12)用喷灯首先对热缩管夹条(拉链)两侧进行加热,使热缩管拉链两侧先收缩,然后再从热缩管中下方加热,如图1—46(k)所示。

(13)热缩套管下方加温收缩后,喷灯向两端(先从任一端)圆周移动加热,温度指示漆应均变色,直至完全收缩,再把喷灯移到另一端也是圆周移动加热,直至整个热缩管收缩成型,如图1—46(l)所示。

(14)整个热缩套管加热成形后,再对整个夹条(拉链)两侧均匀加热约1 min,然后用锤子柄轻敲打热缩管两端弯头处夹条(拉链),使热缩套管夹条(拉链)与内衬套紧密粘合,如图1—46(m)所示。

(15)整个热缩套管加热成形,应平整、无折皱、无烧焦现象,温度指示漆应均变色,套管两端应有少量热熔胶流出,如指示色点没有完全变色,或套管两端无热熔胶流出,应再次用喷灯(中等火焰)对整个热缩管进行加热直到达到要求。

(16)架空和挂墙电缆接头固定,要求接头位置稍高于电缆,形成接头两端自然下垂,使雨水往两端流,接头的夹条(拉链)必须安放在电缆的下方,如图1—46(n)所示。

## 五、评价完成质量

(一)各小组介绍工作流程步骤,并演示操作过程、展示接续成果。

(二)学生按线务员作业程序、国家标准进行自评和互评。

(三)教师评价:教师对学生整个工作过程、结果进行评价,指出每个小组及成员的优点,并提出改进建议,综合评价学生各项能力。

(四)评价方案见表1—24。

表1—24 评价方案

| 评价指标(依据教学阶段设计) | 评价标准 | 评价依据 | 权重 | 自评分 | 互评分 | 教师评分 | 平均分 |
|---|---|---|---|---|---|---|---|
| 接续套管的选用 | 1. 套管型式代号<br>2. 套管行业标准 | 实物识别考核 | 20 | | | | |
| 接续套管的安装 | 1. 安装程序过程<br>2. 安装标准<br>3. 安装熟练程度 | 学生安装的套管 | 30 | | | | |
| 电缆接头的封合 | 1. 作业程序过程<br>2. 封合作业标准<br>3. 封合熟练程度 | 学生封合的电缆接头 | 30 | | | | |
| 评价完成质量 | 1. 作业程序<br>2. 行业标准 | 1. 实际操作过程<br>2. 学生作品 | 20 | | | | |

## 六、相关理论知识

(一)热注塑套管封合法

注塑封合法是一种较为经济可靠的封合方法,适用于气压维护的全塑接头封合。这种方法的主要优点是:质量可靠,封合后用水冷却,可充 3 kg/cm$^2$ 气压而不漏气;寿命长,良好的接头即使在恶劣的条件下(气候变化大、有振动及有气压维护情况下)也不易发生漏气或进水故障;打开后再次封合容易,一般可以进行一、二次重复封合。另一方面,该方法也存在一些缺点:需要的器材较多、机具价贵、操作复杂、费时,不适用于小对数电缆。

注塑封合的类型可分为直接型、分歧型,形状上有O型、纵剖型和横剖型。

1. 器件组成

(1)器材组件

器材组件包括套管、管盖(或叫端帽、套肩)、衬管、注塑模具、电加热注塑器、注塑剂(圆棒状)、不锈钢卡箍、打毛锉、50 mm 铝箔带、25 mm 纸胶粘带、25 mm 塑料凸凹带和酒精清洁纸等。

(2)套管和管盖

根据电缆外径的不同,应选用不同规格的套管和管盖。

(3)衬管

衬管为铝质,用以加强管盖和套管的强度,以便在夹模具和注塑操作时不会变形。

(4)注塑模具

配合注塑封合时使用的模具共有7种,根据电缆外径选用。

(5)注塑器(枪)、注塑棒

其主要封合原理是:把与电缆护套相同的塑料(聚乙烯)加热熔化后,注入套管、管盖和电缆等之间需要封合处的模具内,用高温高压将各封合处塑料熔接在一起,待自然冷却后凝为整体。

2. O型热注塑套管封合操作方法

(1)选用套管、管盖和模具

根据直接头、分歧接头、电缆的外径选取。

(2)管盖和电缆护套之间的封合步骤

①先用酒精纸清洁要封合的电缆外护套,清洁后采用专用纸尺测量电缆的外径,根据测得的尺寸选用模具的型号;

②整修管盖;

③划线;

④管盖和电缆护套之间的封合,包括装管盖内模、安装管盖外模、注塑、拆模及整形工作;

⑤2 条或 3 条电缆的管盖和电缆护套之间的封合。

(3)套管和管盖之间的封合步骤

①主套管和管盖之间封合前的检查工作;

②安放主套管;

③安装注塑模具;

④主套管注塑;

⑤主套管的拆模及整形工作。

(4)注塑的返修

返修注塑应先用锉刀将注塑部分锉平,安装专用刀具,调节螺丝,使刀可以自由转动,切削注塑部分,直至将注塑部分全部削平,然后按新注塑的要求进行注塑操作。

(5)检查气闭性

检查气闭情况不能在塑缆和护套上刷肥皂水,因为肥皂水对塑料有害,长时间使用会使塑料变脆。检查气闭要用专用液或水槽。

(6)注意事项

①由于熔化的聚乙烯在注入时会从出口压出,要用毛毡布保护下面的电缆,在模具的出口下面应置一容器盛接熔化的聚乙烯。在注射器喷口应清除烧焦的聚乙烯,以防注入模具内。

②熔化的聚乙烯在一定时间能保持很高温度,即使看上去已经冷却,手接触它时仍会遭受严重烫伤。

③搬动热的注射器时必须非常小心,其喷口应朝下。

④操作步骤必须按规定次序进行操作。

⑤位置要正确,安装尺寸要用尺量,不能凭估计。

⑥操作时要注意安全,模具要上牢。

⑦模具与注射工具要保护好,用后要用酒精擦净。

注塑后的电缆接头如图 1－47 所示。

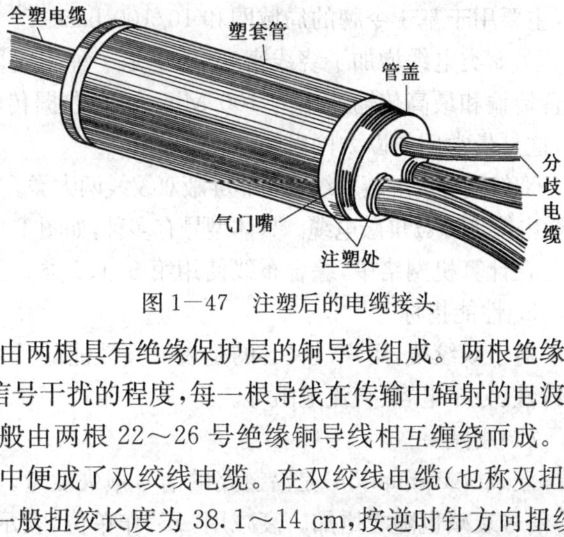

图 1－47　注塑后的电缆接头

(二)双绞线的结构、类型及特性

1. 概述

双绞线(Twisted Pair,TP)是综合布线工程中最常用的一种传输介质。双绞线由两根具有绝缘保护层的铜导线组成。两根绝缘的铜导线按一定密度互相绞在一起,可降低信号干扰的程度,每一根导线在传输中辐射的电波会被另一根线上发出的电波抵消。双绞线一般由两根 22～26 号绝缘铜导线相互缠绕而成。如果把一对或多对双绞线放在一个绝缘套管中便成了双绞线电缆。在双绞线电缆(也称双扭线电缆)内,不同线对具有不同的扭绞长度,一般扭绞长度为 38.1～14 cm,按逆时针方向扭绞,相邻线对的扭绞长度在 12.7 cm 以上。与其他传输介质相比，双绞线在传输距离、信道宽度和数据传输速度等方面均受到一定限制，但价格较为低廉。目前，双绞线可分为非屏蔽双绞线(Unshielded Twisted Pair，UTP)和屏蔽双绞线(Shielded Twisted Pair，STP)。

虽然双绞线主要用于传输模拟声音信息，但同样适用于数字信号的传输，特别适用于较短距离的信息传输。在传输期间，信号的衰减比较大并且产生波形畸变。采用双绞线的局域网的带宽取决于所用导线的质量、长度及传输技术。只要精心选择和安装双绞线，就可以在有限距离内达到高速、可靠的传输效果。当距离很短且采用特殊的电子传输技术时，传输速率为 100～155 Mbit/s。由于利用双绞线传输信息时要向周围辐射，信息很容易被窃听，因此要花费额外的费用加以屏蔽。屏蔽双绞线电缆的外层由铝箔包裹以减小辐射，但辐射并不能完全消除。屏蔽双绞线价格相对较高，安装时要比非屏蔽双绞线电缆困难。类似于同轴电缆，屏蔽双绞线必须配有支持屏蔽功能的特殊联结器和相应的安装技术，但它有较高的传输速率，100 m内可达到 155 Mbit/s。

另外，非屏蔽双绞线电缆具有以下优点：

(1)无屏蔽外套，直径小，节省占用空间；

(2)重量轻、易弯曲、易安装；

(3)将串扰减至最小或加以消除；

(4)具有阻燃性；

(5)具有独立性和灵活性，适用于结构化综合布线。

2. 规格型号

EIA/TIA 为双绞线电缆定义了 5 种不同质量的型号。

第 1 类主要用于传输语音(一类标准主要用于 20 世纪 80 年代初之前的电话线缆)，不用于数据传输。

第 2 类传输频率为 1 MHz，用于语音传输和最高传输速率为 4 Mbit/s 的数据传输，常见于使用 4 Mbit/s 规范令牌传递协议的旧的令牌网。

第 3 类指目前在 ANSI 和 EIA/TIA568 标准中指定的电缆。该电缆的传输频率为 16 MHz，用于语音传输及最高传输速率为 10 Mbit/s 的数据传输，主要用于 10 base-T。

第 4 类电缆的传输频率为 20 MHz，用于语音传输和最高传输速率 16 Mbit/s 的数据传输，主要用于基于令牌的局域网和 10/100 base-T。

第 5 类电缆增加了绕线密度，外套是一种高质量的绝缘材料，传输频率为 100 MHz，用于语音传输和最高传输速率为 100 Mbit/s 的数据传输，主要用于 100 base-T 和 10 base-T 网络，这是最常用的以太网电缆。

双绞线分为屏蔽双绞线与非屏蔽双绞线两大类。在这两大类中又分 100 Ω 电缆、双体电缆、大对数电缆、150 Ω 屏蔽电缆。具体型号有多种，如图 1－48 所示，其中 AWG 表示美国线缆规格。

在计算机网络中，综合布线使用第 3、4、5 类。

3. 性能指标

对于双绞线，用户最关心的是表征其性能的几个指标。这些指标包括衰减、近端串扰、阻抗特性、分布电容、直流电阻等。

(1)衰减

衰减(Attenuation)是沿链路的信号损失度量。衰减与线缆的长度有关系，随着长度的增加，信号衰减也随之增加。衰减用“dB”作单位，表示源传送端信号到接收端信号强度的比率。

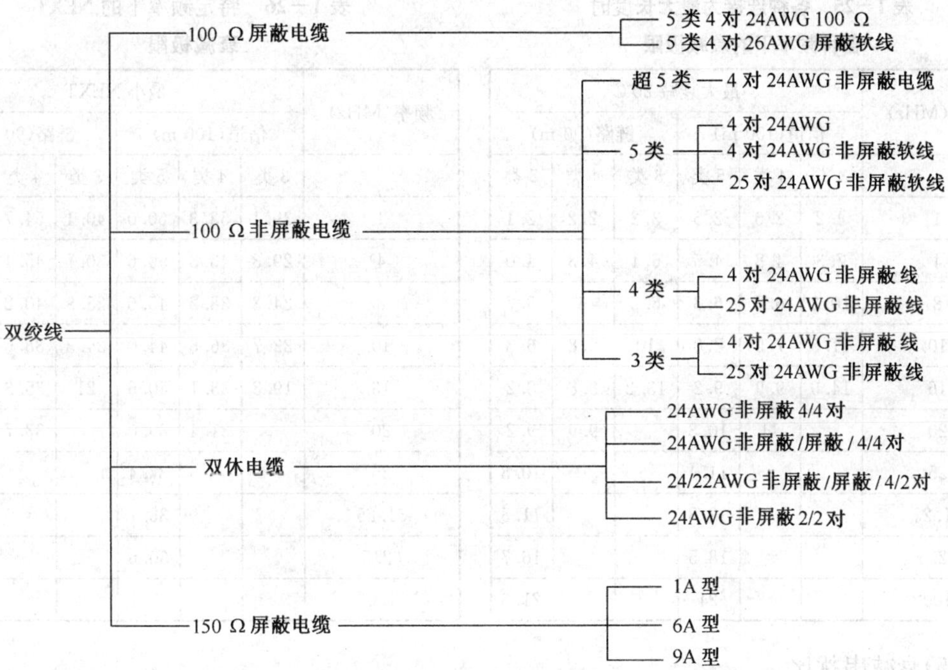


图1—48 线缆规格

由于衰减随频率而变化,因此应测量在应用范围内的全部频率上的衰减。

(2)近端串扰

串扰分近端串扰(Near End Crosstalk,NEXT)和远端串扰(Far End Crosstalk,FEXT),测试仪主要是测量NEXT。由于存在线路损耗,因此FEXT的量值的影响较小。NEXT损耗是测量一条UTP链路中从一对线到另一对线的信号耦合。对于UTP链路,NEXT是一个关键的性能指标,也是最难精确测量的一个指标。随着信号频率的增加,其测量难度将加大。

NEXT并不表示在近端点所产生的串扰值,它只是表示在近端点所测量到的串扰值。这个量值会随电缆长度不同而变,电缆越长,其值变得越小。同时发送端的信号也会衰减,对其他线对的串扰也相对变小。实验证明,只有在40 m内测量得到的NEXT是较真实的。如果另一端是远于40 m的信息插座,那么它会产生一定程度的串扰,但测试仪可能无法测量到这个串扰值,最好在两个端点都进行NEXT测量。现在的测试仪都配有相应设备,使得在链路一端就能测量出两端的NEXT值。NEXT测试的结果见表1—25、表1—26。

以上两个指标是TSB67测试的主要内容,TSB67测试是综合布线的连接参数测试,TSB67测试的连接参数主要有接线图、距离、衰减和近端串扰4项,但某些型号的测试仪还可以给出直流电阻、特性阻抗、衰减串扰比等指标。

(3)直流电阻

TSB67没有直流电阻这项参数。直流环路电阻会消耗一部分信号,并将其转变成热量。它是指一对导线电阻的和。每对间的差异不能太大(小于0.1 Ω),否则表示接触不良,必须检查连接点。

(4)特性阻抗

与环路直流电阻不同,特性阻抗包括电阻及频率为1～100 MHz的电感阻抗及电容阻抗,它与一对电线之间的距离及绝缘体的电气性能有关。各种电缆有不同的特性阻抗,而双绞线电缆则有100 Ω、120 Ω及150 Ω几种。

**表 1-25　各种连接为最大长度时各种频率下的衰减极限**

| 频率(MHz) | 最大衰减 20℃ | | | | | |
|---|---|---|---|---|---|---|
| | 信道(100 m) | | | 链路(90 m) | | |
| | 3类 | 4类 | 5类 | 3类 | 4类 | 5类 |
| 1 | 4.2 | 2.6 | 2.5 | 3.2 | 2.2 | 2.1 |
| 4 | 7.3 | 4.8 | 4.5 | 6.1 | 4.3 | 4.0 |
| 8 | 10.2 | 6.7 | 6.3 | 8.8 | 6 | 5.7 |
| 10 | 11.5 | 7.5 | 7.0 | 10 | 6.8 | 6.3 |
| 16 | 14.9 | 9.9 | 9.2 | 13.2 | 8.8 | 8.2 |
| 20 | | 11 | 10.3 | | 9.9 | 9.2 |
| 25 | | | 11.4 | | | 10.3 |
| 31.25 | | | 12.8 | | | 11.5 |
| 62.5 | | | 18.5 | | | 16.7 |
| 100 | | | 24 | | | 21.6 |

**表 1-26　特定频率下的 NEXT 衰减极限**

| 频率(MHz) | 最小 NEXT | | | | | |
|---|---|---|---|---|---|---|
| | 信道(100 m) | | | 链路(90 m) | | |
| | 3类 | 4类 | 5类 | 3类 | 4类 | 5类 |
| 1 | 39.1 | 53.3 | 60.0 | 40.1 | 54.7 | 60.0 |
| 4 | 29.3 | 43.3 | 50.6 | 30.7 | 45.1 | 51.8 |
| 8 | 24.3 | 38.2 | 45.6 | 25.9 | 40.2 | 47.1 |
| 10 | 22.7 | 36.6 | 44.0 | 24.3 | 38.6 | 45.5 |
| 16 | 19.3 | 33.1 | 40.6 | 21 | 35.3 | 42.3 |
| 20 | | 31.4 | 39.0 | | 33.7 | 40.7 |
| 25 | | | 37.4 | | | 39.1 |
| 31.25 | | | 35.7 | | | 37.6 |
| 62.5 | | | 30.6 | | | 32.7 |
| 100 | | | 27.1 | | | 29.3 |

(5)衰减串扰比

在某些频率范围,串扰与衰减量的比例关系是反映电缆性能的另一个重要参数,即衰减串扰比(ACR)。ACR 有时也以信噪比(Signal-Noise Ratio,SNR)表示,它由最差的衰减量与 NEXT 量值的差值计算。ACR 值较大表示抗干扰的能力更强。一般系统要求 ACR 至少大于 10 dB。

(6)电缆特性

通信信道的品质是由它的电缆特性描述的。SNR 是在考虑到干扰信号的情况下,对数据信号强度的一个度量。如果 SNR 过低将导致数据信号在被接收时,接收器不能分辨数据信号和噪声信号,最终引起数据错误。为了将数据错误限制在一定范围内,必须定义一个最小的可接收的 SNR。

4. 测试数据

100 Ω 4 对非屏蔽双绞线有 3 类线、4 类线、5 类线和超 5 类线之分。主要的性能指标为衰减、分布电容、直流电阻、直流电阻偏差值、阻抗特性、返回损耗、近端串扰。标准测试数据见表 1-27,其中 $f$ 表示测试频率,sqrt($f$)表示频率开平方根。

**表 1-27　双绞线的标准测试数据**

| 类型 | 衰减(单位 dB) | 分布电容(以 1 kHz 计量) | 直流电阻(20℃测量校正值) | 直流电阻偏差值(20℃时测量校正值) |
|---|---|---|---|---|
| 3类 | ≤2.320 sqrt($f$) + 0.238($f$) | ≤330 pF/100 m | ≤9.38 Ω/100 m | 5% |
| 4类 | ≤2.050 sqrt($f$)+0.1($f$) | ≤330 pF/100 m | ≤9.38 Ω/100 m | 5% |
| 5类 | ≤1.926 7 sqrt($f$)+0.075($f$) | ≤330 pF/100 m | ≤9.38 Ω/100 m | 5% |

| 类型 | 阻抗特性(Ω)(1 MHz 至最高的参考频率值) | 返回损耗(dB)(测量长度大于 100 m) | 近端串扰(dB)(测量长度大于 100 m) |
|---|---|---|---|
| 3类 | 100±15 | 12 | 43 |
| 4类 | 100±15 | 12 | 58 |
| 5类 | 100±15 | 23 | 64 |

5. 常用的双绞线电缆

综合布线中最常用的双绞线电缆有以下几种。

(1)5 类 4 对非屏蔽双绞线

它是美国线缆规格为 24 的实心裸铜导体，以氟化乙烯做绝缘材料，传输频率达100 MHz。导线组成见表 1—28，物理结构如图 1—49 所示，电气特性见表 1—29。

**表 1—28　5 类 4 对非屏蔽双绞线导线色彩编码**

| 线对 | 色彩码 | 线对 | 色彩码 | 线对 | 色彩码 | 线对 | 色彩码 |
|---|---|---|---|---|---|---|---|
| 1 | 白/蓝//蓝 | 2 | 白/橙//橙 | 3 | 白/绿//绿 | 4 | 白/棕//棕 |

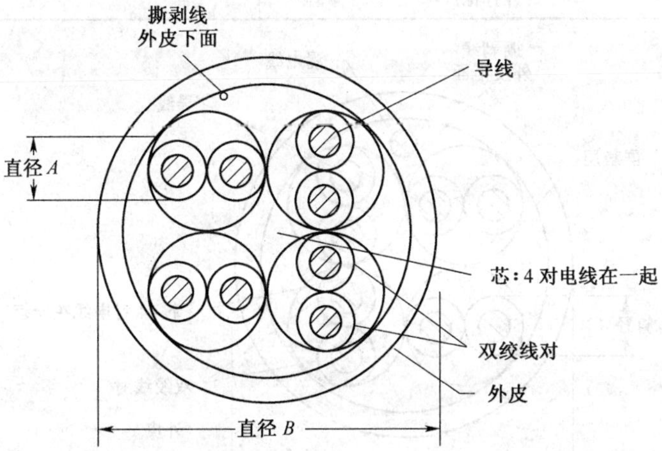


直径 A：0.036 英寸（0.914 mm）

直径 B：0.20 英寸（5.08 mm）

图 1—49　5 类 4 对非屏蔽双绞线物理结构示意

**表 1—29　5 类 4 对非屏蔽双绞线电气特性**

| 频率需求 | 阻抗 | 衰减值 Max(dB/100) | NEXT(dB)(最差对) | 直流阻抗 |
|---|---|---|---|---|
| 256 kHz | — | 1.1 | — | 9.38 Ω MAX. Per 100 m @ 20℃ |
| 512 kHz | — | 1.5 | — | |
| 772 kHz | — | 1.8 | 66 | |
| 1 MHz | 80～115 Ω | 2.1 | 64 | |
| 4 MHz | | 4.3 | 55 | |
| 10 MHz | | 6.6 | 49 | |
| 16 MHz | | 8.2 | 46 | |
| 20 MHz | | 9.2 | 44 | |
| 31.25 MHz | | 11.8 | 42 | |
| 62.50 MHz | | 17.1 | 37 | |
| 100 MHz | | 22.0 | 34 | |

表 1—29 中，“9.38 Ω MAX. Per100 m@20℃”是指在 20℃的恒定温度下，每 100 m 的双绞线的电阻为 9.38 Ω。

(2)5 类 4 对 24AWG100 Ω 屏蔽电缆

它是美国线规为 24 的裸铜导体，以氟化乙烯做绝缘材料，内有一 24AWG TPG 漏电线。传输频率达100 MHz,其导线组成见表 1—30,物理结构如图 1—50 所示,电气特性见表 1—31。表 1—30中屏蔽项"0.002[0.051]铝/聚酯带最小交叠@20℃及一根 24AWG TPC 漏电线"的含义是:屏蔽层厚度为 0.002 cm 或 0.051 英寸;@20℃代表在 20℃恒定温度下。

**表 1—30　5 类 4 对 24AWG100 Ω 屏蔽电缆导线色彩编码**

| 线对 | 色彩码 | 屏蔽 |
|---|---|---|
| 1 | 白/蓝//蓝 | 0.002[0.051]铝/聚酯带最小交叠@20℃及一根 24AWG TPC 漏电线 |
| 2 | 白/橙//橙 | |
| 3 | 白/绿//绿 | |
| 4 | 白/棕//棕 | |

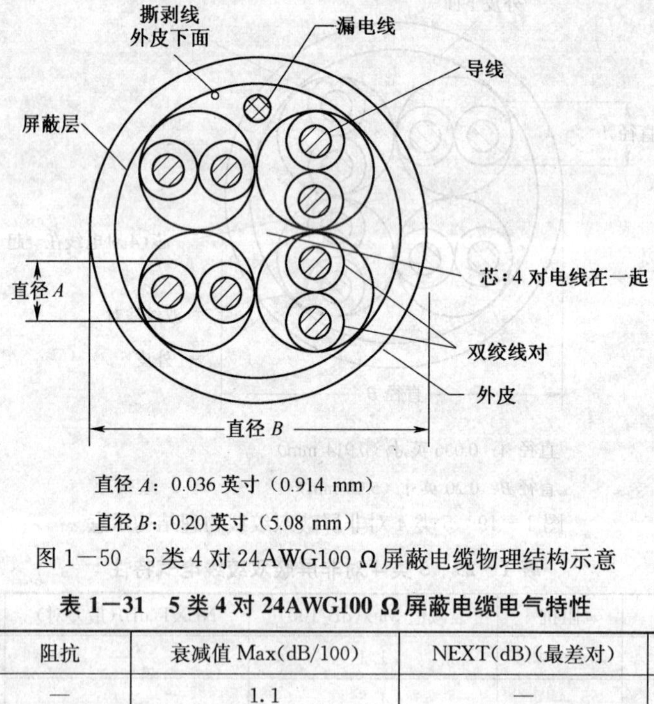


直径 A: 0.036 英寸 (0.914 mm)

直径 B: 0.20 英寸 (5.08 mm)

图 1—50　5 类 4 对 24AWG100 Ω 屏蔽电缆物理结构示意

**表 1—31　5 类 4 对 24AWG100 Ω 屏蔽电缆电气特性**

| 频率需求 | 阻抗 | 衰减值 Max(dB/100) | NEXT(dB)(最差对) | 直流阻抗 |
|---|---|---|---|---|
| 256 kHz | — | 1.1 | — | 9.38 Ω MAX. Per 100 m@20℃ |
| 512 kHz | — | 1.5 | — | |
| 772 kHz | — | 1.8 | 66 | |
| 1 MHz | 85～115 Ω | 2.1 | 64 | |
| 4 MHz | | 4.3 | 55 | |
| 10 MHz | | 6.6 | 49 | |
| 16 MHz | | 8.2 | 46 | |
| 20 MHz | | 9.2 | 44 | |
| 31.25 MHz | | 11.8 | 42 | |
| 62.50 MHz | | 17.1 | 37 | |
| 100 MHz | | 22.0 | 34 | |

(3)5 类 4 对 26AWG 屏蔽软线

它由 4 对线和 1 根 26AWG TPC 漏电线组成,传输频率达 100 MHz。其导线组成见表 1—32,物理结构如图 1—51 所示。

表 1—32　5 类 4 对 26AWG 屏蔽软线导线色彩编码

| 线对 | 色彩码 | 屏　蔽 |
|---|---|---|
| 1 | 白/蓝//蓝 | 0.002[0.051]铝/聚酯带箔内有一段 26AWG TPC 漏电线 |
| 2 | 白/橙//橙 | |
| 3 | 白/绿//绿 | |
| 4 | 白/棕//棕 | |

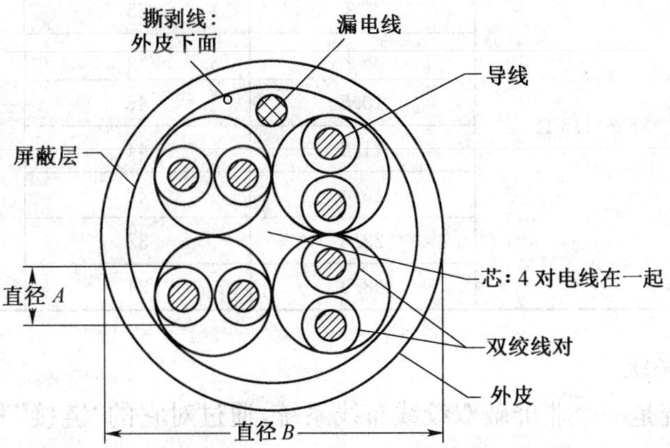


直径 $A$：0.37 英寸（0.94 mm）

直径 $B$：0.210 英寸（5.33 mm）

图 1—51　5 类 4 对 26 AWG 非屏蔽电线物理结构示意

(4)5 类 4 对 24AWG 非屏蔽软线

它由 4 对线组成，用于高速数据传输，适合于扩展传输距离，应用于互连或跳接线。传输速率达 100 MHz。其导线组成见表 1—33，物理结构如图 1—52 所示，电气特性见表 1—34。

表 1—33　5 类 4 对 24AWG 非屏蔽软线导线色彩编码

| 线对 | 色彩码 | 线对 | 色彩码 | 线对 | 色彩码 | 线对 | 色彩码 |
|---|---|---|---|---|---|---|---|
| 1 | 白/蓝//蓝 | 2 | 白/橙//橙 | 3 | 白/绿//绿 | 4 | 白/棕//棕 |

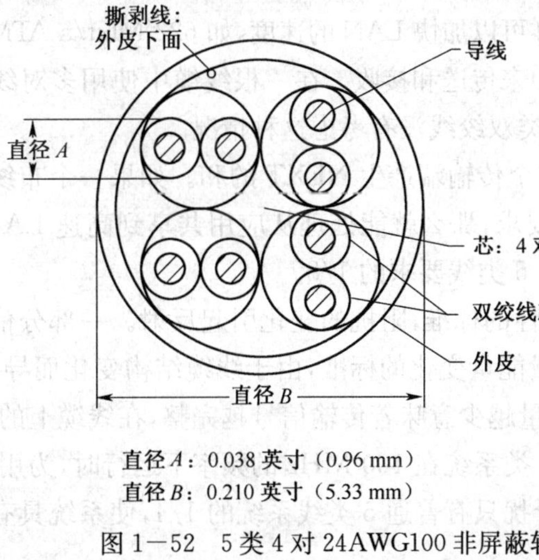


直径 $A$：0.038 英寸（0.96 mm）

直径 $B$：0.210 英寸（5.33 mm）

图 1—52　5 类 4 对 24AWG100 非屏蔽软线

表 1－34　5 类 4 对 24AWG 非屏蔽软线电气特性

| 频率需求 | 阻抗 | 衰减值(dB/100)Max | NEXT(dB)(最差对) | 直流阻抗 |
|---|---|---|---|---|
| 256 kHz | — | — | — | 8.8 Ω MAX. Per 100 m@20℃ |
| 512 kHz | — | — | — | |
| 772 kHz | — | 2.0 | 66 | |
| 1 MHz | 85～115 Ω | 2.3 | 64 | |
| 4 MHz | | 5.3 | 55 | |
| 10 MHz | | 8.2 | 49 | |
| 16 MHz | | 10.5 | 46 | |
| 20 MHz | | 11.8 | 44 | |
| 31.25 MHz | | 15.4 | 42 | |
| 62.50 MHz | | 22.3 | 37 | |
| 100 MHz | | 28.9 | 34 | |

6. 超 5 类布线系统

超 5 类布线系统是一个非屏蔽双绞线布线系统，通过对它的“链接”和“信道”性能的测试表明，它超过 TIA/EIA568 的 5 类线要求。与普通的 5 类 UTP 比较，其衰减更小，串扰更少，同时具有更高的 ACR 和信噪比更小的时延误差。

超 5 类布线系统具有四大优点：提供了坚实的网络基础，可以方便地转移、更新网络技术；能够满足大多数应用的要求，并且满足低偏差和低串扰总和的要求；被认为是为将来网络应用提供的解决方案；充足的性能余量，给安装和测试带来方便。

与 5 类线缆相比，超 5 类在近端串扰、串扰总和(Power Sum NEXT)、衰减和信噪比 4 个主要指标上都有较大的改进。近端串扰是评估性能的最重要的标准。一个高速的 LAN 在传送和接收数据时是同步的。NEXT 是当传送与接收同时进行时所产生的干扰信号。

在普通应用中，衡量 NEXT 的标准方法是用一对线进行传送，另一对线用于接收，如 10 base-T和 TokenRing，甚至 100 base-T 和 155 Mbit/s ATM。但是，有时候也可以使用另外两对线，并接到另一工作站，这样可以加快 LAN 的速度，如 622 Mbit/s ATM 和 1 000 base-T 不只用一对(可能用全部的 4 对线)来传送和接收。在一根线缆中使用多对线进行传送会增加这根线缆的串扰。现在的 4 对 5 类双绞线没有考虑这种情况。

Power Sum NEXT 是从多个传输端产生 NEXT 的和。如果一个布线系统能够满足 5 类线在 Power Sum 下的 NEXT 要求，那么就能处理从应用共享到高速 LAN 应用的任何问题。超 5 类布线系统的 NEXT 只有 5 类线要求的 1/8。

SRL 是衡量线缆阻抗一致性的标准，阻抗的变化引起反射。一部分信号的能量被反射到发送端，形成噪声。SRL 是测量能量变化的标准，由于线缆结构变化而导致阻抗变化，使得信号的能量发生变化。反射的能量越少意味着传输信号越完整，在线缆上的噪声越小。

比起普通 5 类双绞线，超 5 类系统在 100 MHz 的频率下运行时，为用户提供 8 dB 近端串扰的余量，用户的设备受到的干扰只有普通 5 类线系统的 1/4，使系统具有更强的独立性和可靠性。

## 七、想 一 想

1. 使用喷灯的注意事项有哪些?
2. 归纳热缩套管加热注意事项。
3. 总结工程实践中热缩套管的选用依据。
4. 查找有关资料,接头封合还有什么先进安全的方法。
5. 目前工程上使用的电缆接头封合方法各有什么特点?

# 项目二 电 缆 测 试

为了保证工程质量,电缆敷设前应进行单盘检验和配盘工作,电缆线路投入运营后,要进行日常的维护与测试。本项目主要介绍电缆的测试与维护。

**学习目标**

(一)掌握通信电缆单盘检测原理;
(二)掌握通信电缆直流电测试原理;
(三)掌握通信电缆交流电测试原理;
(四)掌握通信电缆障碍测试原理。

**工作任务**

(一)掌握通信电缆单盘检测;
(二)掌握通信电缆直流电测试;
(三)掌握通信电缆交流电测试;
(四)掌握通信电缆障碍测试。

## 模块一 通信电缆的单盘检测

### 一、学习目标

(一)掌握电缆单盘检测原理;
(二)能正确使用电缆检测相关仪表;
(三)掌握电缆单盘检测技术要求标准;
(四)掌握电缆单盘检测。

### 二、工作任务

(一)不良线对测试;
(二)电缆气闭性测试;
(三)绝缘电阻测试。

### 三、阅读与理解

(一)单盘测试

单盘电缆测试的主要项目有:不良线对测试、电缆气闭性测试、绝缘电阻测试、耐压测试测试及全塑电缆传输端别(a、b 端)标记测试等。

电缆中的常见不良线对如图 2－1 所示。

| 障碍种类 | 符号 | 图　示 |
|---|---|---|
| 断线 | D | |
| 自混 | C | |
| 它混 | MC | |
| 地气 | E | |
| 反接 | 反 | |
| 差接 | 差 | |
| 交接（跳对） | 交 | |

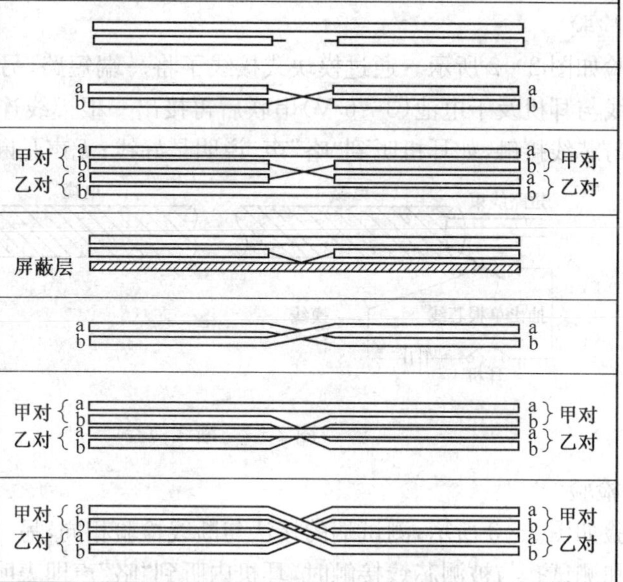


图 2－1　不良线对及其测试

其中，断线指电缆芯线断开；混线指芯线相碰触（又名短路），本线对间相碰为自混，不同线对间芯线相碰为它混；地气指芯线与金属屏蔽层（地）相碰，又称接地；反接指本对芯线的 a、b 线在电缆中间或接头中间错接；差接指本对芯线的 a（或 b）线错与另一对芯线的 b（或 a）线相接，又称鸳鸯对；交接指本对线在电缆中间或接头中间错接到另一对芯线，产生错号，又称跳对。

单盘测试中一般只作断线、混线和地气测试。由于全塑电缆不能剥除芯线绝缘层进行测试，一般可利用模块式接线子卡破绝缘，通过试线孔和试线塞子进行测试（或打开电缆护套后，用火将芯线端头绝缘烧掉，但需注意火灾；或采用交流信号电源利用电磁感应原理进行测试）。由于不良线对测试手续繁杂，费工费时，对于有信誉的厂商，可查阅电缆出厂测试记录，一般在工程上可不再进行，否则一定要进行不良线对测试。

（二）电缆配盘

各盘电缆的电气特性不可能完全一样，长度也可能不同，按一定的要求将每盘电缆进行编组、配盘，把长度不等和电气性能不同的电缆安排在预定的段落内，以保证传输质量和合理的经济效果。这种选盘配放电缆的工作叫配盘。

电缆配盘必须以单盘电缆检验记录、线路图、电缆分歧点、递减点的分布等为依据。市内通信全塑电缆主要是根据电缆的制造长度配盘。根据线路图提供的各种规格的电缆所在段长和现有盘装电缆的实际情况，在一定地段配设指定盘上一定长度的电缆，以免造成任意截断电缆，既增加接头，又浪费材料。对线路图所提供的长度，尤其对电缆管道的实际长度要进行实地测量。同一地段应布放同一类型的电缆，根据自然地段等情况，必要时布放特种电缆。在配盘时要注意不要把不同厂商的电缆或不同结构的电缆混在一起布放，应把它们分类集中在一个段落内。另外操作人员还应熟悉敷设电缆的沿途地形，必要时还要实地查勘，要考虑到线路通过的特殊地段对电缆实际长度的影响，如“S”弯、电缆余长、留长等。

## 四、实践与操作

(一)不良线对检验

1. 断线检验

断线检验如图 2－2 所示。通过模块式接线子将一端短路，另一端用模块开路，在调试端接出一根引线与耳机及干电池(3～6 V)串联后再接出一根摸线连测试塞子，通过模块式接线子的测试孔与芯线接触，如耳机听到“咯”声，说明是好线；无声是断线。

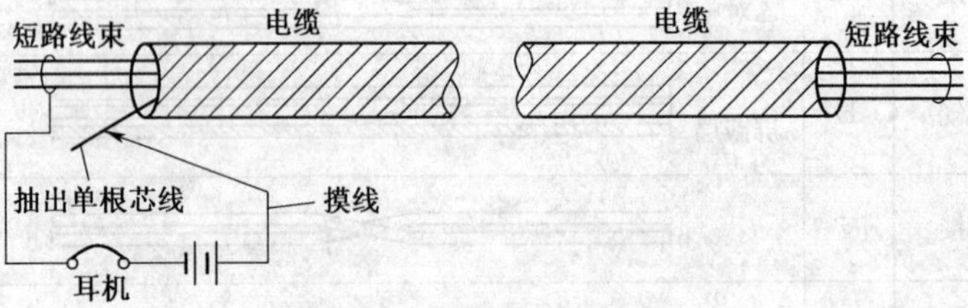


图 2－2　断线检验

2. 混线检验

混线检验如图 2－3 所示，测试端的接法与断线检验相同，另一端全部芯线腾空，当摸线通过试线塞子和测试孔与被测芯钱接触时，耳机内听到“咯”声即表明有混线。

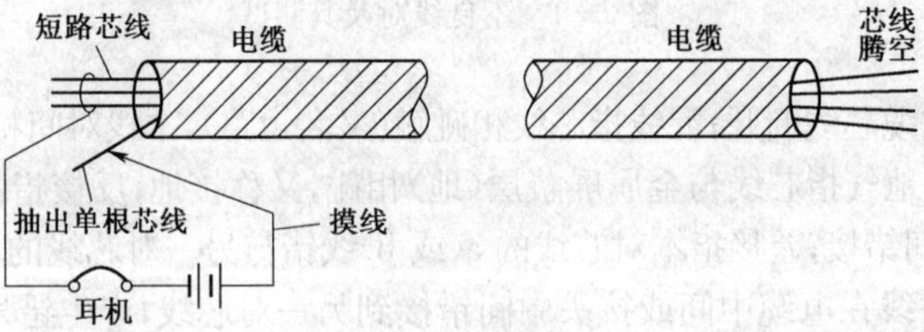


图 2－3　混线检验

3. 地气检验

地气检验如图 2－4 所示。电缆的另一端芯线全部腾空，测试端的耳机一端与金属屏蔽层连接，摸线通过试线塞子和模块式接线子的测试孔与芯线逐一碰触，当听到“咯”声时，即表示有地气。

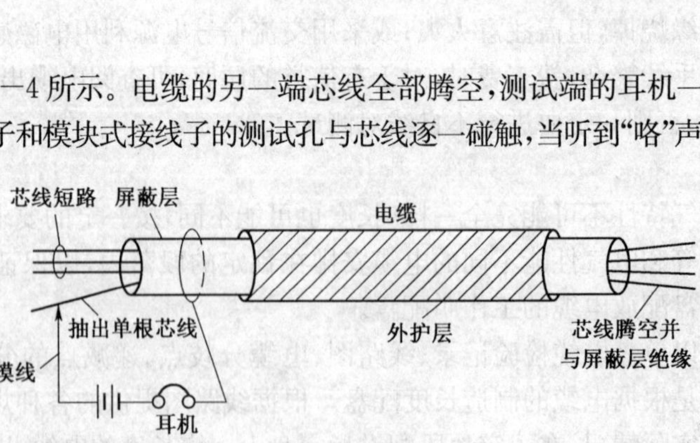


图 2－4　地气检验

(二)电缆气闭性检验

电缆气闭性检验首先在全塑电缆的一端封上带气门的端帽，另一端封上不带气门的热缩端帽以便充入气体和测量气压。充气时，在电缆气门嘴处通过皮管连接 1 个 0～0.25 MPa 的气压表，充气设备本身及输气管等不得漏气。充气设备可用人工打气筒或移动式充气机，充入电缆内的空气要经过干燥和过滤，滤气罐一般用有机玻璃制成，内装干燥剂（无水氯化钙或硅胶）。使用时，一般应串接两个滤气罐，如图 2－5 所示。

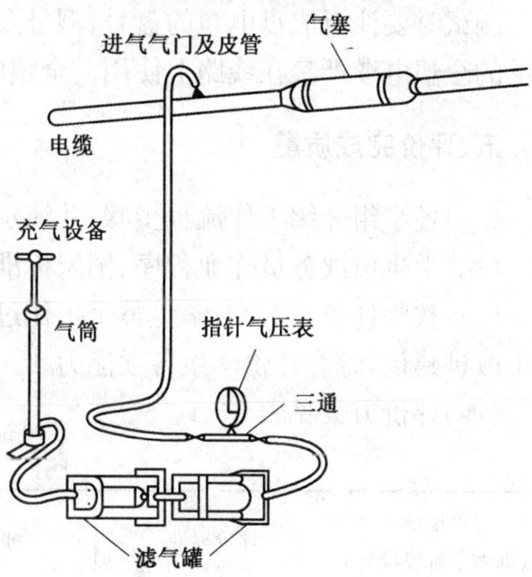

图 2－5　气闭性检验

（三）绝缘电阻的测量

绝缘电阻测量包括线间和单线对地（金属屏蔽层）的绝缘电阻。

在温度为 20℃，相对湿度为 80％时，全塑市内通信电缆绝缘电阻一般填充型每公里不小于 3 000 MΩ；非填充型每公里不小于 10 000 MΩ；聚氯乙烯绝缘电缆每公里不小于 200 MΩ。测试电缆芯线绝缘电阻，一般使用 500 V 高阻计；500 V、量程 1 000 MΩ 的兆欧表只能用来测量局内电缆（施工现场也可代用）。测试时，首先将电缆两端护套各剥开 10～20 cm，然后用高阻计或兆欧计测试。用兆欧表测试芯线间的绝缘电阻接线方法如图 2－6 所示。

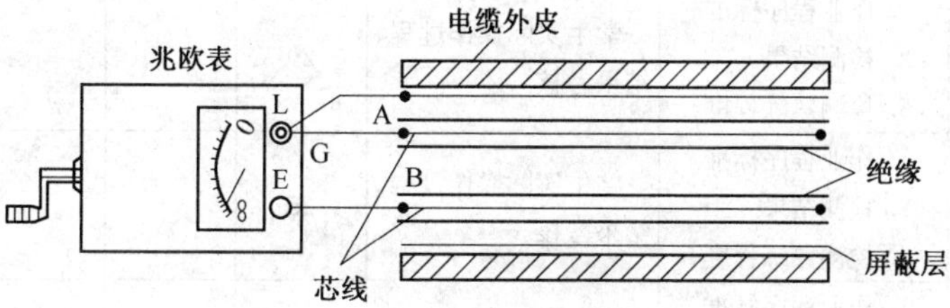

图 2－6　测试电缆芯线绝缘电阻

测试电缆芯线绝缘电阻时，将兆欧表的 L 接线柱接一根芯线，E 接线柱接至另一根芯线，G 保护环接地，测试时要把仪表放平，然后摇动手摇发电机，转速由慢逐渐加快，表针稳定后即可直接读出绝缘电阻值。

测试芯线对地绝缘电阻接线如图 2－7 所示。此时应将芯线与金属屏蔽层之间保持开路，L 接线柱接至被测芯线，E 接线柱接至金属屏蔽层，G 保护环接至芯线绝缘层表面。通过模块式接线子和测试塞子，可测试芯线与地之间的绝缘电阻，测试方法与测试芯线间的绝缘电阻相似。

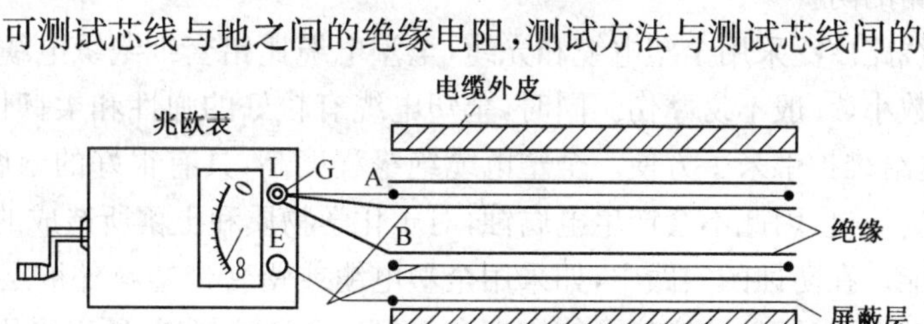

图 2－7　测试芯线对地绝缘电阻

（四）耐压测试

原则上所有电缆的芯线都应进行耐压测试，但在电缆质量比较稳定，绝缘电阻良好的情况下,也可以只对传输远供电源或在野外敷设的电缆进行测试。测试时可用输出电压相当的耐压测试器,根据通信行业标准规定的电压及时间进行测试。

测试时要注意成盘电缆的盘号、型号及长度等,应与电缆出厂时的产品合格证一致。无屏蔽层的全塑电缆严禁在线路上使用。全塑电缆的端别应符合市内通信全塑电缆端别的标准。

## 五、评价完成质量

(一)各小组介绍工作流程步骤,并演示操作过程、展示接续成果。

(二)学生按线务员作业程序、国家标准进行自评和互评。

(三)教师评价:教师对学生整个工作过程、结果进行评价,指出每个小组及成员的优点,并提出改进建议,综合评价学生各项能力。

(四)评价方案见表 2－1。

**表 2－1 评价方案**

| 评价指标<br>(依据教学阶段设计) | 评价标准 | 评价依据 | 权重 | 自评分 | 互评分 | 教师评分 | 平均分 |
|---|---|---|---|---|---|---|---|
| 电缆不良线对检测 | 1. 作业程序标准<br>2. 检测结果<br>3. 检测熟练程度 | 学生实际操作过程、结果考核 | 25 | | | | |
| 气闭性能检测 | 1. 作业程序标准<br>2. 检测结果<br>3. 检测熟练程度 | 学生实际操作过程、结果考核 | 20 | | | | |
| 绝缘电阻检测 | 1. 作业程序标准<br>2. 检测结果<br>3. 检测熟练程度 | 学生实际操作过程、结果考核 | 25 | | | | |
| 耐压的检测 | 1. 作业程序标准<br>2. 检测结果<br>3. 检测熟练程度 | 学生实际操作过程、结果考核 | 20 | | | | |
| 评价完成质量 | 1. 作业程序<br>2. 行业标准 | 1. 实际操作过程<br>2. 学生测试结果 | 10 | | | | |

## 六、相关理论知识

### (一)通信线路的防护

近年来通信线路广泛采用全塑电缆和光缆,全塑电缆比铅套纸绝缘电缆轻,外皮光滑,与管道壁的摩擦系数小,一般不易摩伤。同时,全塑电缆有较好的弹性和柔韧性,所以电缆不易变形或被压扁,这给维护带来了方便。全塑电缆绝缘程度高,具有很好的耐腐蚀性,漏泄电流不能沿电缆的护套流过,因此不会产生电腐蚀,对于化学物质和土壤所造成的微电流的腐蚀也有良好的耐受性能。在防蚀的实践中,如采用全塑电缆或铅套带塑料外被层的电缆就可防止或减小污染地段对电缆的腐蚀,增加了使用寿命并保证了通信畅通,所以采用全塑电缆可减少防腐蚀措施,节省劳力和材料。由于全塑电缆的塑套绝缘好,也减少了雷击和电击的故障,但由于缺乏自然接地,应注意屏蔽连接和接地装置。

全塑电缆采取屏蔽和接地的作用有以下几点:

(1)减少外界电磁场的干扰影响,以保证通信传输质量;

(2)防止高压输电线路或其他交流设备对通信电缆产生危险影响或干扰影响，提高电缆的屏蔽效果；

(3)减少直接雷击或电力线直接接触电缆时所造成的危害或障碍，以确保电缆安全运行；

(4)在施工和日常维护中，对电缆放音对号、通信联络、查找电缆障碍或进行检测时，良好的屏蔽层连接和接地有利于上述工作。

全塑电缆的屏蔽分为电屏蔽和磁屏蔽：凡是以铝箔(带)或铜导线所做的屏蔽为电屏蔽，用以防止静电感应；凡以钢带等导磁体做的屏蔽为磁屏蔽，用以防止磁感应。两者都是防止干扰和杂音。

防雷、防高电压和屏蔽都是基于保证通信设备运行(线路)和使用(维护)人员的安全为目的，在通信设备和通信线路上主要的防护措施之一就是装设通信接地装置。在实际使用中，通信接地装置具有多种功能，即工作、防护和屏蔽等。防雷电和屏蔽都是为保证通信安全等作为目的，而接地装置是手段，它们之间的关系极为密切，采用通信接地装置保证了通信设备正常工作，提高了通信质量，保护了机线设备和工作人员的安全。

此外，铁路地区光、电缆遭受直接雷击的情况虽然较少，但遭受间接雷击、电缆上出现过电压，使铁路地区光、电缆线路两端的用户设备和电话交换机被雷击坏的情况亦有出现。为此，从目前情况和发展需要来看，应在铁路地区光、电缆线路上应用防雷措施。

(二)外界对全塑电缆和含有金属光缆线路的影响

外界电磁环境的形成和来源，有的是由于各种自然现象形成的，也有人为的因素。雷电是自然界重要的电磁影响来源。通信线路遭受直击雷时，可能出现严重的干扰，降低信号传输质量，严重时也可以引起通信阻断或通信设备的损坏。

地下光、电缆的金属护套由于化学和电化学作用而引起的腐蚀，也是外界自然环境对通信线路的重要危害之一。在人为因素中，最为重要的是各种各样的强电线路对通信线路的影响。另外，通信线路还可能遭受到生物及微生物的侵蚀。

(三)全塑电缆(含有金属光缆)雷击和强电的防护

1. 雷击和电击对电缆(含有金属光缆)的危害

雷击或电击后，电缆(含有金属光缆)线路往往要遭到损坏，严重时光、电缆被烧断。当光、电缆遭受雷击或电击时，通常电流会沿芯线一直流到测量室，如果流入电缆的电流过大，不仅芯线会被烧断并产生断线障碍(这种断线很多发生在接头处，因接头处接续电阻较大，电流流过时产生高温或火花把芯线烧断)，而且可能把总配线架的直列烧坏。当雷击电缆时，闪电温度极高，往往会烧坏外护套(有时护套虽未受到损坏，但电缆芯线却发生了故障)。如果用户引下线遭到雷击，雷电电流沿引下线经分线设备而进入电缆，会使芯线间或芯线与屏蔽层间的绝缘损坏而产生混线、接地障碍。

2. 全塑电缆和含有金属光缆防强电、防雷电的规定

(1)全塑电缆和含有金属光缆防高压电的要求

在选择新建通信线路路由时，应尽量远离高压输电线、电气化铁路或高压变电站；如果路由难以避开上述装置时，应根据实际情况进行计算和采取相应的防护措施。全塑电缆对高电压的防护规定在电力线发生故障时，全塑电缆和含有金属光缆的感应电动势允许值为 300 V。若超过允许值，应通过全方面的比较选用相应的防护措施。

常用的防护措施有以下几种，可根据情况选用一种或几种联合措施防护，使它不超过允许值，以保证通信安全。

①改变光、电缆线路的路由；

②选用塑料护套外加双层钢带皱纹纵包铠装聚乙烯护层的电缆，提高电磁屏蔽性能；

③加装气体放电管；

④严重危险影响地区应在同一路由上敷设一条屏蔽线；

⑤必要时要求电力部门采取屏蔽或有关防护措施。

(2)全塑电缆和含有金属光缆防雷的要求

全塑电缆防雷一般有以下要求。

①全塑电缆和含有金属光缆敷设在市内建筑物稠密、地下金属管线多的地区，一般可不考虑防雷措施。在郊区或空旷地区敷设的全塑电缆，应根据电缆敷设地段的年平均雷暴日数、土壤电阻率、地理环境、历年落雷资料等，采取必要的防雷措施。

②在雷暴日数大于 20 的地方敷设全塑电缆应避开以下地区：

a. 曾经落雷，特别是重复雷击过的地方；

b. 雷击多的山区；

c. 地形地貌及地质呈现"边界"和突变现象的地区；

d. 临江侧的山坡和向阳坡；

e. 全塑电缆和含有金属光缆应避开孤立大树或电杆拉线以及其他接地体，若电缆路由必须从它们附近通过时，则电缆与孤立大树或其他接地体根部的净距应分别满足表 2—2 中的规定。

**表 2—2 净距规定**

| 净距 项目<br>土壤电阻率(Ω·m) | 电缆与孤立大树间防雷净距(m) | 电缆与接地体根部间的防雷净距(m) |
|---|---|---|
| ＜100 | 15 | 10 |
| 101～500 | 20 | 15 |
| ＞500 | 25 | 20 |

③全塑电缆和含有金属光缆在以下地区应根据具体情况采取相应的防雷措施：

a. 在雷暴日数大于 20 的空旷地区或郊区，全塑电缆应做系统防雷接地装置，达到防护的目的；

b. 在雷击区的直埋全塑电缆，应在其上方 30 cm 处平行敷设一条排流线；

c. 在雷击区中的架空全塑电缆，其分线设备及用户话机均应有保安器装置；全塑电缆的屏蔽层和电缆吊线均应设置接地装置；

d. 全塑电缆和含有金属光缆路由附近如有孤立大树、电杆或高塔等引雷物时，应采用加装消弧线或避雷针等措施。

3. 线路接地装置

(1)线路接地装置的种类

按接地装置的作用或用途分为工作接地和保护接地。

按接地装置的安装地点分为用户线路设备的接地装置(如用户保安器的接地)、架空电缆的接地装置、架空杆路的接地装置、地下电缆的接地装置和局内线路的接地装置。

(2)各种接地装置的接地电阻要求

由于接地装置的安装位置和作用有所不同，接地体埋设在不同土壤中的土壤性质也不同，因而线路对接地电阻的要求也不一样。接地电阻的额定值要求参见有关标准。

(四)光、电缆的防蚀工作

1. 光、电缆金属护层腐蚀的种类

(1)化学腐蚀:这种腐蚀是使电缆的金属元素变成化合物的过程。

(2)电化学腐蚀:这种腐蚀是在电缆金属外皮损坏的同时存在有电流。

(3)晶间腐蚀:电缆的金属护层沿结晶边缘裂开,在这些裂缝处由于与空气接触而产生氧化物,促使裂痕增大,再加上土壤的电化学作用,使电缆的金属护层腐蚀剧烈发展,严重时可使金属皮裂成碎块。

(4)微生物腐蚀:微生物的新陈代谢活动直接或间接地破坏电缆金属外皮。

2. 光、电缆金属护层的防蚀措施

(1)化学腐蚀:主要采用金属护套不与腐蚀介质直接接触的方法,使用绝缘防护层。

(2)电化学腐蚀及漏泄电流腐蚀:现在应用最广泛的方法是使用绝缘防护层。

(3)晶间腐蚀和微生物腐蚀:它们对电缆的腐蚀最终靠化学和电化学腐蚀来完成,采用塑料护套能够减弱这两种腐蚀。

综上所述,塑料电缆的防腐性能较好,但如果塑料护套损坏,则电缆的金属护层将会出现腐蚀问题。因此保护塑料电缆的塑料护套成为塑料电缆防蚀的关键。

3. 白蚁、鼠类的危害与防护

(1)白蚁对地下电缆的危害与防护方法

白蚁蛀咬电缆外皮,能对地下电缆造成极大的危害。采用以下方法可进行白蚁的防护:

①采用药物型防蚁电缆;

②采用机械保护型防蚁电缆;

③路由选择时应避开白蚁孳生地;

④改地下电缆为架空电缆;

⑤采用深埋或填砂的方法;

⑥采用水泥砂浆封包,但这种措施成本高且维修困难;

⑦在电缆周围土壤中渗入一定量的防蚁剂;

⑧消灭白蚁。

(2)鼠类对电缆的危害与防护措施

鼠类能咬坏电缆的外皮材料,能对地下电缆造成极大的危害。采用硬护套防鼠塑料电缆或机械保护型防蚁电缆能有效防护鼠类。

## 七、想 一 想

1. 在高速铁路交流电力牵引区段光电缆线路会受到什么干扰?如何防护?

2. 高速铁路交流电力牵引区段通信工作人员如何防护?

# 模块二　通信电缆直流电测试

## 一、学习目标

(一)能够正确使用万用表;

(二)能够正确使用绝缘电阻测试仪;

(三)能够正确使用 QJ-45 线路故障测试仪;

(四)掌握通信电缆直流电测试。

## 二、工作任务

(一)电缆环阻测试;

(二)屏蔽层连通电阻测试;

(三)单线电阻测试;

(四)不平衡电阻测试;

(五)绝缘电阻测试。

## 三、阅读与理解

(一)利用兆欧表测试绝缘电阻

全塑市内通信电缆的绝缘电阻测试是为了发现潜在的电缆障碍,当塑料护套破损、受潮、进水时能够及时发现地气障碍并进行修复。

绝缘电阻测试是全塑市内通信电缆线路测试项目之一,测试 a、b 线间及 a 或 b 线对屏蔽层(屏蔽层接地)的绝缘电阻。测试仪表经常使用兆欧表或绝缘电阻测试器(高阻计)进行。

1. QZ3 型兆欧表简介

QZ3 型兆欧表是绝缘电阻的通用测试仪器,其测量范围为 0～500 000 MΩ,测试电压分 3 挡,即 500 V、250 V、100 V。该仪器面板如图 2－8 所示。

在图 2－8 中,工作指示灯为绿指正常工作,为红是指欠压;“G”保护端子的作用是排除由于导线绝缘层表面漏电电流和“L”、“E”接线端子间漏电电流所引起的误差;测量与校准选择开关用于选择测量或校准工作;校准旋钮用来仪表校准调节;放电开关指在测试结束时放电;测量电压选择开关可选择测量电压 500 V、250 V 或 100 V。

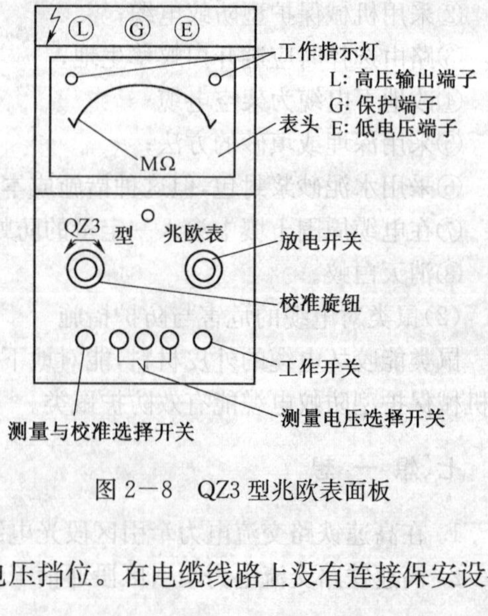


图 2－8　QZ3 型兆欧表面板

2. 仪表的使用

(1)准备

利用兆欧表测试线路绝缘电阻时,连接有保安排或分线箱的电缆线路应使用不大于 250 V 的电压挡位。在电缆线路上没有连接保安设备者,可使用 500 V 电压挡位。

若利用兆欧表测试线路绝缘电阻,应先将测量室竖列保安单元拔出及断开的用户下线。

(2)校准

校准时首先确定测量电压,然后将“测量与校准选择开关”打到“校准”,按下仪表“开关”键,表头指针逐渐地指向校准线,如果一段时间后表针不指向校准线,应通过调整“校准”钮,将表针调到校准(红)线上。

(3)测量

测量时首先将“测量与校准选择开关”打到“测量”位置,测量时用两根引线连到 “L”、“E”接线柱上去,其中“E”为接地接线柱。“G”端子接电缆内绝缘层,然后按下仪表“开关”键,表头所指的数值即为被测的电阻值(1 min 后读数)。

(4)放电

测试完毕后应进行放电处理,先将仪表“开关”键按到“关”,再按下放电钮 2 s 进行放电,以免被测物带电,再将被测物与连线断开。

(二)用万用表测试电缆线路

早在 20 世纪 50 年代人们就开始采用万用表测试电缆线路并判断线路故障。早期使用指针式万用表,近年来更多使用数字万用表。数字万用表一般可测量交/直流电压、电流和电阻(部分产品还具有测量电容、测试晶体管及其他功能)等。本节主要介绍利用数字万用表测试电缆线路的环阻和屏蔽层连通电阻。

1. 环路电阻的测试

(1)将被测电缆芯线的始端与机房断开,在被测电缆的末端将两根芯线短路,如图 2—9 所示。

(2)根据电缆程式和长度将数字式万用表的挡位量程选择钮转向“Ω”量程范围的适当挡位。

(3)按下开关按钮,把表笔分别插入 COM 表笔插孔和 V/Ω/Hz 或 V/Ω 表笔插孔,并接至被测电缆芯线上。

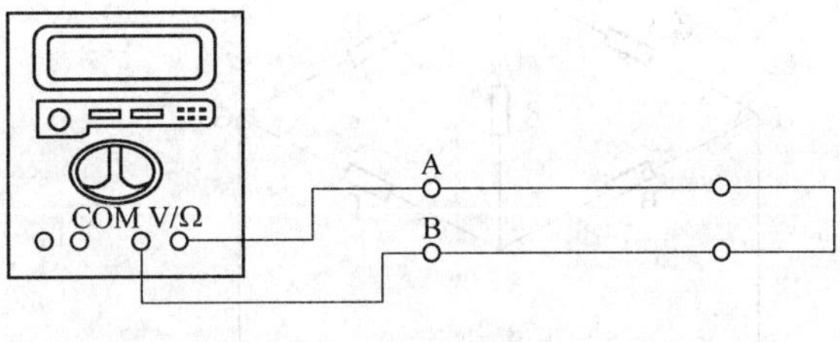


图 2—9　环路电阻的测试

(4)读取液晶显示屏的数值,如在显示屏左侧出现“1”,说明所测的数值超过现有量程,量程开关应向高位拨一挡,反复调测直至出现较精确的数值。万用表上测得的读数就是导线的环阻值。如果测量当中出现负值,这可能是线路上有电源存在,应及时查清情况,否则将造成误差。

2. 电缆屏蔽层连通电阻测试

全塑电缆屏蔽层应进行全程连通测试,测试方法如图 2—10 所示。

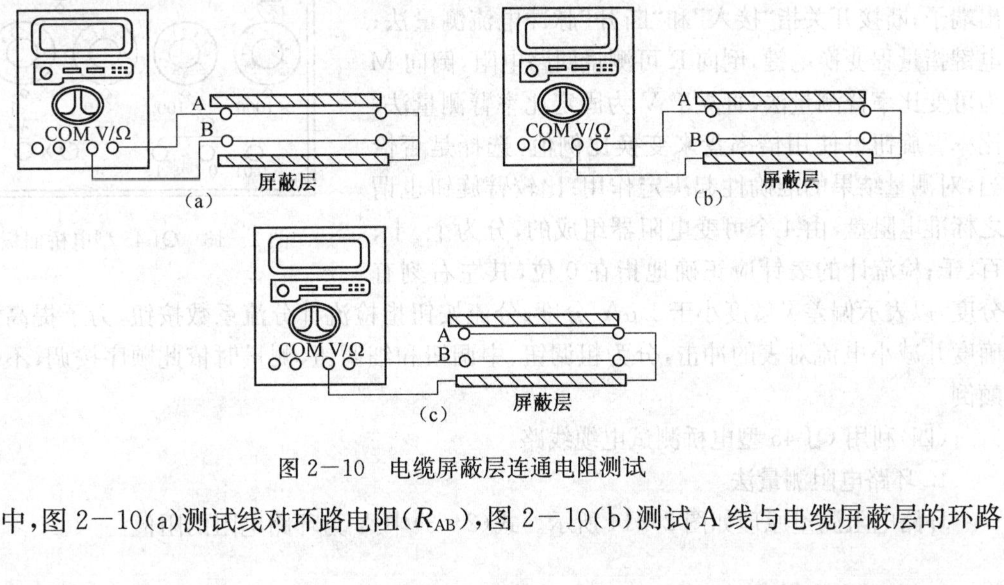


图 2—10　电缆屏蔽层连通电阻测试

其中,图 2—10(a)测试线对环路电阻($R_{AB}$),图 2—10(b)测试 A 线与电缆屏蔽层的环路电阻($R_{AE}$),图 2—10(c)测试 B 线与电缆屏蔽层的环路电阻($R_{BE}$)。

用以下公式来计算出电缆每公里屏蔽层的连通电阻(单位为 Ω/km):

$$R_{屏}=\frac{R_{AE}+R_{BE}-R_{AB}}{2L} \tag{2—1}$$

式中　$L$——被测电缆长度,km。

(三)QJ-45 型线路故障测试器基本原理

电桥电路基本形式如图 2—11 所示。

在图 2—11 中,若电桥电路平衡,则流经电阻 R 上的电流为零。电桥平衡的条件为相邻桥臂上的电阻的比值相等(或相对臂上的电阻值的乘积相等)。根据这一特点,当电桥平衡时,若桥臂上 4 个电阻值已知 3 个,可求得第 4 个。直流电桥就是根据电桥平衡的原理制成的。

在直流电桥中,为了测试未知电阻,将图 2—11 中电阻 D 换成待测电阻 X;为了调节电桥的平衡,电阻 C 换成可调电阻 $R_X$;为了观测电桥是否平衡,电阻 R 换成检流计,如图 2—12 所示。当电桥调试平衡后则:

$$X=\frac{A}{B}R_X \tag{2—2}$$

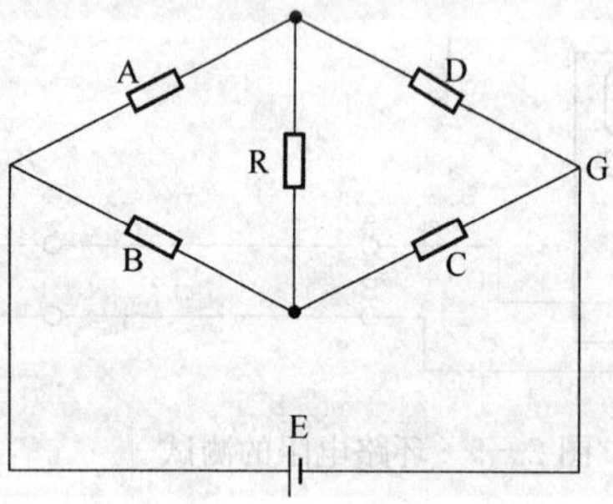


图 2—11　电桥电路基本形式

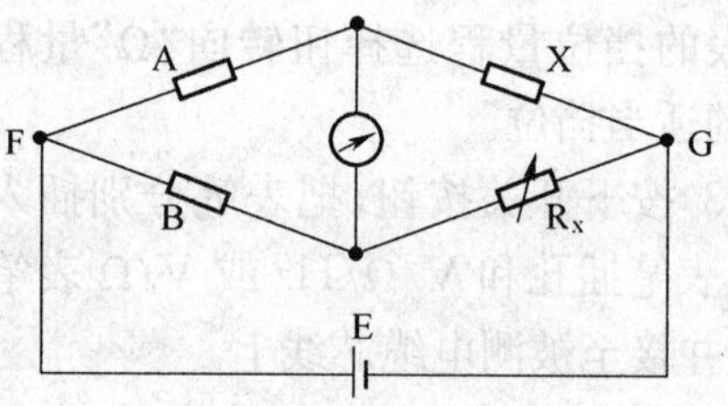


图 2—12　直流电桥

QJ-45 型电桥面板排列如图 2—13 所示。

其中,$X_1$ 和 $X_2$ 端子连接被测电阻和导线;B+、−端子外接电源或蜂鸣器;G 端子外接指示器或监听耳机;地端子连接地线或电缆屏蔽层;R 端子为比较臂引出端子;断接开关指“接入”和“断开”脉冲电流测量法;电键指量程变换电键,倒向 R 可测量回路电阻,倒向 M 为可变比率臂测量法,直立于 V 为固定比率臂测量法;比率臂旋钮可使用倍率盘来变换比例值,选择是否恰当,对测量结果的准确性起决定作用;比较臂旋钮也谓之标准电阻盘,由 4 个可变电阻器组成的,分为个、十、百、千;检流计的表针应正确地指在 0 位,其左右刻有分度,以表示偏差灵敏度小于 1 μA/分度;分流按钮指检流计分流系数按钮,为了提高测量准确度并减小电流对表的冲击,分为粗调钮、中调钮和细调钮,测量时依此顺序按调,不得任意颠倒。

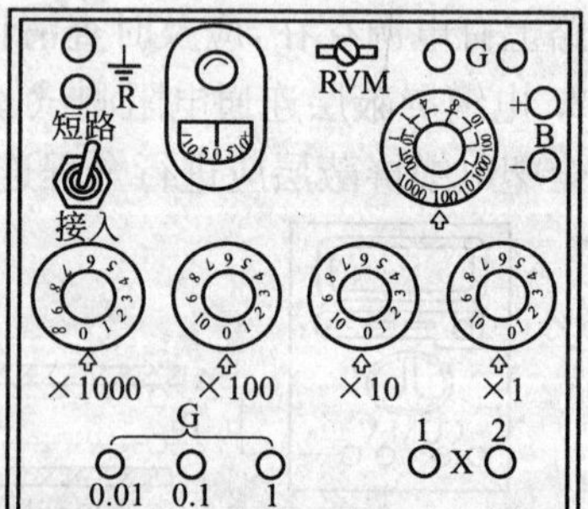


图 2—13　QJ-45 型电桥面板

(四)利用 QJ-45 型电桥测试电缆线路

1. 环路电阻测量法

环路电阻测量原理如图 2—14 所示。式(2—3)中 $X$ 为环路电阻的阻值。

$$X=\frac{A}{B}R \tag{2-3}$$

式中，$A/B$ 为比率臂指示值；$R$ 为比较臂指示值。

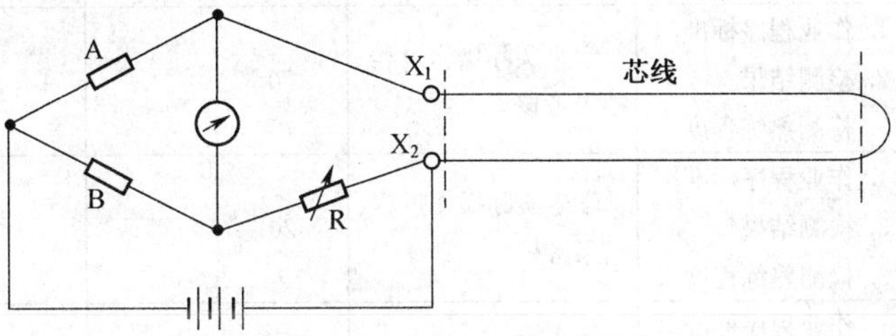


图 2—14 环路电阻测量原理

被测电缆芯线始端接在仪器的 $X_1$ 和 $X_2$ 接线端子上，末端混线。断接开关扳向“接入”，电键扳向 R，调整检流计，使指针指零。约估被测环阻值范围，按约估数调节比率臂的指示值，顺序按下 G 钮(0.01、0.1、1)，再调节比较臂旋钮，使检流计指针在零线上无偏转，此时测量的结果可按式(2—3)计算。

在测量阻值大于 104 Ω 时，若发现检流计指针偏转不显著，可在仪器 G 接线端子上外接高灵敏指示仪表。此时已自动断开内接检流计线路。

2. 不平衡电阻的测量

不平衡电阻的测量原理如图 2—15 所示，仪器的比率臂调节在 1/1 处。电键扳向 V 的位置，电桥取得平衡时的比较臂读数，即为导线的不平衡电阻值 $\Delta R$。

$$\Delta R=R_a-R_b \tag{2-4}$$

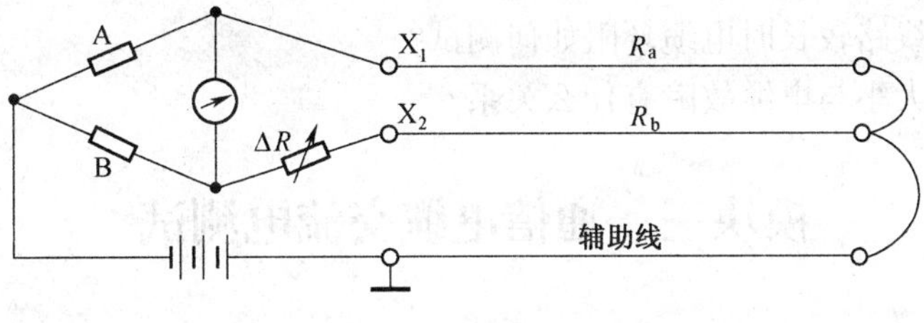


图 2—15 不平衡电阻的测量原理

若被测导线的电阻值较低，其不平衡电阻值较小，有可能使仪器的比较臂读数仅一位或无法平衡，则应该采用检流计指针分度偏读法来增加比较臂可读位数。

由于电桥平衡条件时必须满足 $R_a>R_b$，所以若发现电桥不能取得平衡时，可将 $X_1$ 和 $X_2$ 接线端互换。采用此方法时，不适宜用大地作为辅助线，因接地时会产生极化电流并带来其他杂散电流使测量造成困难。

## 四、评价完成质量

(一)各小组介绍工作流程步骤，并演示操作过程、展示接续成果。

(二)学生按线务员作业程序、国家标准进行自评和互评。

(三)教师评价：教师对学生整个工作过程、结果进行评价，指出每个小组及成员的优点，并提出改进建议，综合评价学生各项能力。

(四)评价方案见表 2—3。

表 2—3　评 价 方 案

| 评价指标（依据教学阶段设计） | 评价标准 | 评价依据 | 权重 | 自评分 | 互评分 | 教师评分 | 平均分 |
|---|---|---|---|---|---|---|---|
| 电缆环阻测试 | 1. 作业程序标准<br>2. 检测结果<br>3. 检测熟练程度 | 学生实际操作过程、结果考核 | 20 | | | | |
| 屏蔽层连通电阻测试 | 1. 作业程序标准<br>2. 检测结果<br>3. 检测熟练程度 | 学生实际操作过程、结果考核 | 20 | | | | |
| 单线电阻测试 | 1. 作业程序标准<br>2. 检测结果<br>3. 检测熟练程度 | 学生实际操作过程、结果考核 | 20 | | | | |
| 不平衡电阻测试 | 1. 作业程序标准<br>2. 检测结果<br>3. 检测熟练程度 | 学生实际操作过程、结果考核 | 15 | | | | |
| 绝缘电阻测试 | 1. 作业程序标准<br>2. 检测结果<br>3. 检测熟练程度 | 学生实际操作过程、结果考核 | 15 | | | | |
| 评价完成质量 | 1. 作业程序<br>2. 行业标准 | 1. 实际操作过程<br>2. 学生测试结果 | 10 | | | | |

## 五、想 一 想

1. 测试绝缘电阻应注意些什么？
2. 当通信电缆线路较长时电缆环阻如何测试？
3. 绝缘电阻值大小与电缆故障有什么关系？

# 模块三　通信电缆交流电测试

## 一、学习目标

（一）掌握接地电阻测试仪原理；
（二）掌握电缆串音测试仪原理；
（三）掌握电缆交流测试原理。

## 二、工作任务

（一）能够正确使用接地电阻测试仪；
（二）能够正确使用电缆串音测试仪；
（三）掌握通信电缆交流测试。

## 三、阅读与理解

（一）接地电阻的额定值

(1)架空电缆吊线接地电阻、全塑电缆金属屏蔽层接地电阻见表 2—4。

**表 2—4　架空电缆吊线接地电阻、全塑电缆金属屏蔽层接地电阻**

| 土　质 | 普 通 土 | 砂 黏 土 | 砂　土 | 石 质 地 |
|---|---|---|---|---|
| 土壤电阻率(Ω·m) | 100 以下 | 101～300 | 301～500 | 500 以上 |
| 接地电阻(Ω) | 20 | 30 | 35 | 45 |

(2)电杆避雷线接地电阻见表 2—5。

**表 2—5　电杆避雷线接地电阻**

| 土　质 | 普 通 土 | 砂 黏 土 | 砂　土 | 石 质 地 |
|---|---|---|---|---|
| 土壤电阻率(Ω·m) | 100 以下 | 101～300 | 301～500 | 500 以上 |
| 接地电阻(Ω) | 80 | 100 | 150 | 200 |

(3)分线箱地线接地电阻见表 2—6。

**表 2—6　分线箱地线接地电阻**

| 土　质 | | 普 通 土 | 砂 黏 土 | 砂　土 | 石 质 地 |
|---|---|---|---|---|---|
| 土壤电阻率(Ω·m) | | 100 以下 | 101～300 | 301～500 | 500 以上 |
| 分线箱接地电阻 | 10 对以下 | 30 | 40 | 50 | 67 |
| | 11～20 对 | 16 | 20 | 30 | 37 |
| | 21 对以上 | 13 | 17 | 24 | 30 |

(4)交接设备接地电阻不大于 10 Ω。

(5)用户保安器接地电阻不大于 50 Ω。

(6)防止电信线受高压电力线危险及干扰影响的地线,其接地电阻应按照设计要求。

(二)ZC-8 型接地电阻测量仪的使用

ZC-8 接地电阻测试仪面板如图 2—16所示。

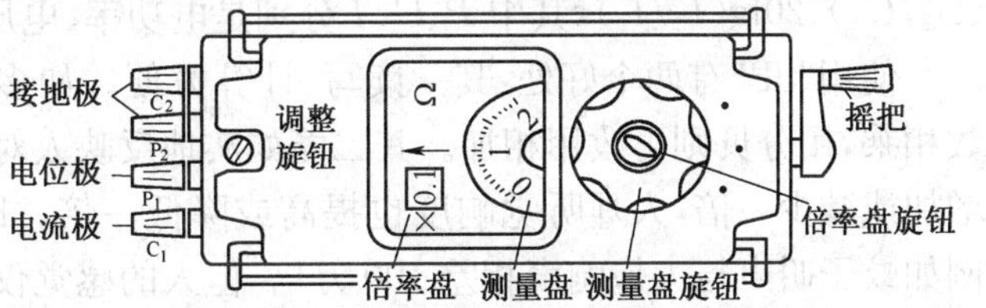


图 2—16　2C-8 型接地电阻测量仪的面板

其中,接线端钮包括接地极($C_2$、$P_2$)、电位极($P_1$)、电流极($C_1$),用于连接相应的探测针。调整旋钮用于检流计指针调零。倍率盘显示测试倍率,即×0.1、×1、×10。测量标度盘测试标度所测接地电阻阻值。测量盘旋钮用于测试中调节旋钮,使检流计指针指于中心线。倍率盘旋钮调节测试倍率。发电机摇把用于手摇发电,为地阻仪提供测试电源。

(三)衰减量

电信号强度会随着电缆长度而逐渐减弱,这种信号的减弱称为衰减。它是以负的分贝数(dB)来表示的。数值越大表示衰减量越大,即—10 dB 比—8 dB 的信号弱,其中 6 dB 的差异表示两者的信号强度相差两倍。例如,—10 dB 的信号就比—16 dB 的信号强两倍,比—22 dB 则强四倍。影响衰减的因素是集肤效应和绝缘损耗。

集肤效应是指在频率高的时候,电流在导体中的电流密度不再是平均分布于整个导体中,而是集中在导体的表面,从而减少了因导体截面而产生的电流损耗。集肤效应与频率的平方根值成正比,因此频率越高,衰减量越大,这也就是为何单股电缆要比多股电缆的导电性能好的原因。

温度对某些电缆的衰减也会产生影响。一些绝缘材料会吸收流过导体的电流，特别是三类电缆所采用的PVC材质，这是因为PVC的氯原子会在绝缘材料中产生双极子，而双极子的振荡会使电信号损失掉一部分电能。在温度高的时候这种情况会进一步恶化。由于温度升高会造成双极子更激烈的振荡，所以温度越高，衰减量越大。这就是标准中规定温度为20℃的原因。

在测量衰减量时，必须确定测量是单向进行的，而不是先测量环路的衰减量后再除以2而得到的值。

(四)近端串音

当信号从一对线发送出去，我们在另一对线与发送端同一边测量到的“落跑”信号，称为近端串音，如图2—17所示。

(五)远端串音

当信号从一对线发送出去，我们在另一对线与发送端不同边的接送端测量到的“落跑”信号，称为远端串音，如图2—18所示。

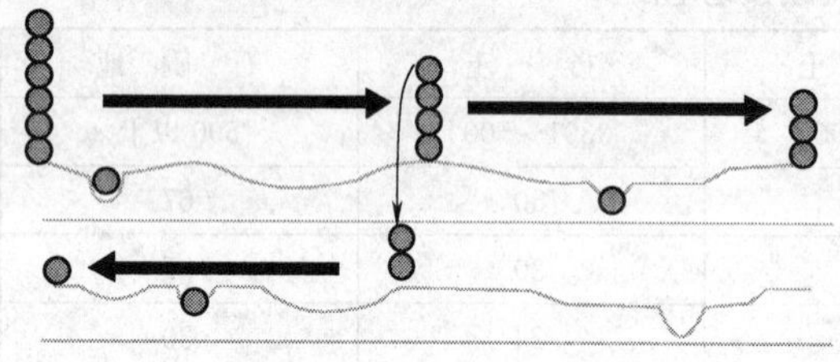

图2—17 近端串音示意

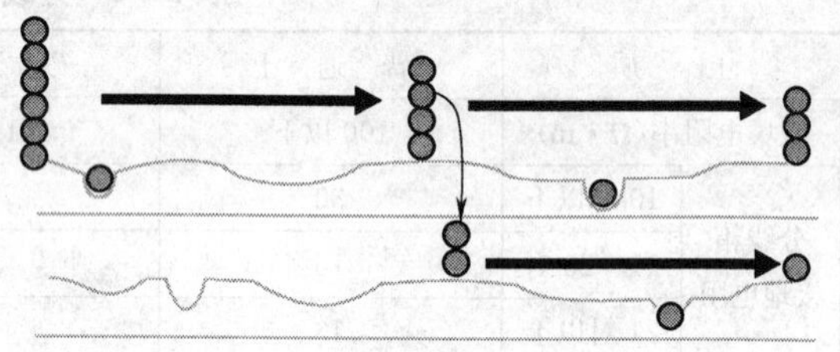

图2—18 远端串音示意

(六)电平-逻辑电平的相关概念

电平就是指电路中两点或几点在相同阻抗下电量的相对比值。这里的电量自然指电功率、电压、电流并将倍数化为对数，用“分贝”表示，记作“dB”。分别记作：$10\lg(P_2/P_1)$、$20\lg(U_2/U_1)$、$20\lg(I_2/I_1)$，其中$P$、$U$、$I$分别是电功率、电压、电流。

使用“dB”有两个好处：其一读写、计算方便。如多级放大器的总放大倍数为各级放大倍数相乘，用分贝则可改用相加。其二能如实地反映人对声音的感觉。实践证明，声音的分贝数增加或减少一倍，人耳听觉响度也提高或降低一倍。即人耳听觉与声音功率分贝数成正比。例如蚊子叫声与大炮响声相差100万倍，但人的感觉仅有60倍的差异。

## 四、实践与操作

(一)接地电阻测试仪使用方法

(1)沿被测接地导体(棒或板)按一定距离，依直线方式埋设辅助探棒。辅助探棒埋设如图2—19所示，其中：E表示接地极，P表示电位极，C表示电流极，$Y$表示P电位极与E接地极距离，$Z$表示P电位极与C电流极之间距离，$L$表示长度，见表2—7。

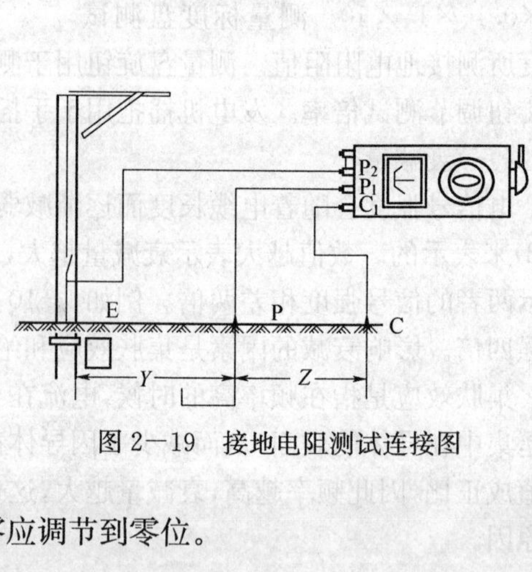


图2—19 接地电阻测试连接图

(2)连接测试导线：用5 m导线连接E($P_2$)端子与接地极，电位极用20 m接至P端子上，电流极用40 m接C端子上。

(3)将表放平，检查表针是否指零位，若不为零应调节到零位。

**表 2—7　接地电阻测试**

| 接地体形状 | | Y(m) | Z(m) |
|---|---|---|---|
| 棒 与 板 | $L \leqslant 4$ m | ⩾20 | ⩾20 |
| | $L > 4$ m | ⩾$5L$ | ⩾40 |
| 沿地面成带状或网状 | $L > 4$ m | ⩾$5L$ | ⩾40 |

(4)调动倍率盘到某数位置，如×0.1、×1、×10。

(5)以每分钟 120 转速摇动发电机，同时也转动测量盘使表针稳定在"0"位上不动为止。此时测量盘指示的刻度读数乘以倍率读数即为被测电阻值(=测量盘指数×倍率指数，单位为 Ω)。

(6)当检流表的灵敏度过高时，可将 P(电位极)地气棒插入土壤浅一些。当检流表的灵敏度过低时，可在 P 棒和 C 棒周围浇上一点水，使土壤湿润。但应注意，绝不能浇水太多，使土壤湿度过大，这样会造成测量误差。

(7)当有雷电或被测物带电时，应严格禁止进行测量工作。

(二)通信电缆串音测试

1. 近端串音衰减 $A_0$ 的测试

(1)近端串音衰减 $A_0$ 测试原理如图 2－20 所示，测试时先选择同一四线组两对回路，然后再选择组间的两对回路，测试的数据填写在测试报告中有关表格内。

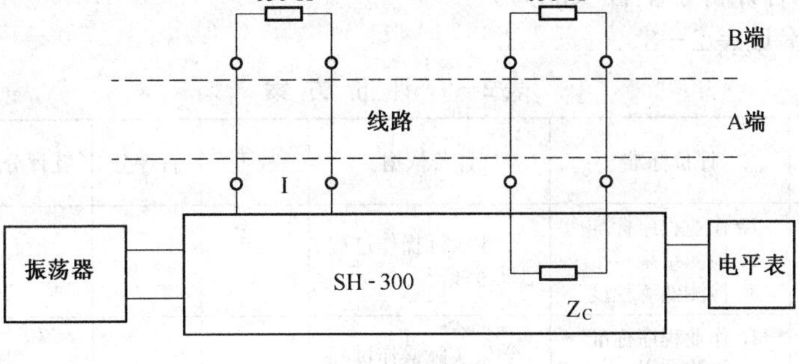


图 2－20　近端串音衰减 $A_0$ 测试原理

(2)串音衰减测试器的振荡器阻抗为 150 Ω，频率分别送：0.25 kHz、0.3 kHz、0.4 kHz、0.6 kHz、0.8 kHz、1.0 kHz、1.6 kHz、2.4 kHz、3.4 kHz、4.0 kHz、150 kHz 和 1024 kHz，输出电平均为：$P_1 = 0$ dB。

(3)串音衰减测试器的电平表阻抗为 150 Ω，分别测出各频率的 $P_{20}$。

(4)$A_0 = P_1 - P_{20}$

(5)依上述测试方法，逐个频率测试，需画出 $A_0$ 与 $f$ 变化关系曲线。

2. 远端串音防卫度 $A_u$ 的测试

(1)远端串音防卫度 $A_u$ 测试原理如图 2－21 所示，测试时先选择同一四线组两对回路，然后再选择组间的两对回路，测试的数据填写在测试报告中有关表格内。

(2)串音衰减测试器的振荡器阻抗为 150 Ω，频率分别送：0.25 kHz、0.3 kHz、0.4 kHz、0.6 kHz、0.8 kHz、1.0 kHz、1.6 kHz、2.4 kHz、3.4 kHz、4.0 kHz、150 kHz 和 1 024 kHz，输出电平均为 0 dB。

(3)串音衰减测试器的电平表阻抗为 150 Ω，分别测出各频率的 $P_{信}$ 和 $P_{串}$。

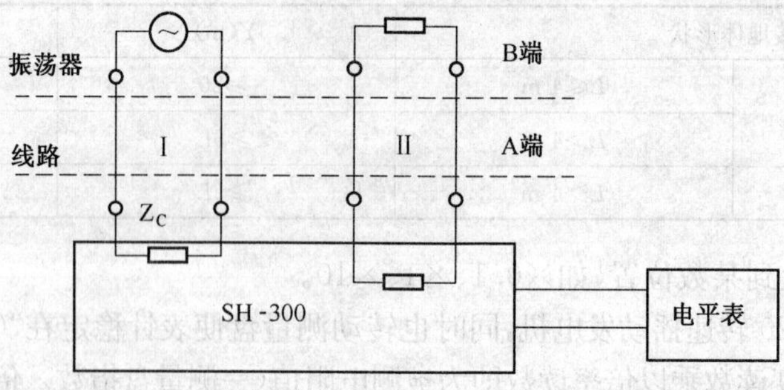


图 2-21　远端串音防卫度 $A_u$ 测试原理

(4)$A_u = P_{信} - P_{串}$。

(5)依上述测试方法,逐个频率测试,即可得 $A_u$ 与 $f$ 特性曲线。

## 五、评价完成质量

(一)各小组介绍工作流程步骤,并演示操作过程、展示测试成果。

(二)学生按线务员作业程序、国家标准进行自评和互评。

(三)教师评价:教师对学生整个工作过程、结果进行评价,指出每个小组及成员的优点,并提出改进建议,综合评价学生各项能力。

(四)评价方案见表 2—8。

表 2—8　评 价 方 案

| 评价指标(依据教学阶段设计) | 评价标准 | 评价依据 | 权重 | 自评分 | 互评分 | 教师评分 | 平均分 |
|---|---|---|---|---|---|---|---|
| 接地电阻测试 | 1. 作业程序标准<br>2. 检测结果<br>3. 检测熟练程度 | 学生实际操作过程、结果考核 | 30 | | | | |
| 近端串音衰减测试 | 1. 作业程序标准<br>2. 检测结果<br>3. 检测熟练程度 | 学生实际操作过程、结果考核 | 30 | | | | |
| 远端串音衰减测试 | 1. 作业程序标准<br>2. 检测结果<br>3. 检测熟练程度 | 学生实际操作过程、结果考核 | 30 | | | | |
| 评价完成质量 | 1. 作业程序<br>2. 行业标准 | 1. 实际操作过程<br>2. 学生测试结果 | 10 | | | | |

## 六、想 一 想

1. 近端串音衰减随频率变化有什么变化?为什么?

2. 远端串音防卫度随频率变化有什么变化?为什么?

3. 在工作中如何减小近端串音和远端串音?

4. 近端串音和远端串音与哪些因素有关?如何防护?

5. 高速铁路沿线通信信号设备的接地电阻是多少?对比电信标准有什么不同?为什么?

6. 查找有关资料对比对称电缆与同轴电缆电磁场分布有什么不同点?如何提高抗干扰选择性?

# 模块四　通信电缆障碍测试

## 一、学习目标

（一）掌握电缆故障测试原理；
（二）掌握电缆故障测试方法；
（三）掌握 QJ-45 测试仪原理；
（四）掌握 QTQ02 型电缆探测试仪原理；
（五）掌握 T-C300 电缆故障综合测试仪原理；
（六）掌握 QZ3 兆欧表原理；
（七）能够进行电缆故障测试。

## 二、工作任务

（一）能够测试电缆线路故障性质；
（二）能用 QJ-45 测试仪测试电缆线路故障；
（三）能用 QTQ02 型电缆探测试仪测试电缆经路埋深；
（四）能用 T-C300 测试电缆线路故障；
（五）能用 QZ3 兆欧表测试电缆绝缘电阻。

## 三、阅读与理解

（一）电缆线路障碍种类及维护技术要求

本地网线路设备是我国公用通信网的重要组成部分，用以传输音频、数据、图像和视频等通信业务。目前本地网线路设备由电（光）缆及其附属设备（线路设备）组成。为加强电信线路设备的维护管理，使其经常处于良好状态，保证电信网络优质、高效、安全运行，必须按照国家相关规定进行本地网线路维护，掌握电缆线路的常见障碍处理办法及维护技术要求对维护工作极其重要。

1. 电缆线路障碍种类

通信电缆常见障碍的分类如下：

（1）混线：同一线对的芯线由于绝缘层损坏相互接触称为混线，也叫自混。相邻线对芯线间由于绝缘层损坏相碰称为它混。接头内受过强拉力或受外力碰损使芯线绝缘层受伤的部位常造成混线情况。

（2）地气：电缆芯线绝缘层损坏碰触屏蔽层称为地气，它是因受外力磕、碰、砸等磨损坏缆芯护套或工作中不慎使芯线接地而形成。

（3）断线：电缆芯线一根或数根断开称为断线，这种现象一般是由于接续或敷设时不慎使芯线断裂、受外力损伤、强电流烧断所致。

（4）绝缘不良：电缆芯线之间以塑料为绝缘层，由于绝缘物受到水和潮气的侵袭，使绝缘电阻下降，造成电流外溢的现象称为绝缘不良。它一般是由接头在封焊前驱潮处理不够、因电缆受伤浸水或充气充入潮气等原因。

（5）串、杂音：在一对芯线上，可以听到另外用户通话声音，叫串音；用受话器试听，可以听到“嗡嗡”或“咯咯”的声音，称为杂音。线路的串、杂音主要是由于电缆芯线错接或破坏了芯线电容的平衡、线对接头松动引起电阻不平衡、外界干扰源磁场窜入等影响而造成。

实际电缆障碍可能是几种类型障碍的组合。比如：芯线接地障碍同时会造成线对自混；在电缆浸水、受潮比较严重时，所有的芯线及芯线对地之间的绝缘电阻均很低，就同时存在自混、接地和它混的障碍现象。在判断障碍性质时应注意加以鉴别。

2. 电缆线路维护技术要求

(1)线路设备的维护要求

线路设备维护分为日常巡查、障碍查修、定期维修和障碍抢修，由线路维护中心组织区域工作站实施。维护工作必须做到以下几点：

①严格按照上级主管部门批准的安全操作规程进行；

②当维护工作涉及到线路维护中心以外的其他部门时，应由线路维护中心与相应部门联系，制定出维护工作方案后方可实施；

③维护工作中应做好原始记录，遇到重大问题时应请示有关部门并及时进行处理；

④对重要用户、专线及重要通信期间要加强维护，保证通信。

(2)主要维护指标及测试要求

全塑市话电缆线路的维护项目及测试周期见表2—9。

**表2—9　维护项目及测试周期**

| 测试项目 | | 测试周期 |
|---|---|---|
| 绝缘电阻 | 空闲主干电缆线对绝缘电阻 | 1次/年，每条电缆抽测不少于5对 |
| | 用户线路全程绝缘电阻(包括引入线及用户终端设备) | 自动：1次/3～7天 |
| | 用户线路绝缘电阻(不包括引入线及用户终端设备) | 投入运行时测试，以后按需要进行测试 |
| 单根导线直流电阻、电阻不平衡、用户线路环阻 | | 投入运行时或障碍修复后测试 |
| 用户线路传输衰减 | | 投入运行时及线路传输质量劣化和障碍修复时 |
| 近端串音衰减和远端串音防卫度 | | 投入运动时测试，以后按需要进行测试 |
| 电缆屏蔽层连通电阻 | | 投入运行时测试，以后每年测试一次 |

全塑电缆绝缘电阻维护指标最小值见表2—10。

**表2—10　绝缘电阻维护指标最小值**

| 线路类型 | 线路情况 | 维护指标 |
|---|---|---|
| 用户电缆线路 | 主干电缆空闲线对，测试电压250 V | 50 MΩ |
| | 用户线路(连接有MDF保安单元和分线设备，不含引入线)，测试电压100 V | 30 MΩ |
| | 用户线路(包括引入线及用户终端设备)，测试电压100 V | 500 kΩ |

注：投入运行维护时，各类电缆线路的绝缘电阻指的是每对导线的导体间或导体与地间的绝缘电阻。

全塑电缆直流电阻环阻、电阻不平衡维护指标见表2—11。

**表2—11　直流电阻环阻、电阻不平衡维护指标**

| 类型 | | 维护指标 |
|---|---|---|
| 环路电阻 | 用户电缆线路(不含话机内阻)最大值 | 程控局：1 500 Ω |
| 电阻不平衡 | 其他全塑电缆 | 平均值≤1.5%* |
| | | 最大值≤5.0% |

*：电阻不平衡，计算公式为：电阻不平衡$=(R_{max}-R_{min})/R_{min}\times100\%$。

全塑电缆线路传输衰减维护指标见表 2—12。

**表 2—12　线路传输衰减维护**

| 线路类型 | 线路情况 | 维护指标 |
| --- | --- | --- |
| 用户线路 | 频率 800 Hz* | 不大于 7.0 dB |

*:用户到用户交换机传输衰减不大于 1.5 dB,用户交换机至端局传输衰减不大于 4.5 dB。

全塑市话电缆线路近端串音衰减维护指标见表 2—13。

**表 2—13　近端串音衰减维护指标**

| 线路类型 | 维护指标 |
| --- | --- |
| 主干电缆任何线对间(频率 800 Hz) | 不小于 70 dB |
| 同一配线点的两用户线对间(频率 800 Hz) | 不小于 70 dB |

注:线路长度超过 5 km 时应进行两端测试。

全塑电缆屏蔽层连通电阻维护指标(20℃)如下:

a. 全塑主干电缆:≤2.6 Ω/km;

b. 全塑架空配线电缆:≤5.0 Ω/km。

电缆屏蔽层连通电阻是指施工中的屏蔽层用屏蔽连接线全线连通后测试的电阻值。

(3)线路设备定期维护项目和周期

线路设备定期维护项目和周期见表 2—14。

**表 2—14　定期维护项目和周期**

| 项目 | 维护内容 | 周期 | 备注 |
| --- | --- | --- | --- |
| 架空线路 | 整理、更换挂钩、检修吊线 | 1 次/年 | 根据巡查情况,可随时增加次数 |
|  | 清除电缆、光缆和吊线上的杂物 | 不定期进行 |  |
|  | 检修杆路、线担、擦拭隔电子 | 1 次/半年 | 根据周围环境情况可适当增减次数 |
| 管道线路 | 人孔检修 | 1 次/2 年 | 清除孔内杂物,抽除孔内积水 |
|  | 人孔盖检查 | 随时进行 | 报告巡查情况,随时处理 |
|  | 进线室检修(电缆光缆整理、编号、地面清洁、堵漏等) | 1 次/半年 |  |
|  | 检查局前井和地下室有无地下水和有害气体侵入 | 1 次/月 | 有地下水和有害气体侵入,应追查来源并采取必要的措施;汛期应适当增加 |
| 充气维护 | 气压测试,干燥剂检查 | 不定期进行 | 有自动测试设备每天 1 次 |
|  | 自动充气设备检修 | 1 次/周 | 放水、加油、清洁、功能检查 |
|  | 气闭段气闭性能检查 | 1 次/半月 | 根据巡查情况,可随时增加次数;有气压监测系统的可根据实际情况安排巡查次数 |
| 防雷 | 接地装置、接地电阻测试检查 | 1 次/年 | 雷雨季节前进行 |
|  | PCM 再生中继器保护地线、接地电阻测试检查 | 1 次/年 | 雷雨季节前进行 |
|  | 防雷地线、屏蔽线、消弧线的接地电阻测试检查 | 1 次/年 | 雷雨季节前进行 |
|  | 分线设备内保安设备的测试、检查和调整 | 1 次/年 | 雷雨季节前测试、调整,每次雷雨后检查 |

续上表

| 项目 | 维护内容 | 周期 | 备注 |
|---|---|---|---|
| 用户设备 | 投币电话、磁卡电话巡修 | 1次/年 | 结合巡查工作进行 |
| | IC卡电话巡修 | 1次/季 | |
| | 普通公用电话巡修 | 1次/季 | |
| | 用户引入线巡修 | 1次/2年 | |
| 接分线设备 | 交接设备、分线设备内部清扫，门、箱盖检查，内部装置 | 不定期进行 | 结合巡查工作进行 |
| | 交接设备跳线整理、线序核对 | 1次/季 | |
| | 交接设备加固、清洁、补漆 | 1次/2年 | 应做到安装牢固，门锁齐全，无锈蚀，箱内整洁，箱号、线序号齐全，箱体接地符合要求 |
| | 交接设备接地电阻测试 | 1次/2年 | |
| | 分线设备清扫、整理上杆皮线 | 1次/2年 | 应做到安装牢固、箱体完整、无严重锈蚀，盒内元件齐，无积尘、盒编号齐全、清晰 |
| | 分线设备油漆 | 1次/2年 | |
| | 分线设备接地电阻测试 | 20%/2年 | |

(4)充气维护

除填充光/电缆外，全部铅包电缆、非填充地下全塑光/电缆都必须施行充气维护；气压监测系统应进行24 h实时监测，有告警时应立即打印并派修；充入光/电缆中的干燥空气或氮气的露点不得高于−16℃，且不能含有灰尘和其他杂质。

光/电缆的充气维护需充气端气压临时充气不得超过150 kPa，自动充气不得超过80 kPa；气压平稳后，全塑电缆及光缆的气压应保持在40～50 kPa；最低告警气压(20℃时气压下限的允许值)是地下电/光缆为30 kPa，架空电/光缆为20 kPa。

原则上以每条光/电缆为一个气闭段。当光/电缆较短时，可以把结构相近的几条连通构成一个气闭段。气闭段任何一端气压每10昼夜下降不应超过4 kPa。超过4 kPa时应列入维修计划，尽早查修。当气闭段的任何一端气压每昼夜下降达10 kPa时属于大漏气，必须立即查找漏气部位，直至修复。在查找和修复线路设备的漏气障碍时，应确保线路设备的安全，绝不能因查漏而引起线路设备传输性能的下降甚至中断通信。在全塑电缆中严禁充入氟利昂或乙醚等有害气体。

(5)配套设备的维护和管理

气压遥测系统要每天检查系统端机是否良好，端机有问题应先修复。自动充气设备由区域工作站派专人负责管理和维护，发现问题应及时修复。

防雷、防强电装置的维护包括：在地面上装设的各种防雷装置，在雷雨季节到来之前应进行检查，测试其接地电阻，不符合要求时应及时处理、整治，每次雷雨后进行检查，发现损坏应及时修复和更换；地下防雷装置应根据土壤的腐蚀情况，定期开挖检查其腐蚀程度，发现不符合质量要求的应及时修复、更换。

(二)电缆线路障碍测试

在日常维护工作中，电缆发生故障时应尽快的恢复通信，必要时采取“先重点后一般”和“抢多数，修个别”的原则，迅速排除障碍并防止范围扩大，确保通信畅通。这样就需要维护人员在排除故障时，首先应判断故障的性质，并选择仪器及时测定障碍位置，再进行修复工作。要做到测量结果准确，应做到以下几点：

(1)对于测量基本原理和仪表的使用方法必须掌握；

(2)对于导线的变化要有准确的记录；

(3)测量过程中，应注意温度对导线电阻的影响；

(4)测量时操作要小心，测量要耐心，观察要细心。

1. 电缆线路障碍测试的基本步骤

电缆线路障碍测试一般有障碍性质诊断、障碍测距与障碍定点 3 个步骤。

障碍性质诊断是指在线路出现障碍后，使用兆欧表、万用表、综合测试仪等确定线路障碍性质与严重程度，以便分析判断障碍的大致范围和段落，选择适当的测试方法。

障碍测距是指使用专用测试仪器测定电缆障碍的距离，又叫粗测，即初步确定障碍的最小区间。

障碍定点是指根据仪器测距结果，对照图纸资料，标出障碍点的最小区间，然后携带仪器到现场进行测试，作精确障碍定位。

2. 电缆线路障碍测试方法综述

(1)电桥法

电桥法是一种传统的测试方法，利用电桥原理，可以测定电缆的各种障碍点与测量端之间的距离等数据，并且可以进行电缆的电气性能测试，能够测量电阻值高达数兆欧姆的障碍点。

电桥法的优点是原理简单，仪器制造成本低，在早期的电缆障碍测试中应用较普遍。但早期电桥测试方法操作复杂，测试时要求对方配合，测量精度受环境温度、电磁干扰等因素的影响较大。随着电子技术的进步，现已研制出基于微处理器的智能电桥仪器。智能电桥采用先进的电路设计及数据处理技术，简化了操作，有效地消除了温度、电磁干扰等影响，把电桥法测试技术提高到了一个新水平。

(2)放音法

放音法用于直接探测电缆障碍的部位。其原理是在电缆的障碍线对上，输入一个功率较高的音频电流信号，产生较强的交变磁场，穿透外皮扩散到电缆的外部；根据电磁感应原理，利用带有线圈的接收器，放于电缆的上方，电缆中交变的电磁场就可以在接收器中产生感应信号。

在线路障碍点上，由于芯线上的交变电流受到线路障碍的影响而突然下降，甚至消失，因而障碍点前后接收到的信号也就有明显的区别，这样就可以判定电缆的障碍点。该方法应用时易受外界环境干扰的影响，仅适用于测量电阻较小的混线障碍。

(3)查漏法

查漏法通过检查充气电缆的漏气点判断障碍点的大致范围，沿电缆逐点排除干扰进行检测，找到障碍点，但此方法不适用于查找直埋电缆的障碍点。

(4)脉冲反射法

脉冲反射法又叫雷达法或回波法，是向电缆发送一电压脉冲，利用发送脉冲与障碍点反射脉冲的时间差与障碍点距离成正比的原理确定障碍点。

脉冲反射法最早用于长途电缆线路障碍的测试中。由于市话电缆对高频脉冲信号的衰减大等原因，在市话电缆线路障碍测试中遇到了困难。随着科学技术，特别是现代微电子技术的发展，该测试方法及其仪器有了很大进步，其灵敏度也大大提高，已成功地应用到了市话电缆线路障碍测试中，并在世界范围内得到了推广，成为市话电缆线路障碍测试的主要手段。我国在 20 世纪 90 年代初推出了市话电缆线路障碍测试仪器。目前，全国各地已有上千个单位采用了国产脉冲测试仪器，它们在解决市话线路障碍查找难的问题中发挥了重要作用。

(5)综合测试仪器

脉冲反射法依赖于障碍点阻抗的明显变化，不适用于测量电阻值比较大的绝缘不良障碍。近来研制出的将脉冲反射法及电桥法相结合的综合测试仪器基本可以解决现场遇到的各种通信电缆障碍的测试问题。

## 四、实践与操作

### (一)测试电缆芯线障碍

1. 检验芯线地气、混线障碍测试方法

检验芯线地气、混线障碍的测试原理如图 2－22 所示。按图 2－22 连接好之后，A 端将芯线连成良好混线和地气状态。B 端以不混线地气为原则呈全疏散状态。将兆欧表打开，从混线束中抽一根，测一根，表针指“0”位则为坏线对。等全部芯线测试定了之后，甩掉地线校测，以证明是地气还是混线，若是混线再根据障碍线查找是自混还是它混。

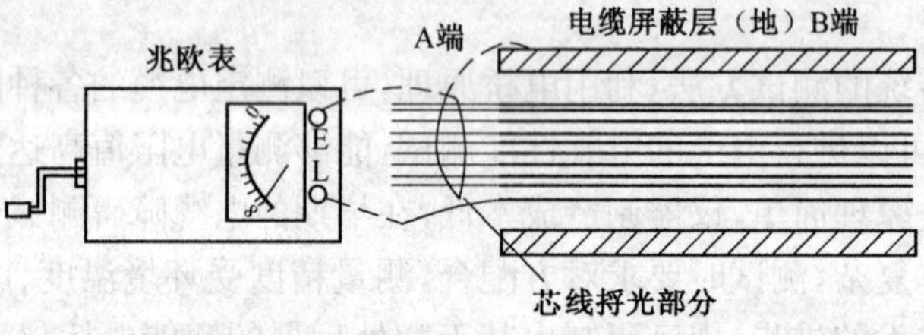


图 2－22　检验芯线地气、混线障碍

2. 断线测试连线方法

断线测试原理如图 2－23 所示。按图 2－23 连接之后，A 端以不混线地气为原则，呈全疏散状态，B 端将芯线连成良好混线和地气状态，从 A 端抽出一根，测试一根。表针指“0”则该线为好线，指“∞”则该线为断线。

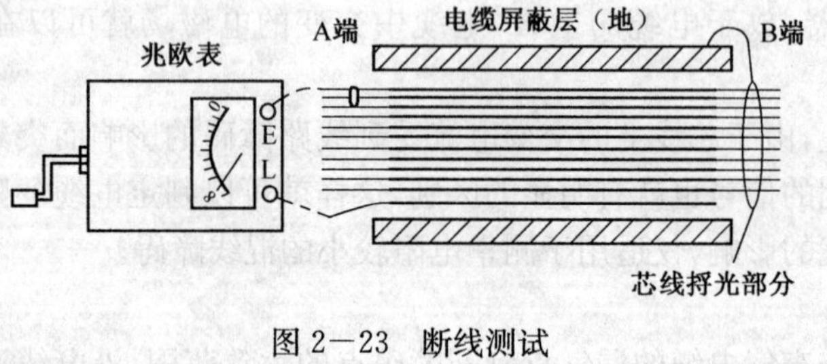


图 2－23　断线测试

3. 地气障碍点测定

地气障碍测量原理如图 2－24 所示。

测量步骤：

①在电缆的末端，把被测的好线与坏线各一根互相连接起来；

②测试端，将好线接在 $X_1$ 端子上，坏线接在 $X_2$ 端子上；

③地端子连接电缆屏蔽层；

④先用测量环路电阻法，量出环路电阻值 $R_{ab}$；

⑤将量程变换倒向“V”；

⑥选择比率盘的比值，再调节变阻盘，使电桥平衡。

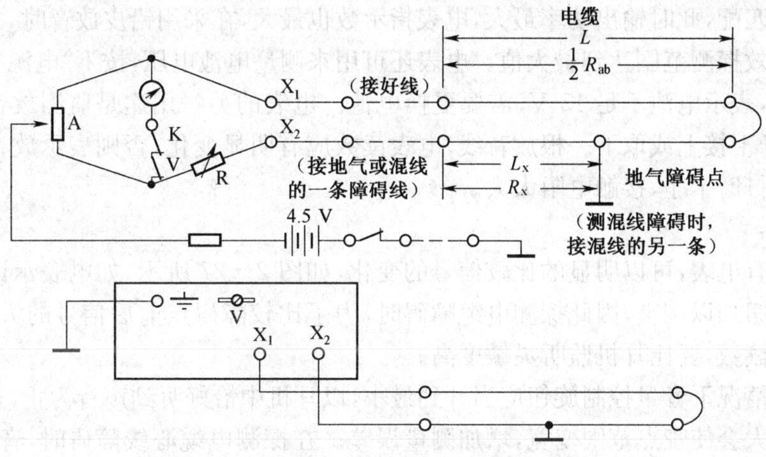


图 2－24 地气障碍点测定

计算方法为：

$$R_x=\frac{R_{ab}-AR}{A+1} \tag{2-5}$$

其中，$R_{ab}$ 为环路电阻(单位为 Ω)，$R_x$ 为由 $X_2$ 端子到障碍点的电阻，$A$ 为比率盘上的定指数，$R$ 为变阻盘的测定数。

当芯线的直径一样时，令 $L$ 为电缆长度，$L_x$ 为测试端到障碍点的距离，则有：

$$L:L_x=\frac{R_{ab}}{2}:R_x \tag{2-6}$$

$$L_x=\frac{2LR_x}{R_{ab}}=\frac{2L(R_{ab}-AR)}{R_{ab}(A+1)} \tag{2-7}$$

4. 混线障碍点测定

混线障碍的测试原理如图 2－25 所示，其测试原理和操作步骤基本上与地气测定方法一样，计算也完全使用同样的公式。所不同之处是：$X_2$ 端子连接混线中的一条，地端子连接混线的另一条。

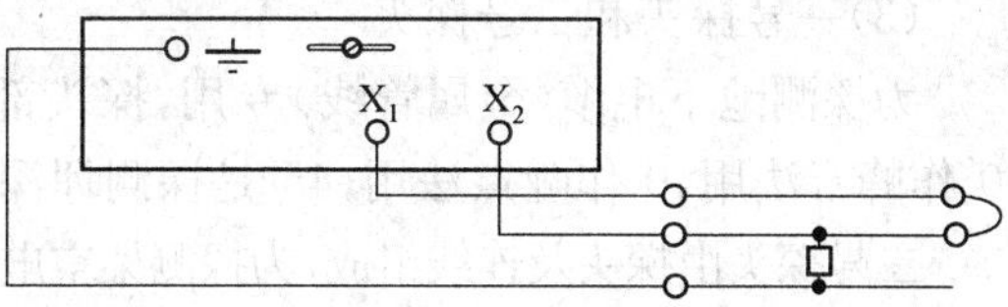


图 2－25 混线障碍点测定

(二)QTQ02 型探测器测试电缆埋深

1. 电缆探测器用途及基本原理

(1)用途

电缆探测器的用途包括：探测地下电缆的走向及埋深、地下金属管线(油管、汽管、水管)的走向及埋深、架空电缆芯线障碍的部位。如配置一具测量探针(接地规)，便可以测量地下塑料电缆绝缘不良(地气)点的准确位置。

(2)基本原理

由振荡器产生一个音频信号电流，流经被测电缆，此电流在被测系统周围产生磁场，磁力线透过大地传到地面，在地面上用一探测线圈拾取磁场，经接收器选频放大以后用耳机加以监听，通过检验这一磁场的变化就可以判断地下金属管线的位置。利用同样原理可以在电缆护层外检验内部芯线的障碍部位。

2. 电缆探测器介绍

(1)振荡器

振荡器面板备有阻抗选择开关，如图 2－26 所示，使用时接好放音线后，旋转此开关至某一挡与外电路匹配，此时输出功率最大，电表指示数也最大，在采用铅皮放音时，只有在匹配情况下才能使有效探测范围达到最大值。电表还可用来测量电池电压，按下“电源测试”按钮，如表针不到红线，表示电池不足 13 V，需要更换电池。电表的另一用途是监测放音线路连接情况，从输出端子上接上或取下一根放音线，电表读数应有明显变化，否则表示放音线没有接好或接触点没有打磨干净，接触电阻太大。

(2)接收器

接收器备有电表，可以明显的比较信号的变化，如图 2－27 所示，如电表示读数不明显可旋转电表控制钮加以调整，因此探测电缆障碍时，为了比较障碍点前后信号的大小，必须记住原挡位及电表读数，要比耳机监听灵敏度高。

在所有的情况下音量控制旋钮应当开到最小，以耳机中恰好听到声音为止，这是因为探测电缆时音量过大会使哑点范围变宽，增加测量误差。在探测电缆心线障碍时，音量过大，会使障碍点前后变化不明显。这一原则需要牢记。

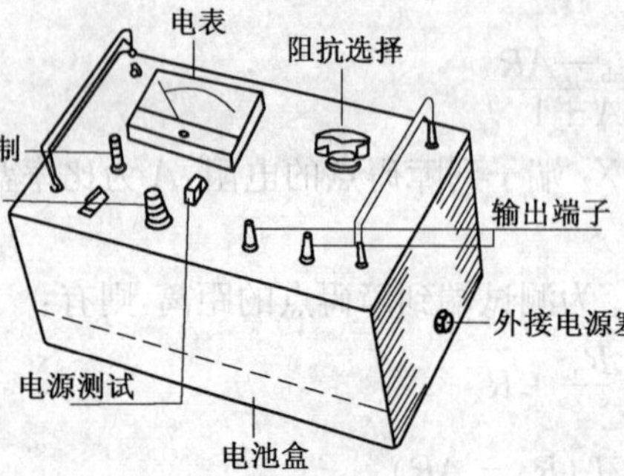


图 2－26　振荡器

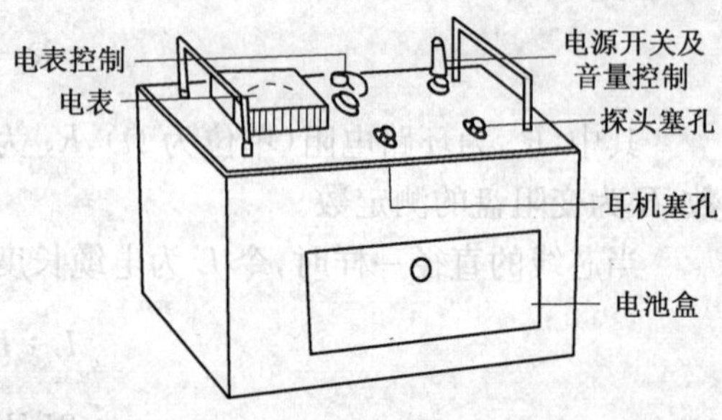


图 2－27　接收器

(3)一号探头和二号探头

为探测地下电缆(金属管线)专用，探头部分有定位器，探头可与探杆成 0°、45°、90°转动。90°作蜂音法用，0°作哑点法用，45°是探测埋深用。

二号探头由探头及连线组成，为探测架空电缆专用。一号探头和二号探头如图 2－28 所示。

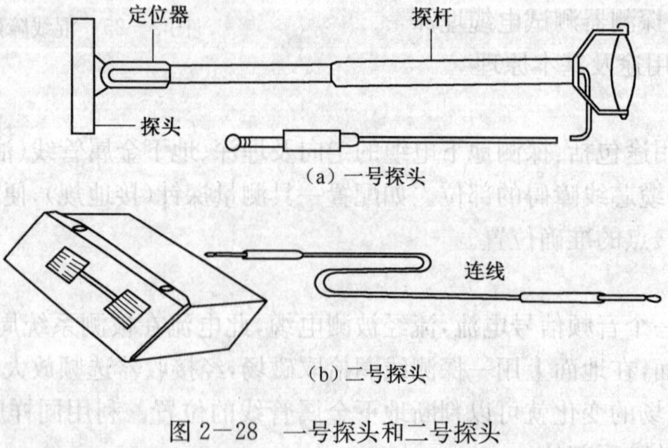


图 2－28　一号探头和二号探头

(三)QTQ02 型电缆探测器使用方法

1. 芯线放音法探测地下电缆的路由及埋深

(1)将振荡器放在电缆的一端，一个输出端子接到另一根地气棒上；选一根良好芯线为放音线，接到另一个输出端子上，这根放音线的远端接到一根地气棒上，使放音电流构成回路，如图 2－29 所示。

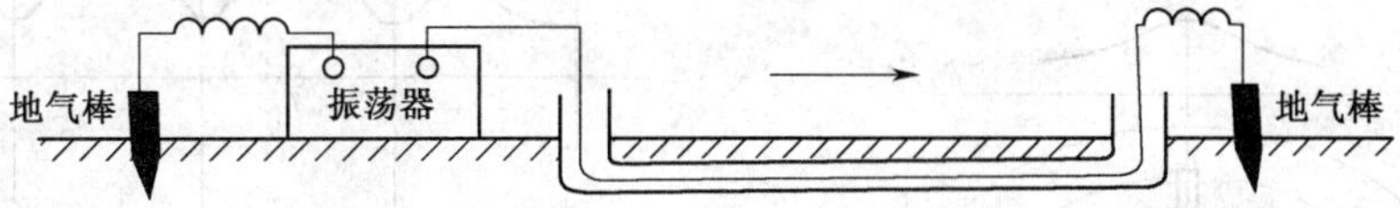


图 2－29　放音法探测

(2)顺时针旋转“输出控制”接通电源，同时调节“电表灵敏度控制”，使表针有明显数值，并防止电表撞针。

(3)将面板上“连续－断续”开关放到“连续”。

(4)调节“阻抗选择”，停在电表读数最大一挡，此时输出阻抗与外电路阻抗匹配。

(5)按下电源测试钮，检验电池电压是否大于 13 V，否则应换电池。

(6)再将“连续－断续”开关放到“断续”，以节省电池。

(7)将耳机和探头插入接收器相应塞孔，右旋“音量控制”，接通电源，调节音量，在放音点周围即可听到清晰的信号音，表示仪器完好。

(8)将一号探头扳到与探杆成 0°，探测时，使探头管轴线与地面垂直，自放音点向远端行进，哑点的正下方即为电缆位置，如图 2－30(a)所示。探头移动的位置顺序如图 2－30(b)所示，点 2、4、6 等是哑点，各哑点的联线即为电缆的走向。

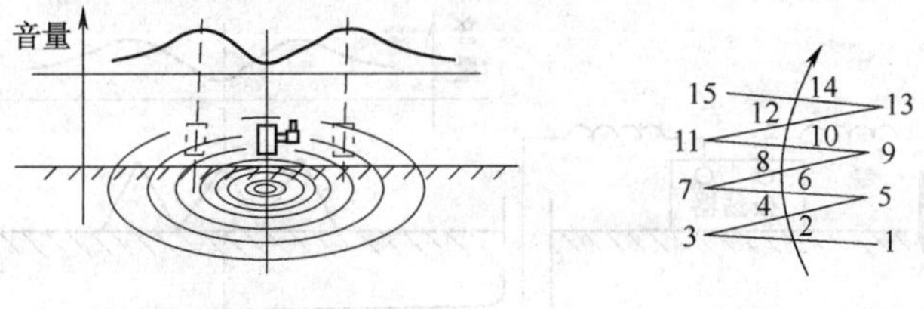


(a) 电缆位置的判定　　(b) 电缆走向的判定

图 2－30　电缆位置走向的判定

将一号探头转动 90°，使探头管轴线与地面平行而与电缆成 90°，此时耳机中音量最大，此点称峰音点，峰音点的正下方为电缆位置，如图 2－31 所示。

(9)根据已测好的电缆走向，划出一条 2 m 左右的直线，再在地面上划出这条直线的垂线。

(10)将探头扳到 45°，使探头自然下垂慢慢的沿电缆的垂线移动，应注意无论是在电缆左、右都应使探头轴线指向电缆，这样便得到哑点 1 及哑点 2，如图 2－32。此时 $D$(埋深)$=L_1=L_2$。

由于电缆的分支或转弯处磁场的分布较为复杂，因此必须在电缆的直线段内测量其埋深。

2. 电缆屏蔽层放音法探测地下电缆的路由及埋深

(1)选择放音点：为了扩大有效探测范围，应注意选择放音点。

(2)将振荡器输出端子接到电缆的屏蔽层上，另一输出端子接到两根地气棒上，地气棒安放在距电缆约 10 m 处，并与电缆走向成 45°角的位置上。

(3)仪器的调节使用方法与芯线放音法相同。

3. 直埋塑料电缆绝缘不良的探测

(1)另配一具探针(接地规)。

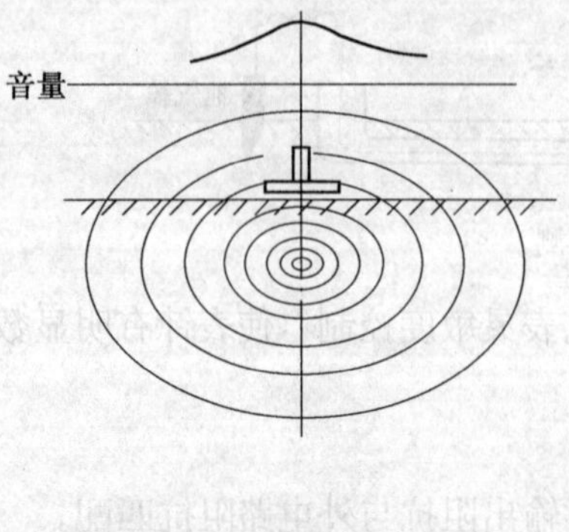


图 2—31 峰音点

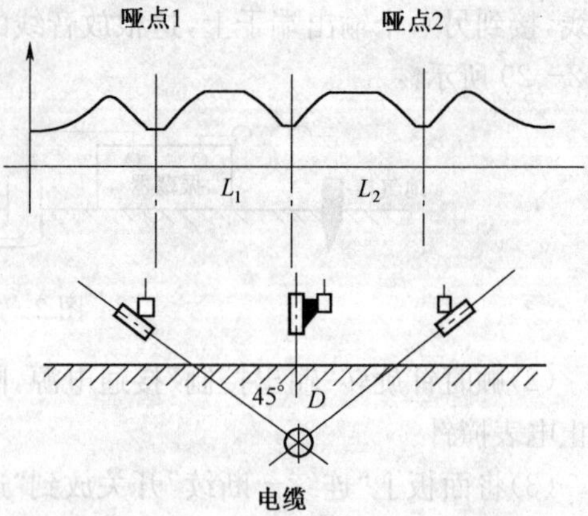


图 2—32 埋深

(2)将探针插头插入接收器“探头”塞孔，耳机插入耳机塞孔，右旋“音量调节”，接通电源。将探针尖插入地表(两规间距 1 m 左右)，在耳机中即可听到信号音，同时在电表上指示出信号数值。

(3)探针沿电缆路由移动，一般距放音点 30 m 以内有微弱信号，超过 30 m 无障碍则无信号，只有在障碍周围 5 m 之内才有信号，越接近障碍点则信号越强。只有探针跨在障碍点上时，信号最小，因此可以准确地判断障碍位置，如图 2—33 所示。

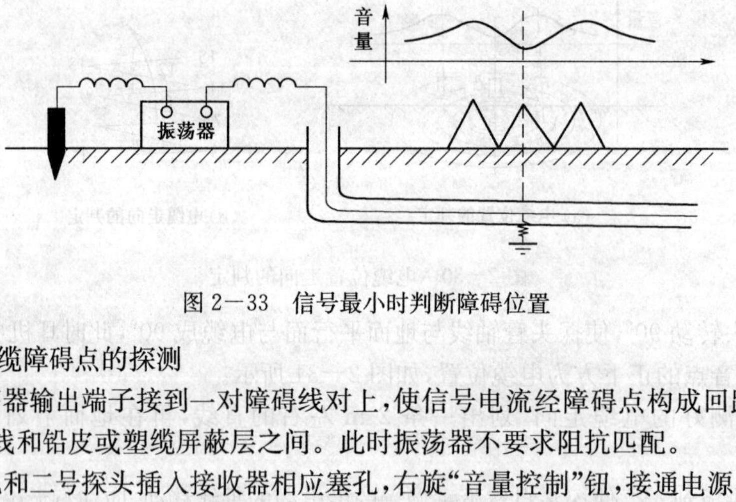


图 2—33 信号最小时判断障碍位置

4. 架空电缆障碍点的探测

(1)将振荡器输出端子接到一对障碍线对上，使信号电流经障碍点构成回路，如地气障碍应接到这根芯线和铅皮或塑缆屏蔽层之间。此时振荡器不要求阻抗匹配。

(2)将耳机和二号探头插入接收器相应塞孔，右旋“音量控制”钮，接通电源，音量不必开得太大。

(3)手持二号探头沿电缆皮推动前进，为了迅速准确地找出障碍点，应用其他仪器(如电桥)事先测出障碍所在的大致范围。耳机中声音的明显衰落点即为障碍点，也可用电表监视，在障碍点前后，电表指针读数变化值是很大的，如图 2—34 所示。

(4)查找混线障碍时，接触电阻大于 2 000 Ω 时就比较困难，因为沿整个芯线有电容存在，一部分电流经电容构成回路，使障碍点前后的声音差别不大，如图 2—35 所示。如障碍接近 B 端，$C_2<C_1$，从 A 端放音影响就变小，试验证明对于发生在电缆终端的障碍即使接触电阻达到数百千欧也不难查找。

(5)查找地气障碍时，如接触电阻大于 2 000 Ω 时，由于放音电流在障碍点以后还有一部分电流经铅皮或塑缆屏蔽层反向回流，经大地到电源，这种情况也会使障碍点前后音量减小，如图 2—36 所示。

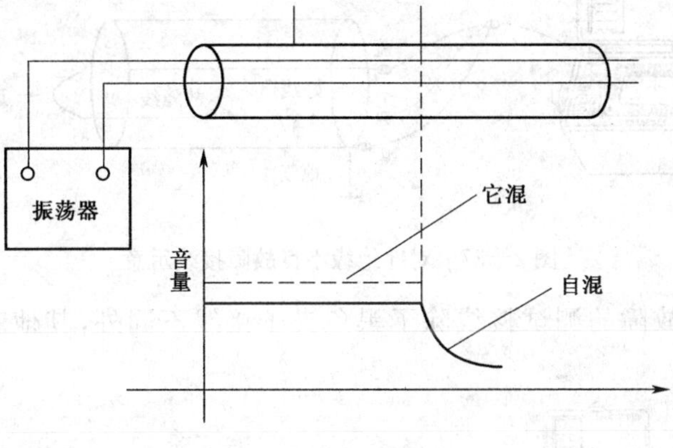


图 2—34　障碍点

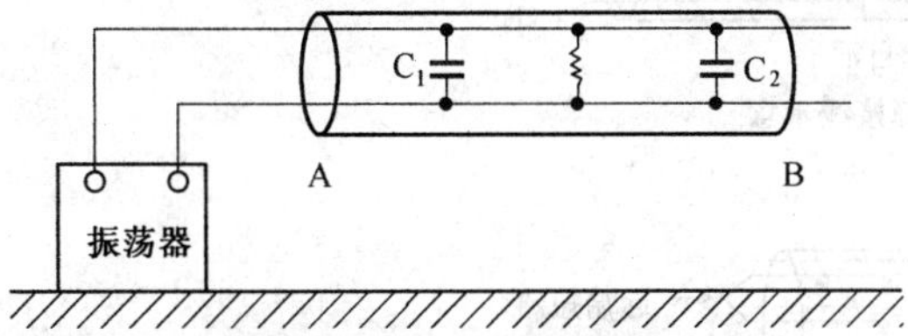


图 2—35　查找混线障碍

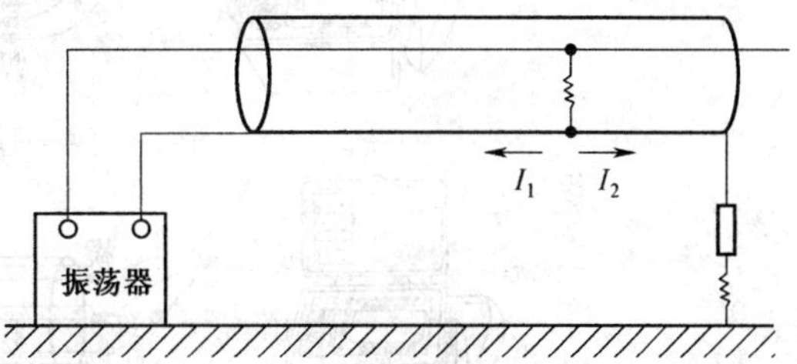


图 2—36　查找地气障碍

(6)在探测过程中接收器音量始终保持在清晰可闻的最低限度，否则难以分辨障碍前后音量的差别，微弱的变化可以借助于电表的读数。

(四)利用 T-C300 电缆故障综合测试仪测试芯线障碍

因篇幅所限，这里就不介绍脉冲测试法只讲电桥测试法。当发生绝缘不良故障时，故障电阻很大，远远大于电缆波阻抗，脉冲反射很微小，需要用电桥法进行测试。

1. 工作原理

仪表采用的是比例计算法，测出芯线从测量点到故障点电阻和全长电阻的比值，再乘以电缆全长，即得到故障距离。

2. 兆欧表和欧姆表功能

电桥测试附带有 100 V 兆欧表和欧姆表功能，可以测量绝缘电阻和环阻。

3. 电桥测距接线方法

以最常见的芯线对地绝缘不良故障(接地)为例：

(1)确定电缆故障区间，在近端接仪器测试，在远端做接线配合。

(2)在所有故障线中找出一条对地绝缘电阻较小且稳定的线作为待测故障线，在线路两端将故障线与其他线路断开。

(3)再找出一条对地绝缘良好的芯线作为辅助线，在两端将与其连接的其他线路断开。好线对地电阻要高于故障线对地电阻 100～1 000 倍以上，越大越好。

(4)在远端将好线与故障线良好短接。

(5)将测试导引线控制盒开关打到“电桥”挡，对应的 3 条测试线中，红色、蓝色测试线接故障线和好线，黑色线接地。接线如图 2—37 所示。

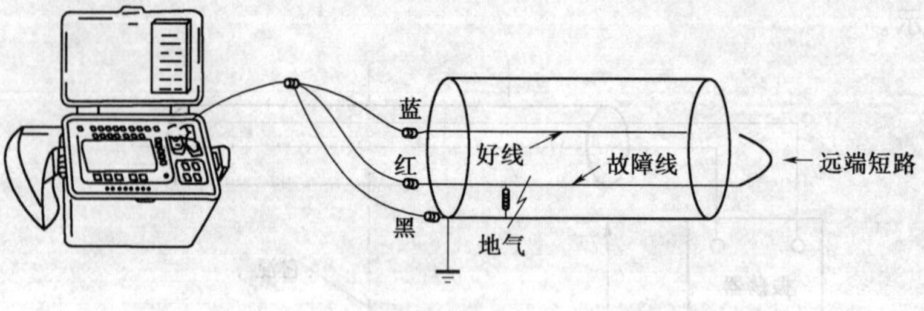


图 2－37　对地绝缘不良故障接线示意

(6)自混和它混故障的测试接线除了黑色夹子接线不同外,其他和接地接线一致,如图2－38 所示。

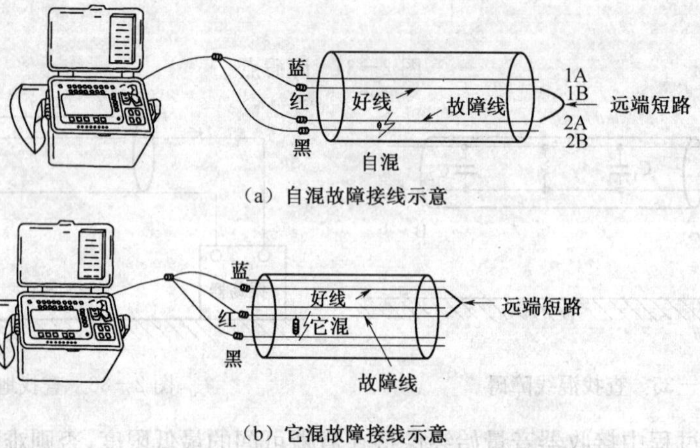


图 2－38　自混、它混故障接线示意

4. 电桥测试

在测试前,应仔细检查接线是否正确,尤其要确认对端是否已环路。按"测试"键,这时屏幕左下部显示"请稍候…",仪器首先测量线路绝缘电阻和环路电阻,显示于屏幕最上部,如图2－39 所示。

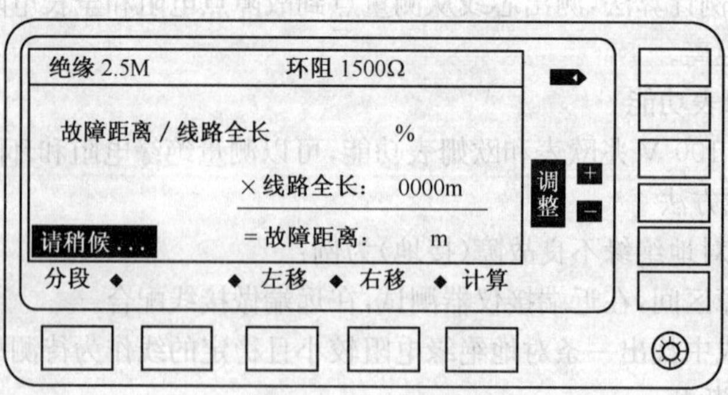


图 2－39　电桥测试

如果电缆对端没有短接,则分别显示红线对黑线的绝缘电阻、蓝线对黑线的绝缘电阻,以及"未环路"字样。这时需要检查接线是否正确,然后再重新测试。

如果接线正确,则仪器会继续进行内部调整、增益调节、测量并计算,最后得到故障距离和全长的比例,即"故障距离/线路全长"。例如故障距离为 600 m,全长为 1 000 m,则得到的比值为 60%。整个测试过程大约需要 1 min。

5. 计算故障距离

(1)电缆全长

要得到电缆全长有两种方法:一种是查阅图纸,将电缆各段长度相加即得到电缆全长,注意电缆在两端和接头处的盘留都要计入在内;另一种是利用仪器的脉冲测试法测量全长。

(2)电缆不分段时的输入方法

一般情况下,待测电缆的故障区间由同一线径的电缆组成,电缆不分段,这时输入线路全长即可。如线路全长为 1 580 m,在仪器上输入 1 580,输入完成,按“计算”键,将会得到故障距离,如图 2—40 所示。

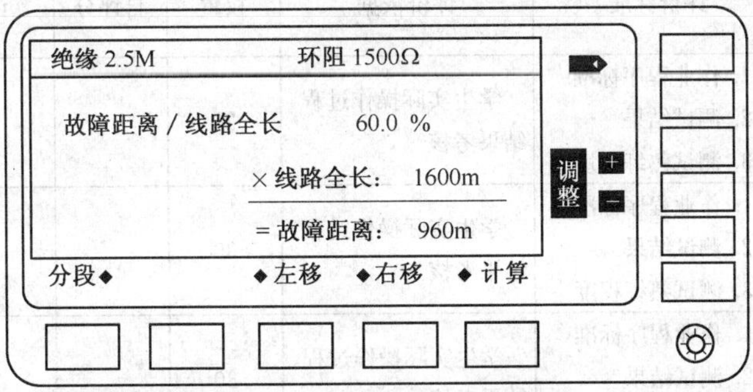


图 2—40　计算故障距离

(3)电缆分段时的输入方法

有些情况下,待测电缆故障区间由数段不同线径的电缆组成,由于不同线径的芯线有不同的单位长度电阻,如果不校准,最后得到的故障距离误差将比较大。这时需要通过按“分段”键分别输入电缆每一段的长度和线径。

6. 测试技巧与注意事项

(1)一定要重视接线,首先是选线,其次要搞清红、蓝、黑 3 线各自接谁。

(2)测试经过了比正常测试长的时间,最后显示“测试失败”,可以多次重复测试。如果连续多次显示干扰过大,可以等线路相对空闲时再进行测试。

(3)多次复测。若干扰太大,得到的结果不对,需要等线路相对空闲时再测。

(4)寻找故障点。在寻找故障点时,要将测试结果和周围情况结合考虑。根据测试结果判断大概位置会有误差,因此要在前后一定范围内寻找可疑点。

(五)绝缘电阻的测量

具体测量方法见本项目的模块一。

(六)利用兆欧表测试绝缘电阻

利用 QZ3 型兆欧表测试绝缘电阻的方法如下,关于 QZ3 型兆欧表的简介见本项目的模块二。

(1)测试芯线间绝缘电阻的方法是,将兆欧表的 L 接线柱接一根芯线,E 接线柱接至另一根芯线,G 保护环接地,测试时要把仪表放平,然后摇动手摇发电机,转速由慢逐渐加快,表针稳定后即可直接读出绝缘电阻值。

其中,单位绝缘电阻数值=电缆芯线测试读数值×电缆长度(单位:MΩ · km)。

(2)测试芯线对地(电缆屏蔽层)之间的绝缘电阻方法是,将芯线与金属屏蔽层之间保持开路,L 接线柱接至被测芯线,E 接线柱接至金属屏蔽层,G 保护环接至芯线绝缘层表面。

## 五、评价完成质量

(一)各小组介绍工作流程步骤,并演示操作过程、展示接续成果。

(二)学生按线务员作业程序、国家标准进行自评和互评。

(三)教师评价:教师对学生整个工作过程、结果进行评价,指出每个小组及成员的优点,并提出改进建议,综合评价学生各项能力。

(四)评价方案见表 2—15。

表 2—15 评价方案

| 评价指标<br>(依据教学阶段设计) | 评价标准 | 评价依据 | 权重 | 自评分 | 互评分 | 教师评分 | 平均分 |
|---|---|---|---|---|---|---|---|
| 电缆障碍性质测试 | 1. 作业程序标准<br>2. 测试结果<br>3. 测试熟练程度 | 学生实际操作过程、结果考核 | 20 | | | | |
| 电缆线路混线、地气故障测试 | 1. 作业程序标准<br>2. 测试结果<br>3. 测试熟练程度 | 学生实际操作过程、结果考核 | 30 | | | | |
| 电缆经路埋深测试 | 1. 作业程序标准<br>2. 测试结果<br>3. 测试熟练程度 | 学生实际操作过程、结果考核 | 30 | | | | |
| 电缆绝缘电阻测试 | 1. 作业程序标准<br>2. 测试结果<br>3. 测试熟练程度 | 学生实际操作过程、结果考核 | 10 | | | | |
| 评价完成质量 | 1. 作业程序<br>2. 行业标准 | 1. 实际操作过程<br>2. 学生测试结果 | 10 | | | | |

## 六、相关理论知识

(一)电缆障碍产生的原因

1. 电缆本身的障碍

电缆在生产过程中,可能因扭距、绝缘材料结构不均匀而引起的串音、杂音;或是产品质量检验不严格,个别线对造成地气、断线、混线等。

2. 施工过程中造成的障碍

在施工过程中,由于电缆接头处理不当等造成的电缆芯线障碍。

3. 外界影响造成的障碍

外界影响造成的障碍包括:施工影响、电击和雷击、鸟啄、鼠咬、白蚁啃咬等、灾害影响、人为损伤。

(二)电缆障碍修复要求

(1)当电缆发生障碍时应以"尽快地恢复通信"为原则,对于重要用户必须采取适当的措施,先恢复通信。

(2)同时发生几种障碍时,应先抢修重要的和影响较多用户的电缆。

(3)查找电缆障碍时,应先测定全部障碍线对并确定障碍的性质。根据线序的分布情况及配线表分析障碍段落，再用仪器测试、直接观察、充气检查电缆护套等方法确定障碍点。一般不得使用缩短障碍区间而大量拆接头或以开天窗的方法确定障碍点。

(4)修理电缆障碍的几项规定包括：

①障碍点芯线的绝缘物烧伤或芯线变色过多或过长时，应改接一段电缆。如果个别线对不良时，可以只改接部分芯线。

②电缆浸水后，在没有更好的办法之前，浸水段落应予以更换。

③不能因为修理障碍而产生新的反接、差接、交接、地气等障碍。同时在接续、封合以及建筑或安装上都要符合规格要求，更不得降低绝缘电阻，必须经测量室测好后才能封合。

④全塑电缆护套的修理可采用热缩管包封法及热缩管修补的产品进行修补。

⑤对自然恢复的障碍必须彻底追查，采取各种方法修复。电缆在发生少量线对故障时，为防止扩大，应及时追查。

⑥对电击障碍，除必须修复全部芯线障碍外，对外皮漏洞应仔细检查，恢复其原来保气程度。

(三)电缆进潮障碍的排除

全塑电缆护套受损后(或接头套管封合不良)同样会有潮气和水分进入电缆，芯线绝缘电阻不会马上显著降低阻断通信，但经过较长时间(芯线接续接线子不完善时时间较短)也会使绝缘电阻降低，影响通信的正常进行。

修复全塑电缆芯线故障时，如仅为少数线对芯线故障，驱潮后用含硅脂的接线子重新接续；如果大部分芯线阻断可按正常方法重新接续封合。

修复全塑电缆护套和接续套管的损坏，一般采用以下方法：对于非充气架空电缆，可用胶粘密封法，用二氯乙烯液体和过氯乙烯块状体，混合为一定浓度的混合液体的涂抹方法，涂抹前先把护套或套管两侧清洁打毛，把混合液均匀涂抹破损处两侧，一次不要涂抹太厚，否则会产生皱纹，一次不行时可涂抹 2～3 次，外缠塑料带保护。

修复全塑电缆护套和接续套管的损坏，一般采用以下方法：对聚氯乙烯护套电缆，可以使用旧电缆护套作为修补材料，用 795 胶或热熔胶如同修补自行车内带的方法，把塑料补皮及修补处护套清洁打毛，各涂 2 mm 左右胶液，视胶液性质立即(或凉片刻)将补皮紧贴破损处，压实固定。如果电缆内有气时，可先把电缆内气体放掉，修复后再行充气，带气修补容易粘接不牢。

对于非充气全塑电缆也可采用自粘胶带包缠法。缠自粘胶带时，应把自粘胶带拉长为原长的 100%～200%，每圈相互叠包一半，缠 2～3 层，胶带自粘一体；然后再缠两层 PVC 胶带加以保护。

修复全塑电缆护套和接续套管的损坏，一般采用以下方法：对于破损严重的电缆护套，可在芯线障碍修复后在护套破损处做一个假接头，采用剖式套管注塑法，注塑方法同前；或用热缩包管封合，热缩方法同前。国外各大公司生产用于修补护套的热缩包管，可选择合适的规格型号修补护套，质量安全可靠。

## 七、想 一 想

1. 对比分析可变比率臂测定法和固定比率臂测定法的特点。
2. 雷电对铁路通信电缆线路可造成什么影响？
3. 在工作中如何快速测定电缆故障位置？

# 项目三 光缆接续

光缆接续(Optical Fiber Cable Jointing)是指把一条光缆的终端与下一条光缆的始端连接起来的作业过程。光缆接头是光缆线路中最容易出故障的地方。大量统计资料表明:光缆线路故障80%发生在光缆接头上,其中接续不良占很大的比例。光缆接头施工质量是整个光通信系统能否稳定工作的关键之一。

光缆接续包括光缆护套接续和缆中光纤接续。接续要求是:光缆护套接续要求接续完成后恢复护套的完整性和密封性。这包括:固定光缆加强芯;保护光纤接头不受外界环境影响;为光纤接头和预留光纤提供必要的存贮空间;有的要求光缆护套提供地线,以保证一定的屏蔽性能。光纤接续一般要求附加损耗要小;接头可靠性要高,具有良好的机械性能;施工中接续时间要短,操作简单;具有一定的重复操作条件,预留一定的光纤长度;成本低廉。

**学习目标**

(一)掌握光纤光缆结构、种类及特性;

(二)能正确使用光纤熔接机;

(三)掌握光纤熔接;

(四)掌握光缆接续。

**工作任务**

(一)掌握光纤熔接机操作;

(二)掌握光纤熔接;

(三)掌握光缆接续。

## 模块一 光纤熔接

### 一、学习目标

(一)掌握光纤结构、种类及特性;

(二)会制作光纤端面;

(三)能正确使用光纤熔接机进行光纤熔接;

(四)会做接头保护。

### 二、工作任务

(一)正确使用光纤熔接机;

(二)除去光纤涂层;

(三)光纤端面制作;

(四)使用光纤熔接机熔接光纤;

(五)光纤接头损耗测量;

(六)做接头保护。

## 三、阅读与理解

### (一)光纤接续

光纤接续有熔接法、机械法、粘接法 3 种。

熔接法是指借助光纤熔接机,利用高压放电产生电弧,使光纤端面局部熔化合为一体。它无须外界物质,接续损耗小,接头可靠性高,操作较简便,因而应用广泛。采用熔控法接续光纤时,因光纤熔接部位强度和柔性较差,必须采用适当的补强方法增强光纤熔接部位的机械强度。光纤接头的补强方法在目前施工中大多采用热缩套管法。它包括一根套在光纤接头上的 EVA 乙烯醋酸乙烯热熔管,一根紧挨着它的不锈钢棒和一根套在它们外面的 PE 聚乙烯热收缩套管。对上述增强件加热后,EVA 管熔化成可塑状紧贴光纤,热收缩管收缩后将光纤接头紧固在不锈钢棒上。EVA 管起补强、防水作用,不锈钢棒起增强抗张强度和避免因热收缩管收缩引起接续部位微弯作用,热收缩管起收缩保护作用。

机械法主要采用 V 型槽板的 V 型槽接槽内,盖上盖板,使两端光纤能紧紧嵌入 V 型槽内,然后注入折射率匹配材料,如环氧树脂或硅油,再将两端光纤用两个夹盖夹住并模固,模固粘合材料为丙烯酸氰等。该方法对 V 型槽的精度要求极高,槽板及盖板材料的选择也很重要。

粘接法是利用化学粘合剂来完成接续。接续元件可以采用 V 型槽底板加盖板,也可以采用中间开有小孔的玻璃套管,将光纤端面放入或插入后,先进行轴向对准,再粘接固定。粘接剂要选用具有小的膨胀系数及性能稳定的材料,一般采用紫外固经胶。这种方法与熔接法相比,可以避免表面张力的影响,但接续损耗较高,且损耗值对环境变化比较敏感,所以工程上应用较少,中国国内主要用于光缆发生断纤故障时的光纤抢修接头。

光纤熔接法是光纤连接方法中最广泛的方法,它采用电弧焊接法,即利用电弧放电产生高温,使连接的光纤熔化焊接成一体,而且连接损耗很小,因此,熔接法是真正实现光纤连接的唯一有效的方法。

目前,工程中多采用高精度自动熔接机,光纤端面切割好后,光纤间的对准、调整、熔接及损耗测量等步骤都在微处理机的控制下自动完成,熔接质量很好,接头附加损耗可控制在 0.1 dB 以下。

### (二)光纤

#### 1. 光纤的结构

光纤是传光的纤维波导或光导纤维的简称。其典型结构是多层同轴圆柱体,如图 3-1 所示,自内向外为纤芯、包层和涂覆层。

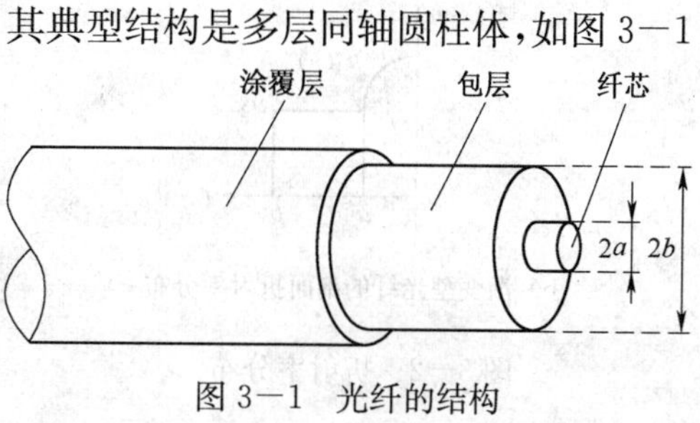

图 3-1　光纤的结构

折射率高的中心部分叫做纤芯,其折射率为 $n_1$,直径为 $2a$;折射率低的外围部分称为包层,其折射率为 $n_2$,直径为 $2b$。核心部分是纤芯和包层,其中纤芯由高度透明的材料制成,是光波的主要传输通道;包层的折射率略小于纤芯，使光的传输性能相对稳定。纤芯粗细、纤芯材料和包层材料的折射率，对光纤的特性起决定性影响。涂覆层包括一次涂覆、缓冲层和二次涂覆，保护光纤不受水汽的侵蚀和机械的擦伤，同时又增加光纤的柔韧性，起着延长光纤寿命的作用。

2. 光纤的分类

根据折射率在横截面上的分布形状划分，有阶跃型光纤和渐变型(梯度型)光纤两种，如图3－2所示。纤芯折射率 $n_1$ 沿半径方向保持一定，包层折射率 $n_2$ 沿半径方向也保持一定，而且纤芯和包层的折射率在边界处呈阶梯型变化的光纤称为阶跃型光纤，又称为均匀光纤。渐变型光纤纤芯折射率 $n_1$ 随着半径加大而逐渐减小，而包层中折射率 $n_2$ 是均匀的，这种光纤称为渐变型光纤，又称为非均匀光纤。

根据光纤中传输模式的多少，可分为单模光纤和多模光纤。单模光纤只传输一种模式，纤芯直径较细，通常为4～10 μm，适用于大容量、长距离的光纤通信。而多模光纤在一定的工作波长下，多模光纤是能传输多种模式的介质波导，多模光纤可以采用阶跃折射率分布，也可以采用渐变折射率分布，纤芯直径较粗，典型尺寸为50 μm左右。

按制造光纤所使用的材料分类，有石英系列、塑料包层石英纤芯、多组分玻璃纤维、全塑光纤4种。光通信中主要用石英光纤，以后所说的光纤也主要是指石英光纤。

另外，若按工作波长来分类，光纤还可分为短波长光纤和长波长光纤。

多模光纤可以采用阶跃折射率分布，也可以采用渐变折射率分布；单模光纤多采用阶跃折射率分布。因此，石英光纤大体可以分为多模阶跃折射率光纤、多模渐变折射率光纤和单模阶跃折射率光纤。它们的结构、尺寸、折射率分布及光传输的示意图如图3－3所示。

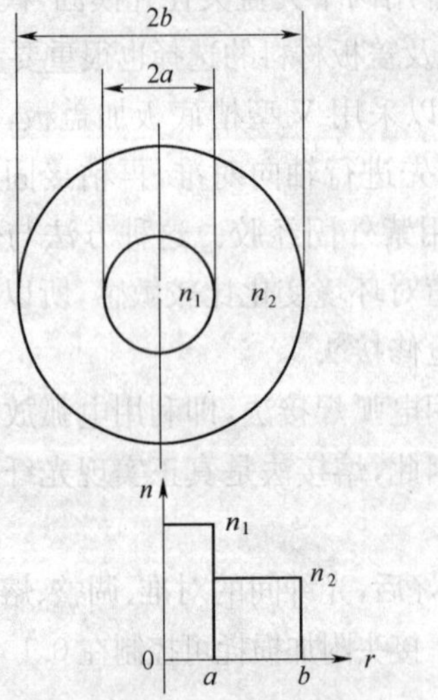


(a) 阶跃型光纤的剖面折射率分布

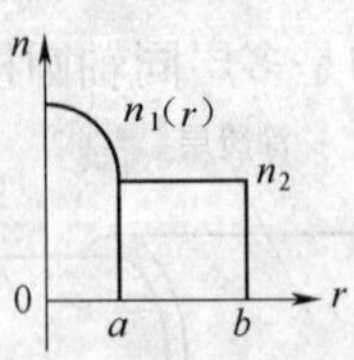


(b) 渐变型光纤的剖面折射率分布

图3－2　折射率分布

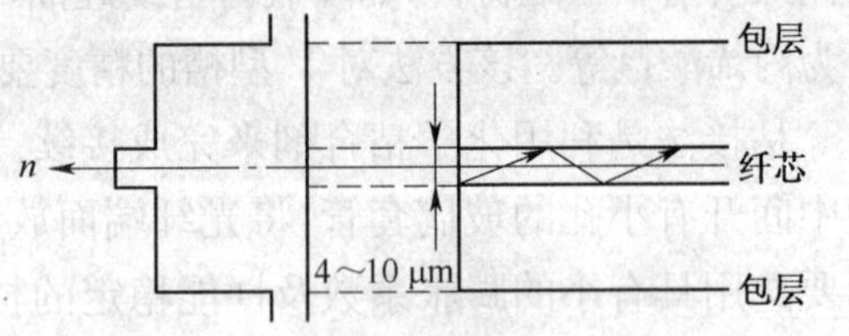


(a) 单模光纤

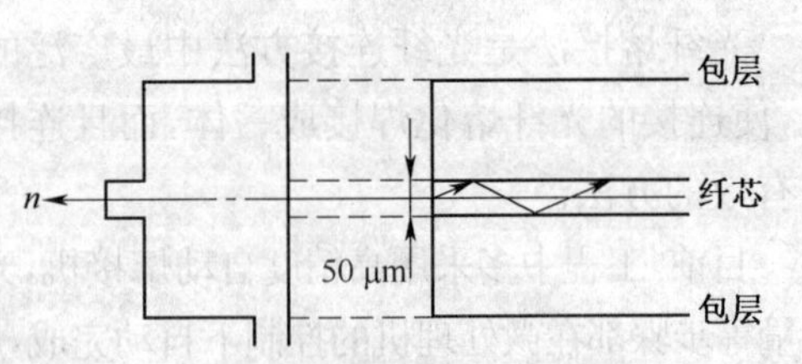


(b) 多模阶跃型光纤

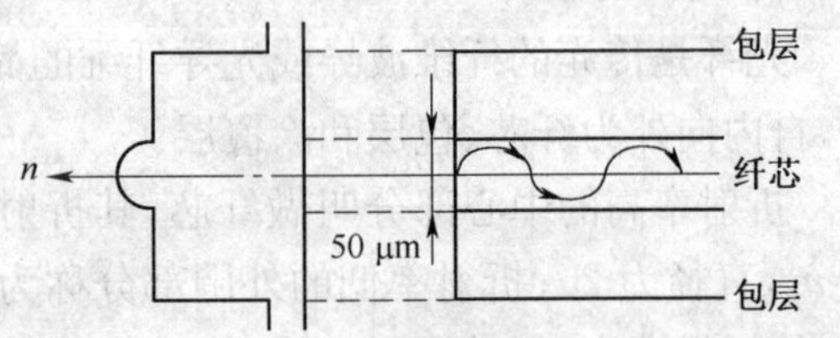


(c) 多模渐变型光纤

图3－3　光传输的示意图

3. 单模光纤的分类

ITU-T 建议规范了 G. 652、G. 653、G. 654 和 G. 655 这 4 种单模光纤。

(1)G. 652 光纤

G. 652 光纤也称标准单模光纤(SMF),是指色散零点(即色散为零的波长)在 1 310 nm 附近的光纤。

(2)G. 653 光纤

G. 653 光纤也称色散位移光纤(DSF),是指色散零点在 1 550 nm 附近的光纤,它相对于 G. 652 光纤,色散零点发生了移动。

(3)G. 654 光纤

G. 654 光纤是截止波长移位的单模光纤。其设计重点是降低 1 550 nm 的衰减,其零色散点仍然在 1 310 nm 附近,因而 1 550 nm 窗口的色散较高。G. 654 光纤主要应用于海底光纤通信。

(4)G. 655 光纤

由于 G. 653 光纤的色散零点在 1 550 nm 附近,DWDM 系统在零色散波长处工作易引起四波混频效应。为了避免该效应,将色散零点的位置从 1 550 nm 附近移开一定波长数,使色散零点不在 1 550 nm 附近的 DWDM 工作波长范围内。这种光纤就是非零色散位移光纤(NDSF)。

这 4 种单模光纤的主要性能指标是衰减、色散、偏振模色散(PMD)和模场直径。另外 G. 653 光纤是为了优化 1 550 nm 窗口的色散性能而设计的,但它也可以用于 1 310 nm 窗口的传输。由于 G. 654 光纤和 G. 655 光纤的截止波长都大于 1 310 nm,所以 G. 654 光纤和 G. 655 光纤不能用于 1 310 nm 窗口。

## 四、实践与操作

### (一)熔接机操作

熔接机(以 AV6491A 型光纤熔接机为例)在安装调整完毕后,即可进行光纤接续。有 3 种操作方式供选择,在光纤工程施工时,用全自动操作方式。只有在特种光纤接续或现场不能自动操作时选用其他方式。

1. 手动熔接方式

(1)小心地打开防尘罩,把处理好的裸光纤(切段长为 15～17 mm)装入两待接光纤,使光纤在显示屏上可见但不重叠,然后轻轻放下防尘罩。

(2)判断一下端面是否可用。若端面有毛刺、太脏或端面角太大则不能接续,需重新制备端面。若光纤图像模糊或明显偏离显示屏中心位置,则重装光纤并清洁裸光纤和 V 型槽。

(3)使用【*L*＜＝＞*R*】、【◀】和【▶】3 个键,将左右光纤调到屏幕中心,并预留 1～2 mm 间隙。特殊情况下,该间隙大小可以改变。间隙的大小应跟所选的电流大小、时间长短和推进量相匹配,需要在实际操作时根据光纤类型和环境进行调整。

(4)使用【L＜＝＞R】、【▲】和【▼】3 个键完成手动对芯。

(5)使用【熔接】键,熔接机将完成光纤的接续并估计接续损耗。

2. 半自动熔接方式

(1)操作同手动方式中(1)和(2)。

(2)按【间隙】键,熔接机自动完成光纤的清洁及间隙调整。

(3)按【对芯】键，熔接机自动完成两光纤对芯。

(4)按【熔接】键，熔接机完成熔接，并估计接续损耗。

3. 全自动熔接方式

(1)操作同手动方式中(1)和(2)。

(2)按【自动】键，熔接机自动完成光纤清洁、间隙调整、对芯、熔接、估计损耗等操作。

特别注意的是：半自动熔接方式是光纤接续过程的分解；全自动熔接方式是最常用的操作方式，方便快捷；自动和半自动熔接方式具有端面检测功能，端面角过大会严重影响接续损耗，端面角门限有4挡可选；手动熔接方式多在讲解光纤熔接过程和特殊光纤熔接时使用。

4. 注意事项

(1)装光纤时要小心，裸光纤端部不要擦、触任何物体。

(2)光纤被覆层的端部应压夹持台座边沿。

(3)应确保被覆光纤压板压紧被覆光纤；关闭防尘罩时，注意防尘罩不要压住光纤。

(二)熔接设备及仪器

熔接设备及仪器包括涂覆层剥线钳、光纤切割刀、光纤熔接机、热缩套管、两段光纤、酒精和脱脂棉。

(三)熔接步骤

1. 准备

准备熔接所需设备及仪器，摆放整齐。打开光纤熔接机电源，选择熔接机的熔接模式：SM用于熔接单模光纤，MM用于熔接多模光纤，DS用于熔接色散位移光纤。设置预熔时间、预熔电流、熔接时间、熔接电流、重叠量、端面角和间隙等熔接参数。

2. 制作光纤端面

(1)清洁光纤涂覆层

用蘸有酒精的脱脂棉擦洗光纤的涂覆层约100 mm，以去除光纤覆层上的灰尘或其他杂质，避免灰尘或杂质进入光纤热缩管，造成光纤的断裂。

(2)套光纤热缩管

将其中一段光纤轻轻地穿过热缩管，如图3－4所示。

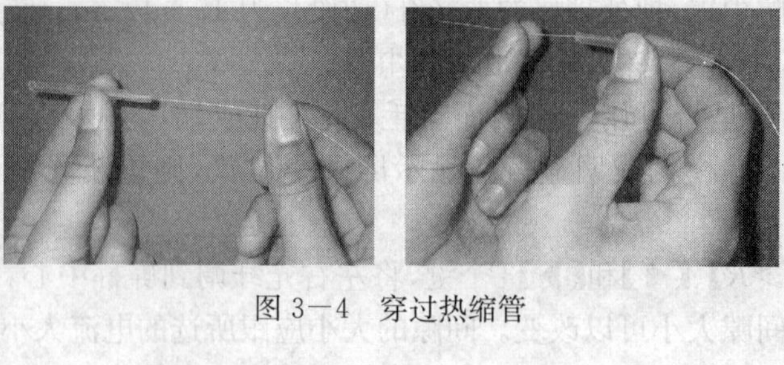

图3－4　穿过热缩管

(3)去除涂覆层

剥涂覆层时左手持纤，使之水平，注意不要将光纤在手指上打环，右手握住剥线钳，用钳口卡住光纤约35 mm处，使剥线钳与光纤轴线之间的夹角约45°，如图3－5所示。右手均匀用力顺光纤轴向平行推出，整个过程要自然流畅，一气呵成。

(4)清洁裸纤

将脱脂棉撕成层面平整的扇形小块，蘸上适量酒精，折成V型，夹住已剥除涂覆层的光纤，顺光纤轴向擦拭。一块棉花使用 2～3 次后要及时更换，防止对裸纤造成污染。

(5)切割光纤端面

这一步骤是利用光纤的脆性来切割断面，先用金刚刀在光纤表面上，沿垂直于光纤轴线的方向划一道划痕，再施加拉伸应力，光纤在划痕位置上自然断裂，以获得平整的端面。其原理如图 3－6 所示。

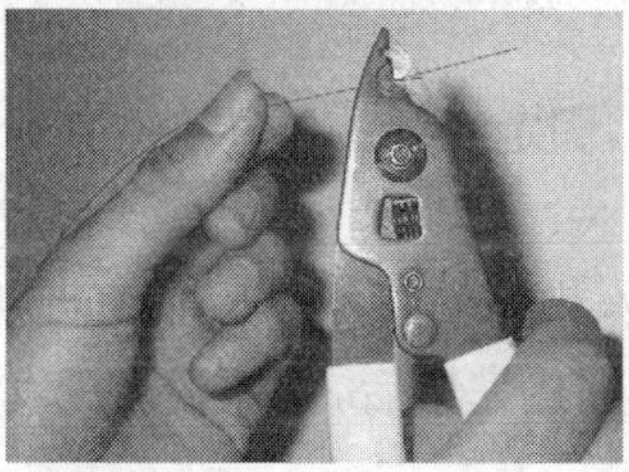

图 3－5　剥除涂覆层

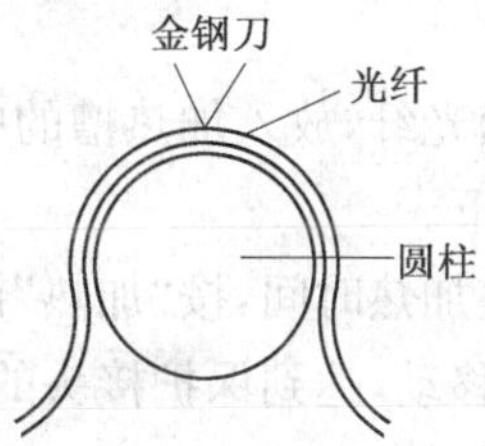


图 3－6　光纤切割方法示意图

①掀开光纤切割刀的夹具，提起砧座，沿箭头所指相反方向滑动刀座。

②将清洁过的光纤放入 V 型槽中，单模光纤切割长度约 17 mm。

③轻轻的关闭夹具直到听到"咔哒"声；沿箭头方向轻轻的推动刀座，用手指按下砧座。按下砧座时不要用力太大，防止砧板压断有划痕处的光纤。

④提起砧座，去除光纤切割碎片，打开夹具，从 V 型槽中取出光纤。

⑤将切割好的光纤放入熔接机光纤夹板的 V 型槽中，并观察端面的平整情况。若平整度较差，重新制作光纤端面。

3. 光纤熔接

(1)打开光纤熔接机防风罩。

(2)打开左、右光纤压板。

(3)将光纤垂直平放于 V 型槽中，使光纤端面放置在 V 型槽前端和电极中心线之间，在显示屏上观察到两个端面，如图 3－7 所示。放置光纤时应避免光纤端面接触任何物体，以免损伤端面。

(4)轻轻关闭光纤压板以压住光纤。

(5)关闭防风罩。

(6)进行熔接的步骤包括：

①清洁光纤端面。

②进行间隙调整，在这一过程中，光纤熔接机将测量每根光纤的切割角度，并在 X 场、Y 场对准光纤。当光纤状态有误或切割角度超出切割角度容限时，会发出警告，并显示错误信息，此时需重新制备端面。

图 3－7　熔接机中放置光纤

③对芯。

④熔接：熔接机自动对准两侧光纤后，产生一个高压放电电弧，使两端的光纤熔接在一起。

若采用"自动"方式，光纤熔接机自动完成①～④步骤。

(7)熔接检查及损耗估算。观察接头处是否出现太粗、太细情况，有无气泡。读取屏幕上显示的熔接损耗估算值，并记录。

(8)打开防风罩，打开左、右光纤夹具，取出熔接好的光纤。

4. 接头保护

(1)打开光纤加热器防风罩和左、右光纤压板。

(2)将热缩套管滑至光纤熔接处的中心，使得热缩套管盖住两端光纤涂覆层不小于10 mm。

(3)拉紧光纤，放入加热槽的中心位置，按下左右压板，固定光纤。放置热缩套管时确保加固金属体朝下。

(4)调整加热时间，按"加热"键，对光纤接头进行加热，热缩套管加热后收缩，使得光纤不可在套管内移动，达到保护接头的目的，如图 3－8 所示。加热完毕后，光纤熔接机发出声音告警且加热灯熄灭。

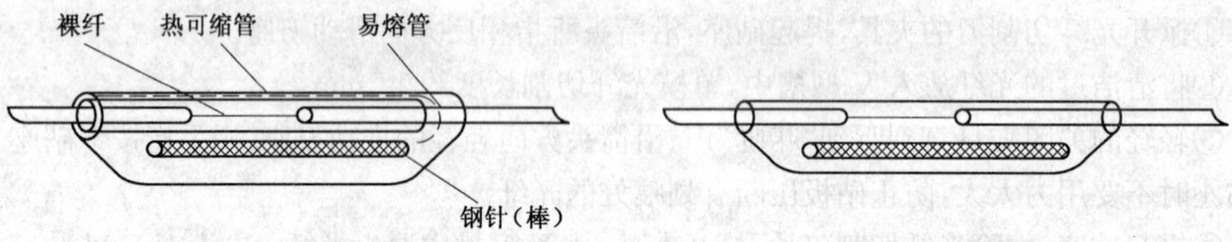


图 3－8　光纤接头热可缩补强保护法

(5)打开左右加热器夹具，拉紧光纤，轻轻取出加固后的熔接点，检查热加固质量，以裸纤平直、接头处热缩套管无泡为佳。

## 五、评价完成质量

(一)各小组介绍工作流程步骤，并演示操作过程、记录熔接损耗数值、展示接续成果。

(二)学生按线务员作业程序、国家标准进行自评和互评。

(三)教师评价：教师对学生整个工作过程、结果进行评价，指出每个小组及成员的优点，并提出改进建议，综合评价学生各项能力。

(四)评价方案见表 3－1。

**表 3－1　评 价 方 案**

| 评价指标（依据教学阶段设计） | 评价标准 | 评价依据 | 权重 | 自评分 | 互评分 | 教师评分 | 平均分 |
|---|---|---|---|---|---|---|---|
| 正确使用光纤熔接机 | 1. 作业程序标准<br>2. 熟练程度 | 学生实际操作过程、结果考核 | 20 | | | | |
| 制作光纤端面 | 1. 制作光纤端面程序标准<br>2. 制作光纤端面的尺寸<br>3. 熟练程度 | 学生制作的光纤端面 | 20 | | | | |

续上表

| 评价指标（依据教学阶段设计） | 评价标准 | 评价依据 | 权重 | 自评分 | 互评分 | 教师评分 | 平均分 |
|---|---|---|---|---|---|---|---|
| 光纤熔接 | 1. 作业程序标准<br>2. 熔接损耗<br>3. 熟练程度 | 学生熔接的光纤 | 30 | | | | |
| 接头保护 | 1. 作业程序标准<br>2. 接头保护的尺寸<br>3. 熟练程度 | 学生制作的接头保护 | 20 | | | | |
| 评价完成质量 | 1. 作业程序<br>2. 行业标准 | 1. 实际操作过程<br>2. 学生作品 | 10 | | | | |

## 六、相关理论知识

### (一)光纤导光原理

#### 1. 有关光学概念

(1)折射率

光线在不同的介质中以不同的速度传播，描述介质的这一特征的参数就是折射率，也称折射指数。折射率可由下式确定：

$$n=\frac{c}{v} \tag{3-1}$$

式(3-1)中，$c$ 是真空中的光速，$v$ 是透明介质中的光速，物质的折射率表明光在不同的透明介质中的光速是不同的。如果有两种不同折射率的介质交界，则折射率较大的叫光密介质，折射率较小的叫光疏介质。值得指出的是，虽然光在真空中传输速度是 $c$，但在各种透明介质中传输速度不一样，而且，即使在同一种透明介质中，不同的波长也具有不同的速度，也就是说，同一介质对不同波长的光呈现出不同的折射率。所以说某介质具有某折射率，必须指明是相对于哪一种波长的单色光，如果不说明，就是对纳黄光(波长 589 nm)而言的。

(2)光的折射和反射

光在均匀介质中传输，又遇到另一种介质，即光线射到两种介质界面上时，会分成两部分，一部分仍在原介质中传输，但改变了传输方向，形成反射光线，另一部分进入另一介质中传输，一般也改变了传输方向，形成折射光线。光的折射和反射如图 3－9 所示。

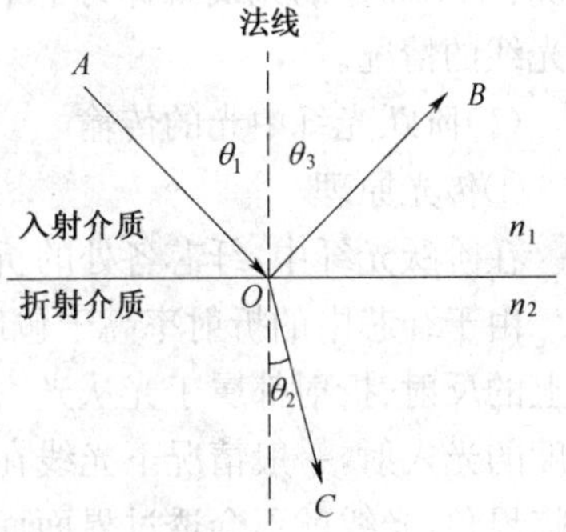


图 3－9　光的折射和反射

光的反射遵循反射定律：①反射光线跟入射光线和法线在同一平面上，反射光线和入射光线分居于法线两侧；②反射角等于入射角：$\theta_1=\theta_3$。

光的折射遵循折射定律：①折射光线跟入射光线和法线在同一平面上，折射光线和入射光线分居于法线两侧；②折射角与入射角的关系是：$n_1\sin\theta_1=n_2\sin\theta_2$，

可以写成：

$$\frac{n_1}{n_2}=\frac{\sin\theta_2}{\sin\theta_1} \tag{3-2}$$

当 $n_1<n_2$ 时，$\dfrac{n_1}{n_2}=\dfrac{\sin\theta_2}{\sin\theta_1}<1$，因此 $\sin\theta_2<\sin\theta_1$，即 $\theta_2<\theta_1$。即光从光疏介质射入光密介质时，折射角小于入射角，折射光线偏向法线。

当 $n_1>n_2$ 时，$\dfrac{n_1}{n_2}=\dfrac{\sin\theta_2}{\sin\theta_1}>1$，因此 $\sin\theta_2>\sin\theta_1$，即 $\theta_2>\theta_1$。即光从光密介质射入光疏介质时，折射角大于入射角，折射光线偏离法线。如果进一步增大入射角 $\theta_1$，则折射角 $\theta_2$ 也总是随着增大，于是，相对于某一入射角，入射光的折射角会达到 90°，折射光将沿着界面传输，这时，若入射角 $\theta_1$ 继续增大，光就不再进入光疏介质，全部被反射回来，这种现象称为全反射。我们把折射角刚好达到 90°时的入射角称为临界角（$\theta_c$）。此时：$n_1\sin\theta_c=n_2\sin 90°=n_2$

$$\sin\theta_c=\frac{n_2}{n_1} \tag{3-3}$$

$$\theta_c=\arcsin\left(\frac{n_2}{n_1}\right) \tag{3-4}$$

显然只有 $n_2\leqslant n_1$，式(3－4)才有实数值，可知只有光线从光密介质射入光疏介质时才能发生全反射，如图 3－10 所示。

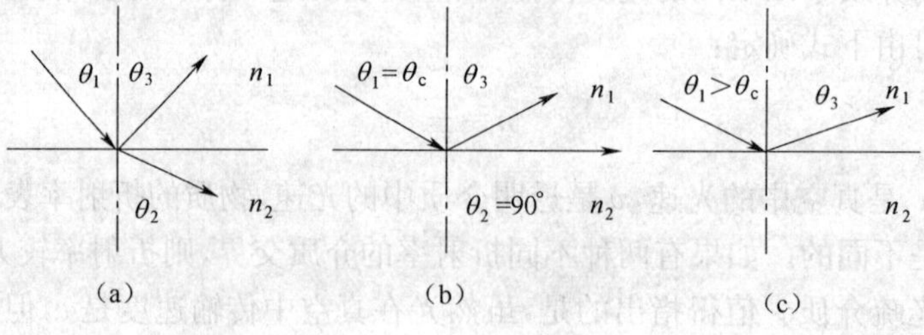


图 3－10 光的全反射

2. 光纤中光的传输

在光纤中，过光纤的轴线可以作很多平面，称为子午面。从端面进入光纤的光线分为两种情况：子午面上的光线就称为子午光线；不在子午面上的光线就称为斜射光线。这里仅考虑子午光线的情况。

(1)阶跃光纤中光的传输

①传光原理

在阶跃光纤中，纤芯各处的折射率均等于 $n_1$，包层各处的折射率均等于 $n_2$，且有 $n_1>n_2$。

由于纤芯中的折射率高于包层的折射率，从光纤端面入射到纤芯中的光在纤芯与包层界面上的反射、折射都属于光从光密介质射入光疏介质的情况。在芯包界面上的某点会有不同角度的光入射，一般情况下光线在该点一部分反射一部分透射，一旦在该点的入射角大于全反射临界角，光线就不会透过界面而发生全反射现象。满足全反射条件的光线就会在光纤中连续反射向前传输，走着一条“之”字形的道路。从几何光学的角度看，光纤就是靠纤芯内部的全反射传输的，包层起着壁垒作用。阶跃光纤传光原理如图 3－11 所示。

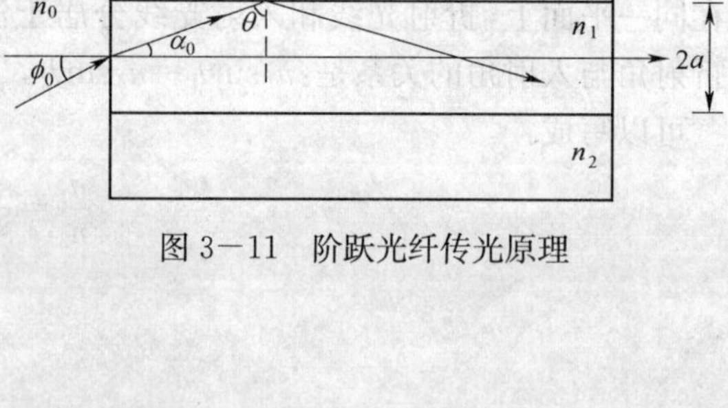


图 3－11 阶跃光纤传光原理

②光学参数

光纤内的光线在界面上发生全反射，就是要求入射至芯包界面上的角度大于全反射临界角 $\theta_1 > \theta_c$，而入射角为 $\theta_1$ 的光线又是从光纤端面入射的，所以芯包界面上的入射角度满足全反射临界角 $\theta_1 > \theta_c$ 的光线，在光纤端面有对应的角度范围，称为光纤的受光角 $\phi_0$。

在光纤端面上，折射定律成为：

$$n_0 \sin\phi_0 = n_1 \sin\alpha_0 = n_1 \sin(90° - \theta) = n_1 \cos\theta = n_1 \sqrt{1 - \sin\theta^2}$$

$$因为 \sin\theta = \frac{n_2}{n_1}，所以 n_0 \sin\phi_0 = n_1 \sqrt{1 - \left(\frac{n_2}{n_1}\right)^2} = n_1 \sqrt{\frac{2(n_1^2 - n_2^2)}{2n_1^2}} = n_1 \sqrt{2\Delta}$$

$$其中 \Delta = \frac{(n_1^2 - n_2^2)}{2n_1^2} = \frac{(n_1 - n_2)(n_1 + n_2)}{2n_1^2} \approx \frac{n_1 - n_2}{n_1} \qquad (3-5)$$

$\Delta$ 称为相对折射率差。因为纤芯和包层的折射率相差很小，故可以用 $(n_1 + n_2)/n_1 \approx 2$ 近似计算，再注意到空气的折射率 $n_0 = 1$，当 $\phi_0$ 比较小时 $\sin\phi_0 = \phi_0$，所以光纤的受光角

$$\phi_0 \approx n_0 \sin\phi_0 = n_1 \sqrt{2\Delta} \qquad (3-6)$$

光纤的受光范围为 $\pm\phi_0$，只有入射角在此范围内的光才能在光纤中传输，入射角再增加，光线将不断进入包层而损耗掉。实际上光纤的受光范围是一个半角为 $\phi_0$ 的圆锥。为了表示光纤接受光线的能力大小，将 $NA$ 定义为光纤的数值孔径(Numerical Aperture)。

$$NA = n_0 \sin\phi_0 = 1\sin\phi_0 = n_1 \sqrt{2\Delta} \qquad (3-7)$$

数值孔径只取决于有关折射率，与光纤的几何尺寸无关。数值孔径越大，光纤接受光线的能力就越大，此时相对折射率差 $\Delta$ 越大。因为纤芯和包层的折射率相差很小，所以通信用光纤称为“弱导光纤”。

(2)渐变光纤中光的传输

①传光原理

在渐变光纤中，纤芯折射率是径向坐标的函数，轴心最大，沿径向逐渐变小。若以 $n_1$ 表示轴心处的折射率，$n_2$ 仍表示包层的折射率，那么一般的渐变光纤(W 型光纤除外)都有 $n_{(r)} > n_2$。对于渐变光纤，可以假设纤芯由许多同轴的均匀层构成，它们从里至外每一层的折射率越来越小，如图 3－12 所示。

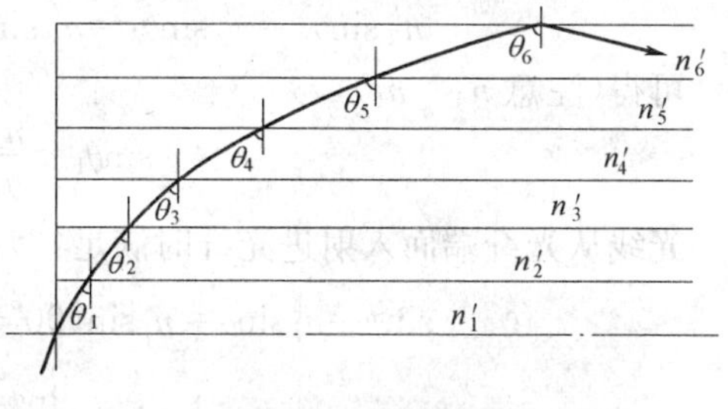


图 3－12　光线从光密介质射向光疏介质的光线

注：(1)沿径向从里向外是光密到光疏介质，每一次折射都偏离法线。

(2)根据光的折射定律，在光纤内部每一层都有 $n'_1 \sin\theta_1 = n'_2 \sin\theta_2 = \cdots = n'_N \sin\theta_N = n_2 \sin 90° = n_2$。

设中心层的折射率为 $n_1$，有 $n_1 = n'_1 > n'_2 > n'_3 > n'_4 > n'_5 > \cdots > n_2$，即光纤的折射率从中心起沿径向逐渐变小，直到纤芯与包层的界面，折射率与包层相同。此时，从中心射向包层的光线都属于从光密介质射向光疏介质的情况。虽然每一均匀层内的光线都是直线，但各层光线会不断偏离法线，即光线方向从中心沿径向逐渐改变，入射角越来越大，弯折越来越强烈。假设在折射率为 $n'_5$ 的那一层，光线的入射角已经完全满足全反射条件，那么光线的方向就不再朝向包层，而是朝向轴心了，这时的光线入射变成了从光疏介质射向光密介质的情况，入射角越来越小，各层光线会不断偏向法线。通过轴心之后，光线又变成从光密介质射向光疏介质的情况，重复前述的折射过程。总之，沿径向从里向外是光密到光疏介质，从外向里是光疏到光密介质。在包层处不满足全反射条件的光线会透

射进包层，不能在光纤中传输。如果层数变多，各层厚度变薄，甚至趋近于零，折射率按照某种规律 $n_{(r)}$ 沿径向减小，于是纤芯中的光线路径就不再是一段段的折线，而是变成了一条连续弯曲的曲线，光线路径周期性地穿过轴心，好象正弦波震荡一样。当光垂直于光纤端面入射到光纤的中心时，它沿折射率最高的轴心向前传输，走过的路径与轴心重合，这时“振幅”为 0，是最短的路径，以其他角度入射的光线，只要在到达芯包界面之前或之时满足全反射条件，就会形成“振幅”不同的“正弦波”路径，如图 3－13 所示。

②光学参数

渐变光纤的受光角比较复杂。因为纤芯的径向折射率是变化的，光在光线端面上不同位置入射，受光能力各不相同；其次渐变光纤是靠折射集中在光纤中的，所谓受光能力也要从折射的角度去理解。设 A 和 B 从光纤端面 P 点入射，P 点离轴心的距离为 $r_0$，该点的折射率是 $n_{(r_0)}$。由于 A、B 两点入射角不同，这两条光线的路径也不同。每条光线都有一个转折点，是光线离开轴心的最远点，设它与轴心的距离为 $r_m$。所有可传输光线的 $r_m$ 必定小于或等于光纤半径 $a$，否则将进入包层而不能在光纤中传输，因此，对于可传输光线有 $r_m \leqslant a$ 或者 $r_{m\,max}=a$。

$r_{m\,max}$ 代表 $r_m$ 最大值，与它对应的光纤端面的入射角也最大，这个入射角就是受光角，如图 3－14 所示。

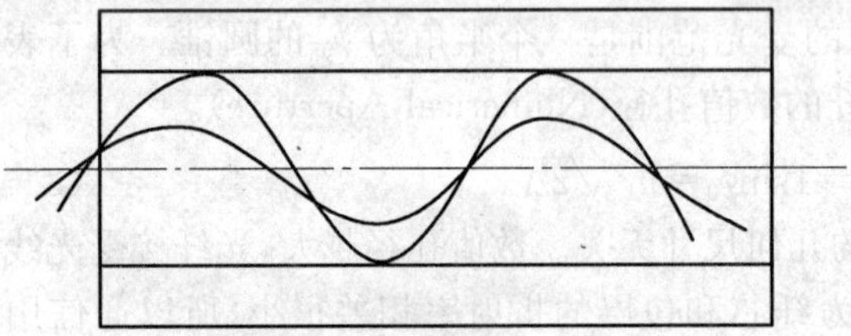

图 3－13 渐变光纤传光原理

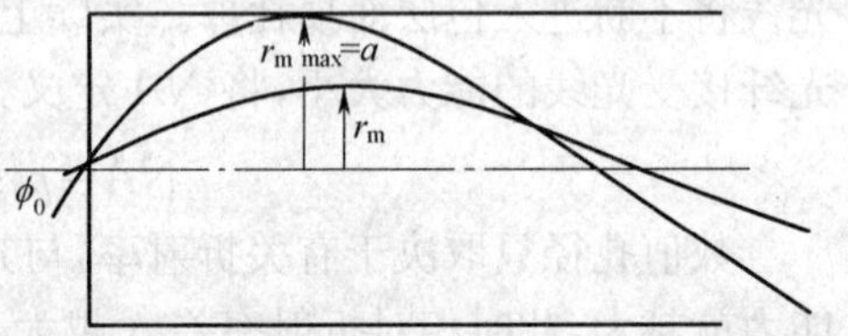


图 3－14 渐变光纤的受光角

根据光的折射定律，在光纤内部有：

$$n'_1\sin\theta_1=n'_2\sin\theta_2=n'_3\sin\theta_3=\cdots n'_N\sin\theta_N=n_2\sin 90^\circ=n_2 \tag{3-8}$$

可得(注意 $n'_1=n_1$)

$$\sin\theta_1=\frac{n_2}{n_1},\theta_1=\arcsin\frac{n_2}{n_1} \tag{3-9}$$

光线从光纤端面入射进光纤时满足：

$$\sin\phi=n_1\sin\alpha=n_1\sin(90^\circ-\theta_1)=n_1\cos\theta_1=n_1\sqrt{1-\sin^2\theta_1} \tag{3-10}$$

$$\sin\phi\leqslant\sqrt{n_1^2-n_2^2} \tag{3-11}$$

与阶跃光纤一样定义数值孔径，有

$$NA=\sin\phi_0=\sqrt{n_{(0)}{}^2-n_2^2}=n_{(0)}\sqrt{2\Delta} \tag{3-12}$$

此处 $n_{(0)}$ 为光纤轴心处的折射率。因为渐变光纤轴心处折射率最大，称此结果为多模渐变光纤子午光线最大理论数值孔径。由此可见，当 $n_{(0)}$ 与 $n_{(a)}$ 给定后渐变光纤的受光能力比阶跃光纤要小。

在光纤接续中，了解数值孔径大小很重要，如果把数值孔径不同的光纤接在一起，接续部位光的全反射条件被破坏，一部分光折射进包层之中，会造成光功率的损耗。

(二)光纤的几何特性

光纤的几何特性包括芯直径、包层直径、纤芯/包层同心度、不圆度和光纤翘曲度等。

1. 芯直径

芯直径主要是对多模光纤的要求。ITU-T 规定，多模光纤的芯直径为 50 μm±3 μm。

2. 包层直径

包层直径指光纤的外径，ITU-T 规定，多模及单模光纤的包层直径均要求为 125 μm±3 μm。

目前，光纤生产制造商已将光纤外径规格从 125.0 μm±3 μm 提高到 125.0 μm±1 μm。

3. 纤芯/包层同心度和不圆度

纤芯/包层同心度是指纤芯在光纤内所处的中心程度。目前光纤制造商已将纤芯/包层同心度从小于或等于 0.8 μm 的规格提高到小于或等于 0.5 μm 的规格。

不圆度包括芯径的不圆度和包层的不圆度。ITU-T 规定，纤芯/包层同心度误差不超过 6%(单模为小于 1.0 μm)，芯径不圆度不超过 6%，包层不圆度(包括单模)小于 2%。

4. 光纤翘曲度

光纤翘曲度指在特定长度光纤上测量到的弯曲度，可用曲率半径来表示弯曲度。翘曲度(即曲率半径)数值越大，意味着光纤越直。纤芯/包层同心度对接续损耗的影响最大，其次是翘曲度。

(三)光纤的光学特性

光纤的光学特性有折射率分布、最大理论数值孔径、模场直径及截至波长等。

1. 折射率分布

光纤折射率分布，可用下式表示：

$$n_2 = n_1[1-2\Delta(r/a)^d]^{1/2} \tag{3-13}$$

其中，$n_1$ 为纤芯折射率，$n_2$ 为包层折射率，$a$ 为芯半径，$r$ 为离开纤芯中心的径向距离，$\Delta$ 为相对折射率差，$\Delta=(n_1-n_2)/n_1$。

多模光纤的折射率分布，决定光纤带宽和连接损耗；单模光纤的折射率分布，决定工作波长的选择。

2. 最大理论数值孔径($NA_{\max}$)

最大理论数值孔径的定义为：

$$NA_{\max} = (n_1^2 - n_2^2)^{1/2} \tag{3-14}$$

其中，$n_1$ 为阶跃光纤均匀纤芯的折射率(梯度光纤为纤芯中心的最大折射率)，$n_2$ 为均匀包层的折射率。

光纤的数值孔径对光源耦合效率、光纤损耗、弯曲的敏感性以及带宽有着密切的关系，数值孔径大，容易耦合，微弯敏感小，带宽较窄。

3. 模场直径和有效面积

模场直径是指描述单模光纤中光能集中程度的参量。有效面积与模场直径的物理意义相同，通过模场直径可以利用圆面积公式计算出有效面积。

模场直径越小，通过光纤横截面的能量密度就越大。当通过光纤的能量密度过大时，会引起光纤的非线性效应，造成光纤通信系统的光信噪比降低，影响系统性能。因此，对于传输光纤而言，模场直径(或有效面积)越大越好。

4. 截止波长

理论上的截止波长是单模光纤中光信号能以单模方式传播的最小波长。

截止波长条件可以保证在最短光缆长度上单模传输，并且可以抑制高次模的产生或可以将产生的高次模噪声功率代价减小到完全可以忽略的地步。

(四)光纤的传输特性

几何特性、光学特性影响光纤的连接质量，施工对它们不产生变化；而传输特性则相反，它不影响施工,但施工对传输特性将产生直接的影响。

光纤的特性有几何特性、光学特性、传输特性、机械特性和温度特性等。其中,几何特性包括光纤的纤芯/包层直径、偏心度和椭圆度;光学特性包括折射率分布、数值孔径、模场直径和截止波长;传输特性主要指光纤的衰减特性和色散、带宽特性;机械特性指光纤的抗拉、抗击打方面的性能;温度特性指温度变化时对传输特性的影响。其中最重要的是传输特性。

1. 光纤的损耗特性

光纤的损耗是光纤的主要传输特性之一。光纤单位长度上的衰减关系到光纤系统的传输距离的确定,衰减与波长的关系曲线则关系到工作波长的选择。由于光纤的带宽很宽,传输线路的成本主要由衰减控制。光纤的衰减简单说就是光纤传输光信号时对光功率有衰减。衰减大小用衰减系数表示:

$$A=10\lg\frac{p_{\text{in}}}{p_{\text{out}}} \tag{3-15}$$

$$\alpha=\frac{10}{L}\lg\frac{p_{\text{in}}}{p_{\text{out}}} \tag{3-16}$$

式中　$A$、$\alpha$——光纤的衰减和衰减系数;

$P_{\text{in}}$、$P_{\text{out}}$——光纤的输入和输出光功率,mW;

$L$——光纤的长度,km。

光纤衰减系数是度量光能在光纤中传输损失的参数。

引起光纤的衰减主要原因有吸收、散射、辐射损耗。它们来自光纤材料本身或波导结构,其中又以吸收衰减最为重要。

(1)吸收损耗

吸收损耗是光波通过光纤材料时引起材料组成的原子、分子振动等原因吸收部分能量损耗,使一部分能量变为热能。吸收损耗主要有3个原因:一是光纤的本征吸收,二是光纤的杂质吸收,三是光纤微观结构中的原子缺陷吸收。

①本征吸收

本征吸收主要是红外和紫外吸收,石英材料固有的吸收。它是由于光纤材料在紫外区的电子跃迁和近红外、红外区的晶格振动引起的吸收带。

a. 紫外区的电子跃迁

光纤中传输的一部分光能量被材料中的电子吸收,使电子从低能级跃迁至高能级,这个过程中损失的光能量形成光的吸收衰减。这种吸收衰减对于波长小于0.4 μm的紫外光表现强烈,形成光纤的紫外吸收带。紫外吸收延伸到光纤通信波段,如图3－15所示。

b. 红外区的晶格振动

晶格振动就是$SiO_2$中的原子核带着周围电子振动。光纤中的光与晶格相互作用时,一部分能量传递给晶格,使其振动加剧。这个过程中损失的光能量也形成光的吸收衰减。振动能级的能量间隔比电子能级小,产生的吸收带在红外、近红外区,即吸收对波长2 μm以上的红外光表现强烈。

红外和紫外吸收构成光纤的本征吸收,是不可避免的,只有改变材料成分才能有微小的改变。正因为石英的在光通信用波段的本征吸收比较小,所以纯石英是优良的光纤材料,掺杂了$GeO_2$之后可以使本征吸收进一步减少。

②杂质吸收

光纤材料中的杂质吸收主要是由于光纤中含有铁、钴、镍、铜、锰、铬、钒、铂等过渡金属离子和氢氧根($OH^-$)离子。金属离子的吸收主要是电子在没有完全填满的内亚层相应的能级间跃迁造成的。由于被吸收的光能与电子间的能级差相对应,各种离子吸收的波长及衰减大小都各不相同。杂质吸收的影响可以随杂质浓度的降低而减小。消除金属离子相对容易,消除 $OH^-$ 则较为困难,而 $OH^-$ 的吸收影响又比较严重,如图 3—15 所示。

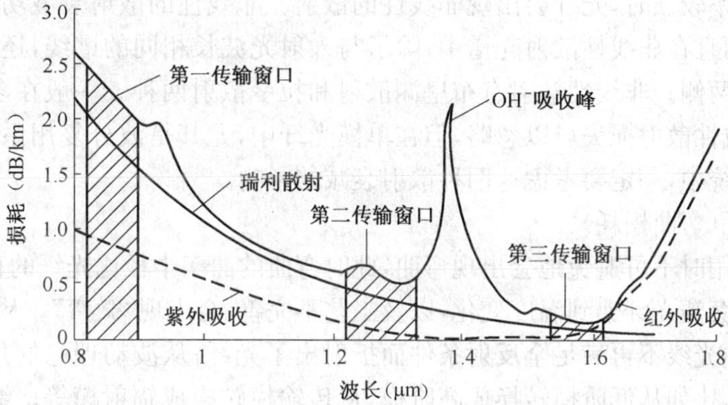


图 3—15　光纤的衰减特性

由图 3—15 可以看出 1.38 μm 处有一个吸收峰,两个长波长通信窗口 1.3 μm 和 1.55 μm 正好位于两侧。如果将 $OH^-$ 浓度降低到 0.8～1.0 ppb($10^{-9}$),吸收峰可基本消失,从而得到一个很宽的低损耗窗口,便于进行波分复用。$OH^-$ 吸收损耗,形成了对单模光纤 1.39 μm 损耗峰,影响为第 2、3 低损窗口。所以光纤生产过程中的最大问题就是去水。

③原子缺陷吸收

原子缺陷是由某种热激励或高能辐射而感生的,缺陷指破坏了物质正常的正负电荷平衡状态,在局部出现了过剩的电子或空穴,形成局部能级,其中的电子跃迁使光纤出现额外的吸收带,峰值波长在 0.63 μm 左右。适当选择光纤材料和制造工艺可以去除原子缺陷。

(2)散射损耗

光的散射是由传输介质中大量的微小的不均匀的"微粒"造成的,它们把光能量向各个方向散射,从而传输方向上的光能量减少,形成光的衰减。散射衰减分为线性和非线性两种。

①线性散射衰减

线性的散射衰减功率与传输光功率成线性关系,散射光与入射光波长相同。

a. 瑞利散射

是由于材料的不均匀使光散射而引起的损耗。材料成分中原子密度和分子浓度的热涨落,在光纤冷凝过程中形成了密度不均匀和浓度不均匀,"不均匀"的尺度可与波长相比拟,造成折射率分布不均匀。它们形成无数个微小的散射点,把光能量散射出光纤。这称为瑞利散射,也称本征散射,是光纤衰减的下限。它造成的衰减光谱较宽,散射光也几乎是全方向的,引起的衰减与波长的—4 次方成比例,即:

$$I \propto \frac{1}{\lambda^4} \qquad (3-17)$$

瑞利散射随波长的增加迅速减少,所以它在短波段影响较大,而长波段影响较小。

b. 波导散射衰减

这种散射衰减与波长无关,由光纤波导结构不完善引起,纤芯直径轴向不均匀,使部分导模变成了辐射模。由于制造工艺(熔炼、拉丝)上的原因,光纤会出现芯包界面不平整、沉积层不规则、纤芯内有气泡、气痕、纤芯粗细不均匀、纤芯椭圆等缺陷，这些缺陷比波长大得多，会使光纤中产生模变换，比如传输模转换成辐射模，使光纤衰减增加，而传输模之间的转换会影响光纤的色散特性。这种散射会使整个光纤衰减曲线上移。

②非线性散射

当入射光功率较强时，光纤会出现非线性的散射。非线性的散射衰减功率与传输光功率成非线性关系，而且在非线性散射光谱中，除了与入射光波长相同的谱线，还出现了新的谱线分布在原谱线的两侧。非线性散射有布里渊散射和拉曼散射两种。一般在多模光纤中，光能密度比较小，非线性散射损失可以忽略，但在单模光纤中，尤其是波分复用系统和使用了掺铒光纤放大器的系统中，一定要考虑这两种散射衰减的影响。

(3)辐射损耗(弯曲损耗)

光纤实际使用时不可避免地会出现弯曲，此时弯曲的曲率半径比光纤的直径大的多；当光纤受到侧压力或套塑光纤遇到温度变化，以及工艺不完善，会出现“微弯”。从几何光学的角度看，就是由于弯曲光线不再满足全反射条件而折射出了光纤；从波动理论的角度看，光纤弯曲会造成模式转换，比如从低阶模转换成高阶模，从传输模转换成辐射模等。综合起来，光纤的衰减特性包括 3 个低损耗窗口，即 0.85 μm(短波长)、1.31 μm 和 1.55 μm(长波长)。

2. 光纤的色散特性

光脉冲中的不同频率或模式在光纤中的群速度不同，这些频率成分和模式到达光纤终端有先有后，使得光脉冲发生展宽，这就是光纤的色散，如图 3—16 所示。色散一般用时延差来表示，所谓时延差，是指不同频率的信号成分传输同样的距离所需要的时间之差。

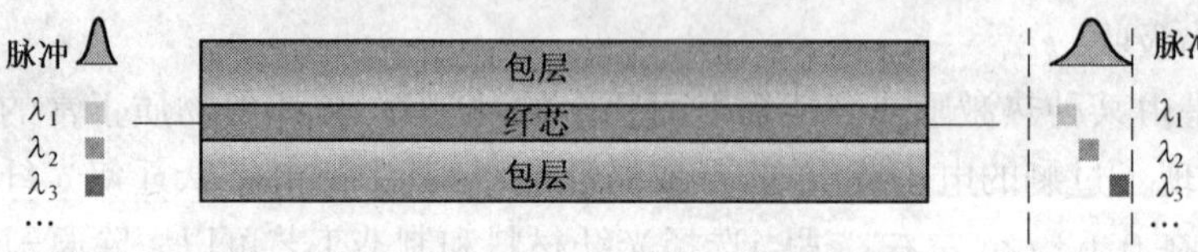


图 3—16 光纤的色散

光纤的色散可分为模式色散、色度色散和偏振模色散(PMD)。

(1)模式色散

多模光纤中不同模式的光束有不同的群速度，在传输过程中，不同模式的光束的时间延迟不同而产生的色散，称模式色散。

(2)色度色散

由于光源的不同频率(或波长)成分具有不同的群速度，在传输过程中，不同频率的光束的时间延迟不同而产生色散称为色度色散。色度色散包括材料色散和波导色散。

①材料色散

由于材料折射率随光信号频率的变化而不同，光信号不同频率成分所对应的群速度不同，由此引起的色散称为材料色散。

②波导色散

由于光纤波导结构引起的色散称为波导色散。其大小可以和材料色散相比拟，普通单模光纤在 1.31 μm 处这两个值基本相互抵消。

模式色散主要存在于多模光纤。单模光纤无模式色散只有材料色散和波导色散。当波长在 1.31 μm 附近，色散接近为零。

色散系数就是单位波长间隔内光波长信号通过单位长度光纤所产生的时延差，用 $D$ 表示，单位是 ps/(nm · km)。

(3)偏振模色散

由于光信号的两个正交偏振态在光纤中有不同的传播速度而引起的色散称偏振模色散，如图 3—17 所示。

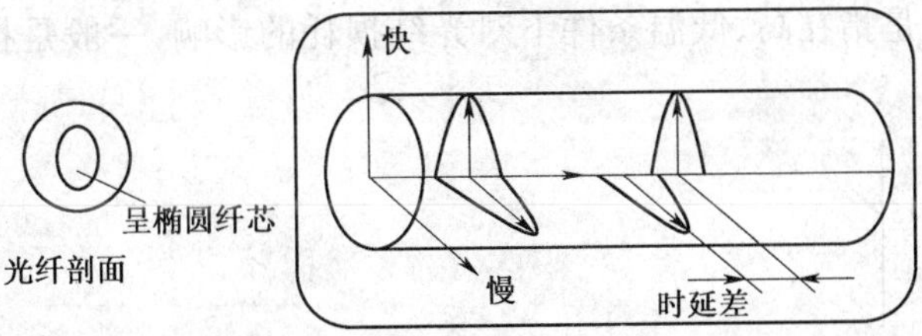


图 3—17　偏振模色散

(4)码间干扰

色散将导致码间干扰(ISI)。由于各波长成分到达的时间先后不一致，因而使得光脉冲加长了($T+\Delta T$)，这叫做脉冲展宽，如图 3—18 所示。脉冲展宽将使前后光脉冲发生重叠，形成码间干扰，码间干扰将引起误码，因而限制了传输的码速率和传输距离。

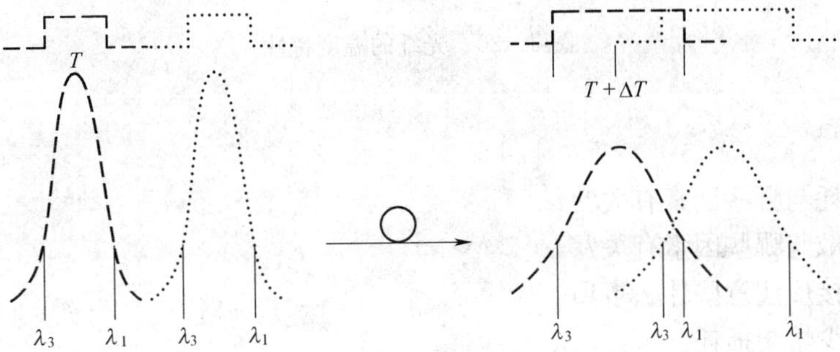


图 3—18　码间干扰

(五)光纤的机械特性

光纤的机械特性主要包括耐侧压力、抗拉强度、弯曲以及扭绞性能等，使用者最关心的是抗拉强度。

1. 光纤的抗拉强度

光纤的抗拉强度很大程度上反映了光纤的制造水平。影响光纤抗拉强度的主要因素是光纤制造材料和制造工艺，主要原因有：预制棒的质量、拉丝炉的加温质量和环境污染、涂覆技术对质量的影响和机械损伤。

2. 光纤断裂分析

存在气泡、杂物的光纤会在一定张力下断裂，如图 3—19 所示。

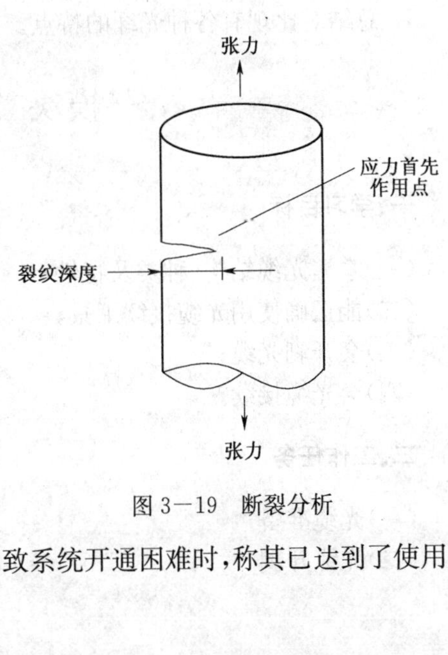


图 3—19　断裂分析

3. 光纤的寿命

光纤的寿命习惯称使用寿命，当光纤损耗加大以致系统开通困难时，称其已达到了使用寿命。从机械性能讲，寿命指断裂寿命。

4. 光纤的机械可靠性

一般来说，$SiO_2$ 包层光纤的机械可靠性已经得到广泛的认可。为了提高光纤的机械可靠性，在光纤的外包层中掺入 $GeO_2$，从而增加网络的寿命。

（六）光纤的温度特性

光纤的温度特性是指在高、低温条件下对光纤损耗的影响，一般是损耗增大，如图 3－20 所示。

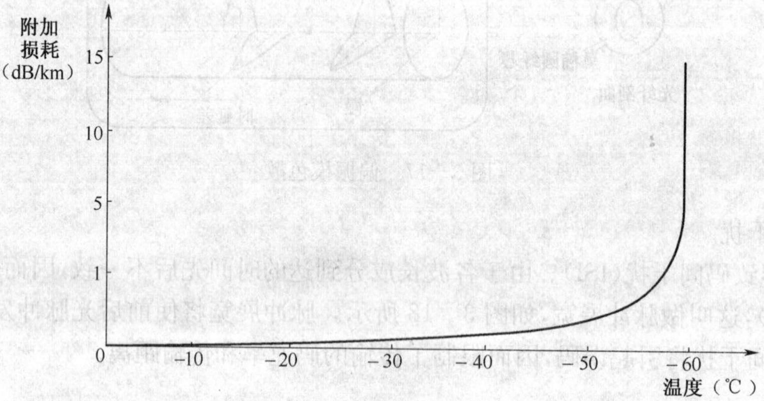


图 3－20　光纤的温度特性

## 七、想 一 想

1. 光纤损耗与哪些因素有关？
2. 光纤色散与哪些因素有关？
3. 光纤熔接应注意些什么事项？
4. 如何减少熔接损耗？
5. 如何提高光纤传输特性？
6. 查找有关最新光纤传输特性资料？
7. 总结对比现有各种光纤的特点。

# 模块二　光 缆 接 续

## 一、学习目标

（一）掌握光缆结构、种类及特性；
（二）能正确使用光缆接续工具；
（三）会开剥光缆；
（四）会光缆接续。

## 二、工作任务

（一）光缆准备；
（二）光缆开剥；

(三)加强芯、金属护套处理;

(四)光纤接续;

(五)光纤接头损耗测量;

(六)光纤收容;

(七)接续套管封装;

(八)光缆护套接头的安装、固定。

## 三、阅读与理解

(一)光缆的结构

目前,光纤通信用的光纤都经过了一次涂覆和二次涂覆的处理,经过涂覆后的光纤虽然已具有了一定的抗张强度,但还是经不起施工中的弯折、扭曲和侧压等外力作用,为了使光纤能在各种环境中使用,必须把光纤与其他元件组合起来构成光缆,使其具有良好的传输性能以及抗拉、抗冲击、抗弯、抗扭曲等机械性能。

1. 光缆的结构组成

目前光纤通信中使用着各种不同类型的光缆,其结构形式多种多样,但无论何种结构形式的光缆,基本上都由缆芯、加强元件和护层 3 部分组成。

(1)缆芯

缆芯是由单根或多根光纤芯线组成,其作用是传输光波。

(2)护层

护层主要是对已成缆的光纤芯线起保护作用,避免受外界机械力和环境影响而损坏。护层可分为内护层(多用聚乙烯或聚氯乙烯等)和外护层(多用铝带和聚乙烯组成的 LAP 外护套加钢丝铠装等)。

(3)加强芯

加强芯主要承受敷设安装时所加的外力。加强元件一般有金属丝和非金属纤维,其作用是增强光缆敷设时可承受的拉伸负荷。

2. 各种典型结构的光缆

(1)层绞式结构光缆

层绞式结构光缆由经过套塑的光纤绕在加强芯周围绞合而构成。层绞式结构光缆类似传统的电缆结构,故又称之为古典光缆。

目前在市话中继和长途线路上采用的几种层绞式结构光缆如图 3－21 所示。

(2)骨架式结构光缆

骨架式结构光缆是把紧套光纤或一次涂覆光纤放入加强芯周围的螺旋形塑料骨架凹槽内而构成。

骨架结构光缆有中心增加螺旋型、正反螺旋型、分散增强基本单元型,如图 3－22 所示。目前,我国采用的骨架式结构光缆,都是采用如图 3－22(a)、(b)所示的结构。

(3)束管式结构光缆

束管式结构光缆是将一次涂覆光纤或光纤束放入大套管中,加强芯配置在套管周围而构成,如图 3－23 所示。图 3－23(a)即属护层增强构件配制方式,图 3－23(b)、(c)属于分散加强构件配置方式的束管式结构光缆。

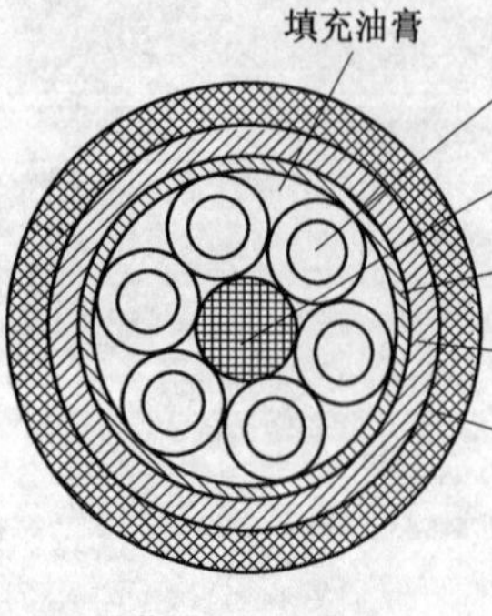


（a）6芯紧套层绞式光缆

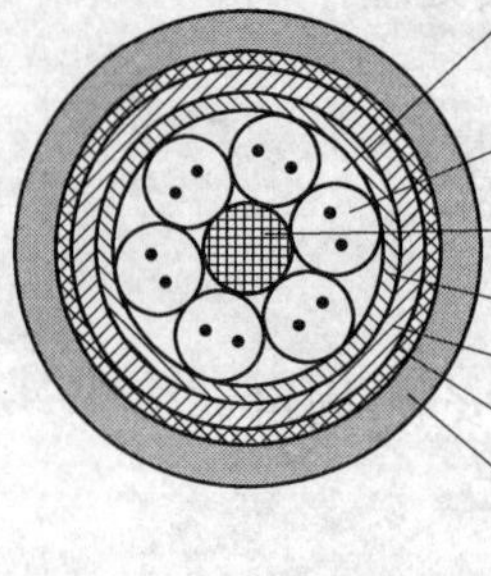


（b）12芯松套层绞式直埋光缆

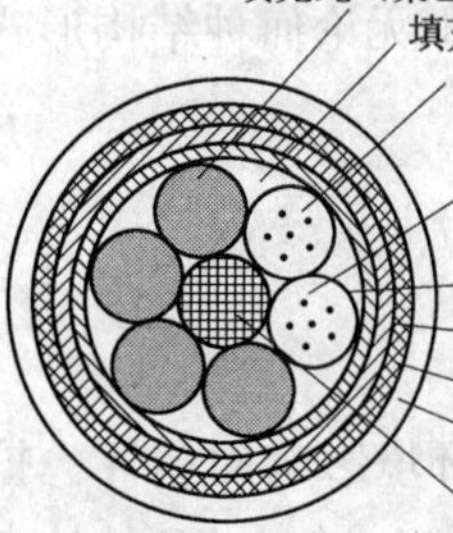


（c）12芯松套层绞式直埋防蚁光缆

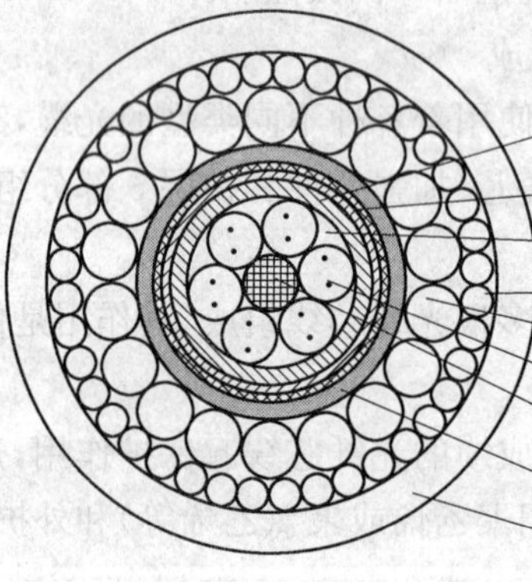


（d）6~48芯松套层绞式水底光缆

（e）12芯松套＋8芯×2线对层绞式直埋光缆

图 3－21 层绞式结构光缆示意

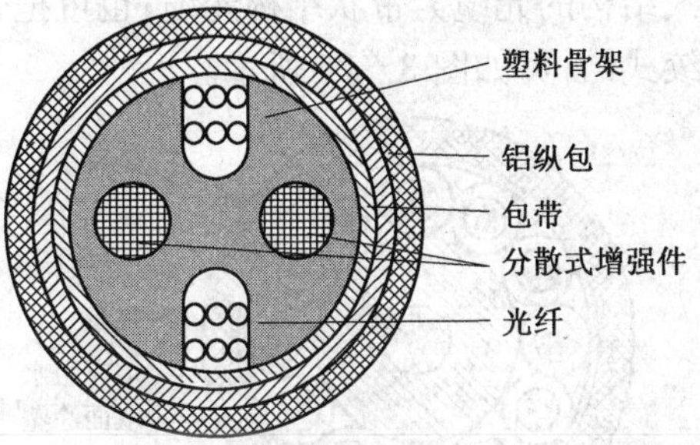

(a) 12芯骨架式光缆(管道、架空)

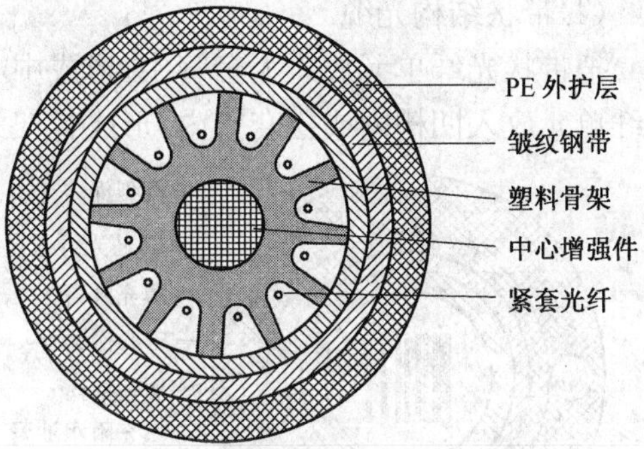

(b) 12芯骨架式光缆(直埋)

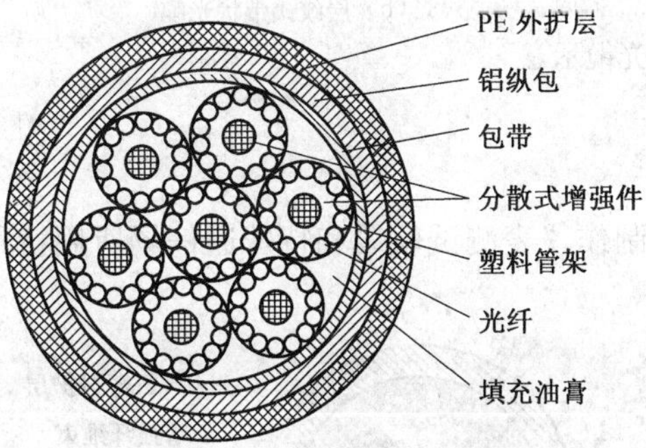

(c) 70芯骨架式光缆

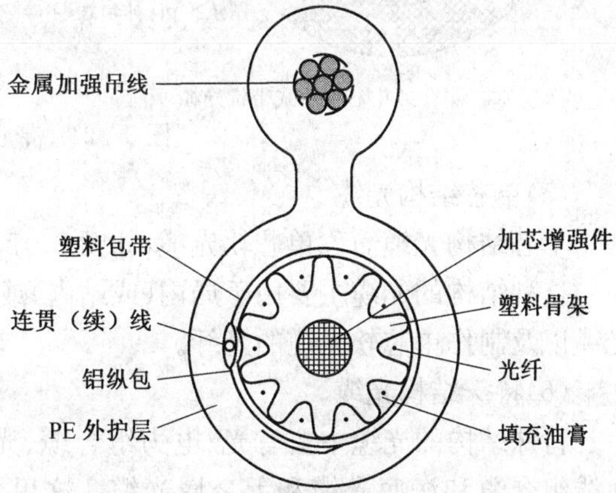

(d) 骨架式自承式架空光缆

图 3－22　骨架式结构光缆示意

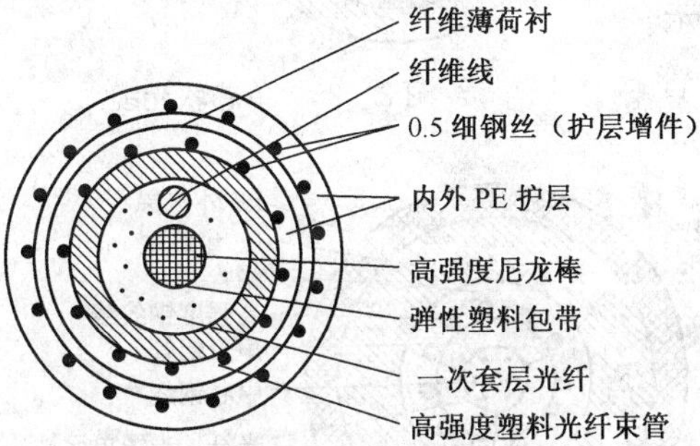

(a) 12芯束管式光缆

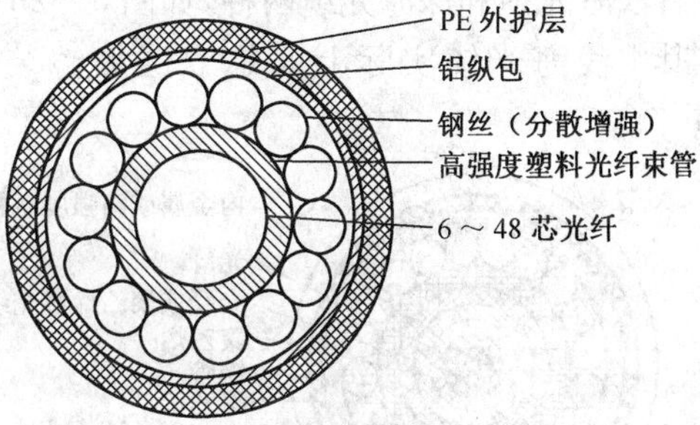

(b) 6～48芯束管式光缆

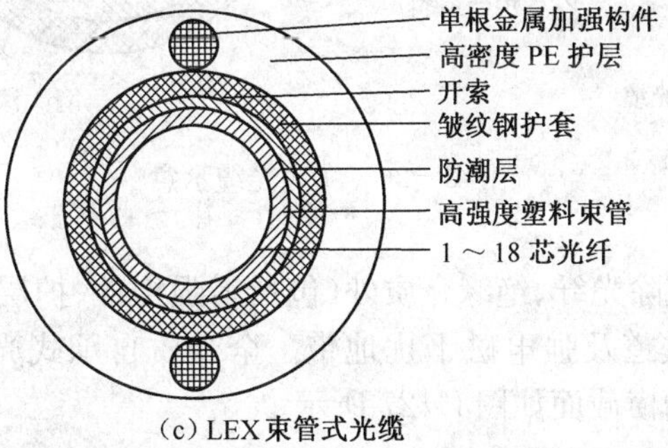

(c) LEX束管式光缆

图 3－23　束管式结构光缆示意

(4)带状结构光缆

把带状光纤单元放入大套管中，形成中心束管式结构的光缆为带状结构光缆；也可把带状光纤单元放入凹槽内或松套管内，形成骨架式或层绞式结构，如图 3－24 所示。

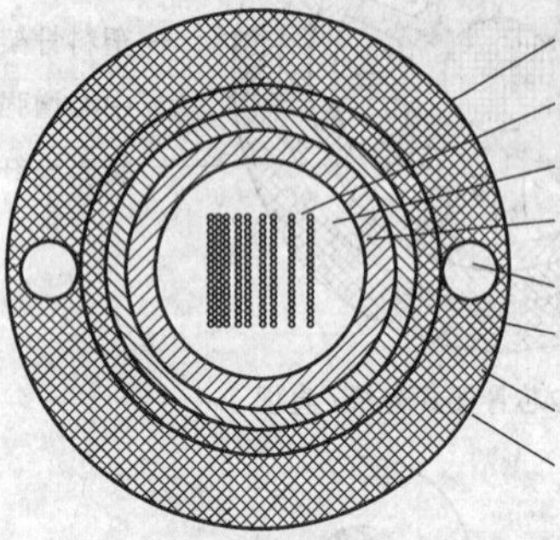


(a) 中芯束管式带状光缆

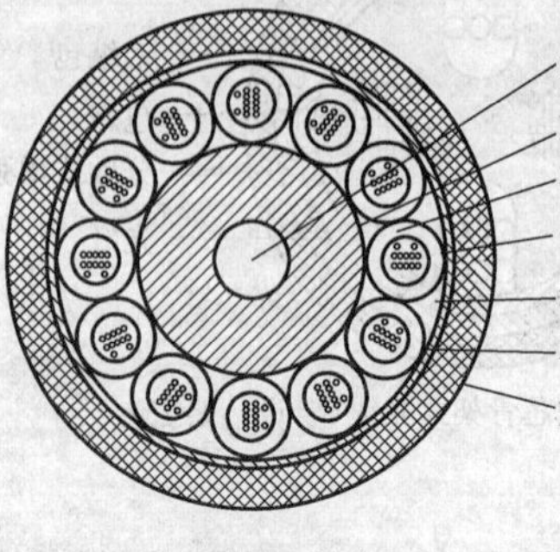


(b) 层绞式带状光缆

图 3－24 带状结构光缆示意

(5)单芯结构光缆

单芯结构光缆简称单芯软光缆，如图 3－25 所示。

这种结构的光缆主要用于局内(或站内)或用来制作仪表测试软线和特殊通信场所用特种光缆以及制作单芯软光缆的光纤。

(6)特殊结构光缆

特殊结构的光缆主要有光/电力组合缆、光/架空地线组合缆和海底光缆和无金属光缆。这里只介绍后两种。

①海底光缆

有浅海光缆和深海光缆两种，如图 3－26 所示。

其中浅海光缆实际上就是双层加铠装束管式光缆。

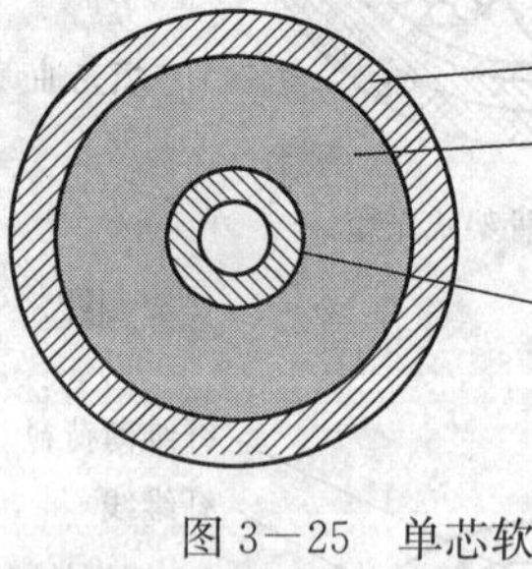


图 3－25 单芯软光缆

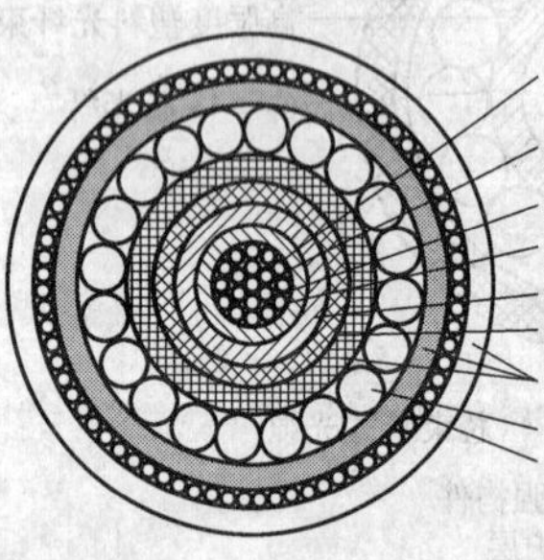


(a) 浅海光缆

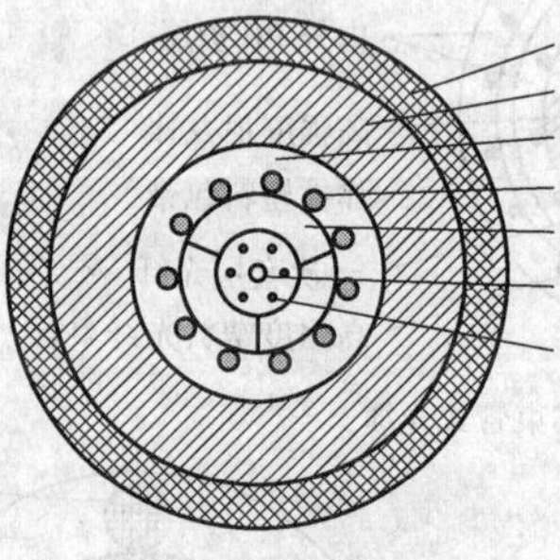


(b) 深海光缆

图 3－26 海底光缆示意

②无金属光缆

无金属光缆是指光缆除光纤、绝缘介质外(包括增强构件、护层)均是全塑结构，适用于强电场合，如电站、电气化铁道及强电磁干扰地带。全介质自承式光缆(ADSS)采用全介质结构。典型的 ADSS 光缆的横截面如图3－27 所示。

(二)光缆的种类

按传输性能、距离和用途分，光缆可分为市话光缆、长途光缆、海底光缆和用户光缆。

按光纤的种类分，光缆可分为多模光缆、单模光缆。

按光纤套塑方法分，光缆可分为紧套光缆、松套光缆、束管式光缆和带状多芯单元光缆。

按光纤芯数多少分，光缆可分为单芯光缆、双芯光缆、4 芯光缆、6 芯光缆、8 芯光缆、12 芯光缆和 24 芯光缆等。

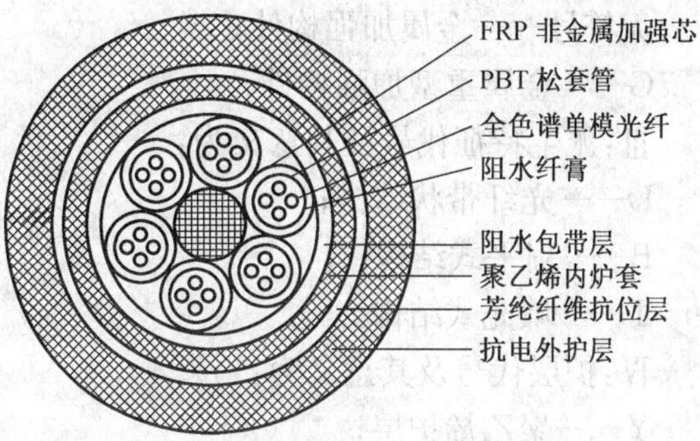


图 3－27　ADSS 光缆的横截面

按加强件配置方法分，光缆可分为中心加强构件光缆（如层绞式光缆、骨架式光缆等）、分散加强构件光缆（如束管两侧加强光缆和扁平光缆）、护层加强构件光缆（如束管钢丝铠装光缆）和 PE 外护层加一定数量的细钢丝的 PE 细钢丝综合外护层光缆。

按敷设方式分，光缆可分为管道光缆、直埋光缆、架空光缆和水底光缆。

按护层材料性质分，光缆可分为聚乙烯护层普通光缆、聚氯乙烯护层阻燃光缆和尼龙防蚁防鼠光缆。

按传输导体、介质状况分，光缆可分为无金属光缆、普通光缆和综合光缆。

按结构方式分，光缆可分为扁平结构光缆、层绞式结构光缆、骨架式结构光缆、铠装结构光缆（包括单、双层铠装）和高密度用户光缆等。

目前通信用光缆可分为：

①室（野）外光缆——用于室外直埋、管道、槽道、隧道、架空及水下敷设的光缆；

②软光缆——具有优良的曲挠性能的可移动光缆；

③室（局）内光缆——适用于室内布放的光缆；

④设备内光缆——用于设备内布放的光缆；

⑤海底光缆——用于跨海洋敷设的光缆；

⑥特种光缆——除上述几类之外，作特殊用途的光缆；

（三）光缆的型号

光缆型号由它的型式代号和规格代号构成，中间用一短横线分开。

1. 光缆的型式

光缆型式由 5 个部分组成，如图 3－28 所示。

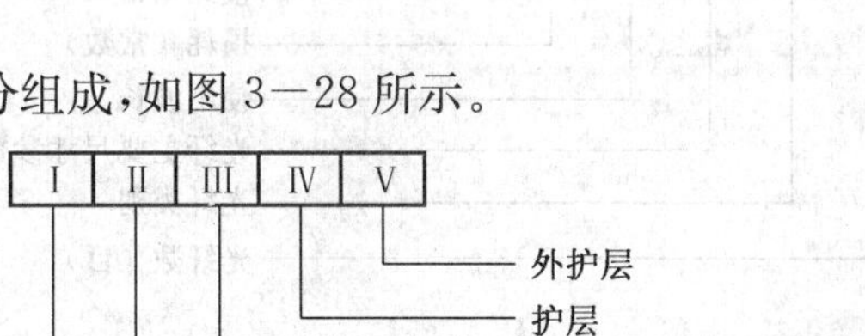


图 3－28　光缆型式的组成部分

Ⅰ：分类代号及其意义为：

GY——通信用室（野）外光缆；　　GR——通信用软光缆；

GJ——通信用室（局）内光缆；　　GS——通信用设备内光缆；

GH——通信用海底光缆；　　GT——通信用特殊光缆。

Ⅱ：加强构件代号及其意义为：

无符号——金属加强构件；

F——非金属加强构件；

G——金属重型加强构件；

H——非金属重型加强构件。

Ⅲ：派生特征代号及其意义为：

D——光纤带状结构；

G——骨架槽结构；

B——扁平式结构；

Z——自承式结构。

T——填充式结构。

Ⅳ：护层代号及其意义为：

Y——聚乙烯护层；

V——聚氯乙烯护层；

U——聚氨酯护层；

A——铝-聚乙烯粘结护层；

L——铝护套；

G——钢护套；

Q——铅护套；

S——钢-铝-聚乙烯综合护套。

Ⅴ：外护层的代号及其意义为：

外护层是指铠装层及其铠装外边的外护层，外护层的代号及其意义见表 3－2。

**表 3－2　外护层代号及其意义**

| 代　号 | 铠装层（方式） | 代　号 | 外护层（材料） |
|---|---|---|---|
| 0 | 无 | 0 | 无 |
| 1 | — | 1 | 纤维层 |
| 2 | 双钢带 | 2 | 聚氯乙烯套 |
| 3 | 细圆钢丝 | 3 | 聚乙烯套 |
| 4 | 粗圆钢丝 | — | — |
| 5 | 单钢带皱纹纵包 | — | — |

2. 光缆的规格

光缆规格由 5 部分 7 项内容组成，如图 3－29 所示。

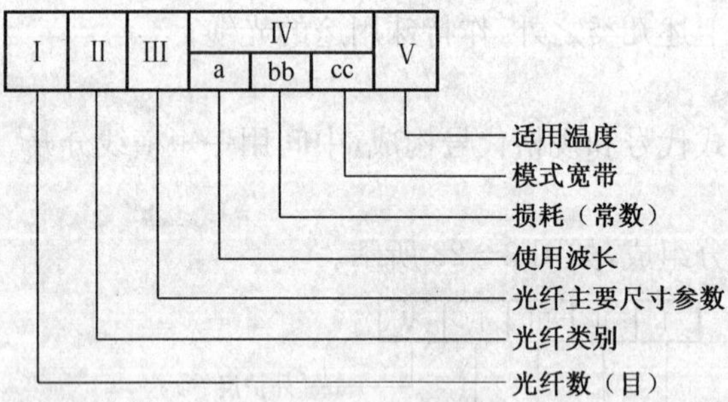


图 3－29　光缆的规格组成部分

Ⅰ：光纤数目用 1、2 等表示光缆内光纤的实际数目。

Ⅱ：光纤类别的代号及其意义为：

J——二氧化硅系多模渐变型光纤；

T——二氧化硅系多模突变型光纤；

Z——二氧化硅系多模准突变型光纤；

D——二氧化硅系单模光纤；

X——二氧化硅纤芯塑料包层光纤；

S——塑料光纤。

Ⅲ:光纤主要尺寸参数。用阿拉伯数(含小数点数)及以 μm 为单位,表示多模光纤的芯径及包层直径和单模光纤的模场直径及包层直径。

Ⅳ:带宽、损耗、波长。表示光纤传输特性的代号,由 a、bb 及 cc 这 3 组数字代号构成。

其中 a 表示使用波长的代号,其数字代号规定:1 为波长在 0.85 μm 区域;2 为波长在 1.31 μm 区域;3 为波长在 1.55 μm 区域。

注意,同一光缆适用于两种及以上波长,并具有不同传输特性时,应同时列出各波长上的规格代号,并用“/”划开。

bb 表示损耗常数的代号。两位数字依次为光缆中光纤损耗常数值(dB/km)的个位和十位数字。

cc 表示模式带宽的代号。两位数字依次为光缆中光纤模式带宽分类数值(MHz · km)的千位和百位数字。单模光纤无此项。

Ⅴ:适用温度代号及其意义为:

A 适用于－40℃～＋40℃;

B 适用于－30℃～＋50℃;

C 适用于－20℃～＋60℃;

D 适用于－5℃～＋60℃。

光缆中还附加金属导线(对、组)编号,如图 3－30 所示。其符合有关电缆标准中导电线芯规格构成的规定。

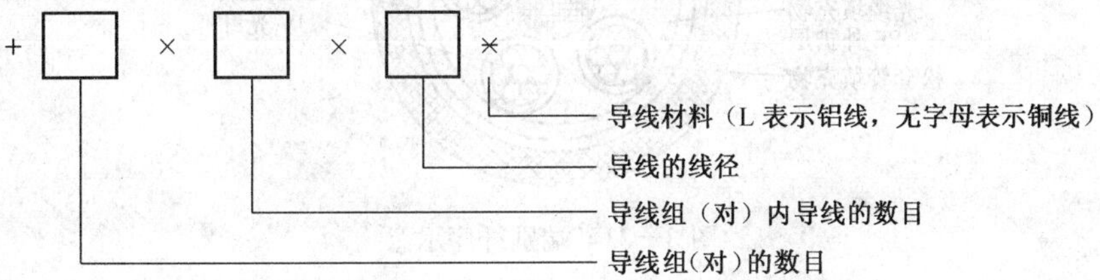


图 3－30　光缆中附加金属导线编号示意图

例如,2 个线径为 0.5 mm 的铜导线单线可写成 2×1×0.5;4 个线径为 0.9 mm 的铝导线四线组可写成 4×4×0.9L;4 个内导体直径为 2.6 mm,外径为 9.5 mm 的同轴对,可写成 4×2.6/9.5。

3. 光缆型号例题

又如,有金属重型加强构件、自承式、铝护套和聚乙烯护层的通信用室外光缆,包括 12 根芯径/包层直径为 50/125 μm 的二氧化硅系列多模突变型光纤和 5 根用于远供及监测的铜线径为 0.9 mm 的四线组,且在 1.31 μm 波长上,光纤的损耗常数不大于 1.0 dB/km,模式带宽不小于 800 MHz · km;光缆的适用温度范围为－20 ℃～＋60 ℃。该光缆的型号应表示为:GYGZL03-12T50/125(21008)C＋5×4×0.9。

(四)光缆端别与纤序的识别

光缆的端别由于其缆芯结构不同,各厂商生产的产品不完全一致,一般来说光缆的端别识别方法为:面对光缆截面,由领示光纤以红—绿顺时针为 A 端,逆时针为 B 端;或按光缆外护套上标明光缆长度的数码来区分,如规定小数字为 A 端,大数字为 B 端。

光纤纤序排列主要有下列几种方式(以下以 A 端截面为例):

(1)以红、绿领示电导线或填充线中间的光纤为 1 号纤,顺时针数为 2 号、3 号等。

(2)以红、绿领示色紧套、松套(单芯)、骨架(单芯),其红色为 1 号纤,绿色为 2 号纤、顺时针数为 3 号、4 号等。

(3)以红、绿(或蓝、黄)领示色松套(双芯),红(或蓝)为1管,绿(或黄)为6管,红(或蓝)—绿(或黄)顺时针计数,纤序见表3—3。

(4)以蓝、黄领示单元松套(6芯),蓝色为一单元(组),黄色为二单元组,单元管内6芯光纤全色谱,纤序见表3—4。

**表3—3　纤　序(一)**

| 管序 | 1 | | 2 | | 3 | | 4 | | 5 | | 6 | |
|---|---|---|---|---|---|---|---|---|---|---|---|---|
| 管色 | 红(或蓝) | | 白(本色) | | 白 | | 白 | | 白 | | 绿(或黄) | |
| 纤序 | 1 | 2 | 3 | 4 | 5 | 6 | 7 | 8 | 9 | 10 | 11 | 12 |
| 纤色 | 红(或黑) | 白 | 红(或黑) | 白 | 红(或黑) | 白 | 红(或黑) | 白 | 红(或黑) | 白 | 红(黑) | 白 |

**表3—4　纤　序(二)**

| 单元 | 一(蓝) | | | | | | 二(黄) | | | | | |
|---|---|---|---|---|---|---|---|---|---|---|---|---|
| 纤序 | 1 | 2 | 3 | 4 | 5 | 6 | 7 | 8 | 9 | 10 | 11 | 12 |
| 颜色 | 蓝 | 黄 | 绿 | 棕 | 灰 | 白 | 蓝 | 黄 | 绿 | 棕 | 灰 | 白 |

端别纤序示意如图3—31所示。

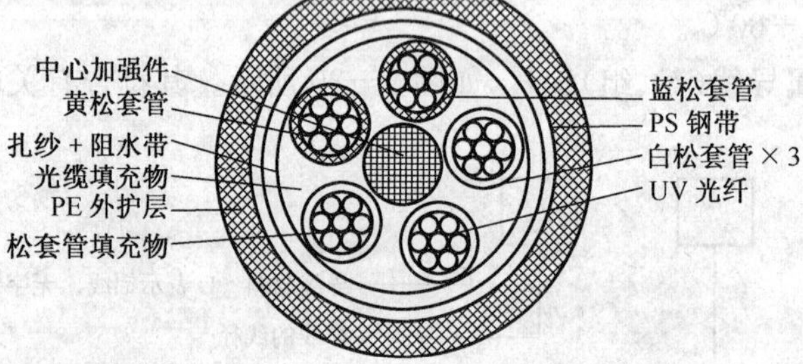


图3—31　端别纤序示意

## 四、实践与操作

(一)接续程序

接续程序如图3—32所示。

(二)接续设备及仪器

接续设备及仪器包括光缆外护套开剥刀、套束管剥除钳、扳手、螺丝刀、卷尺、涂覆层剥线钳、光纤切割刀、光纤熔接机、热缩套管、两段光缆、光缆接头盒、酒精、脱脂棉。

(三)接续步骤

1. 接续准备

准备接续所需设备及仪器,摆放整齐。工作环境保持清洁。

2. 开拨外护套

开拨外护套示意如图3—33所示。

(1)根据接头盒确定开剥光缆的长度,一般光缆每端的开剥长度为1.5 m左右,用卷尺量取后做标记。

(2)将外护套开剥刀放入光缆开剥位置,调整好光缆护套

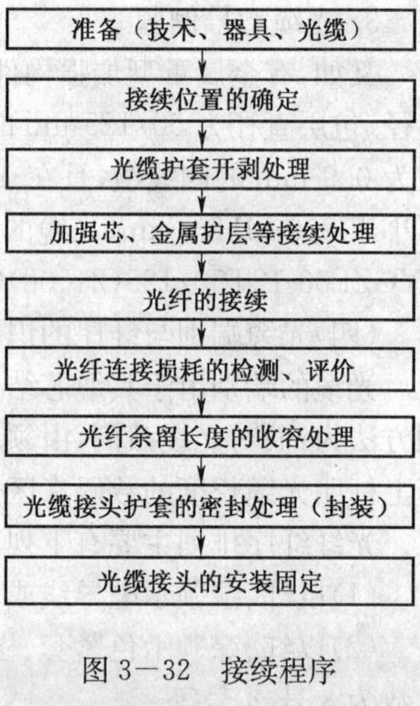


图3—32　接续程序

开剥刀刀片进深，沿光缆横向绕动护套开剥刀，将光缆护套割伤后取出外护套开剥刀，轻折光缆，使护套完全断裂，然后拉出光缆护套。开剥光缆时最好逐段剥除。

(3)松开尼龙扎带和阻水带，沿开缆处剪齐。

(4)去除光缆填充油膏。

(5)分开缆芯和加强芯。

(6)用卡钳剪断加强芯并留余长 15 cm。

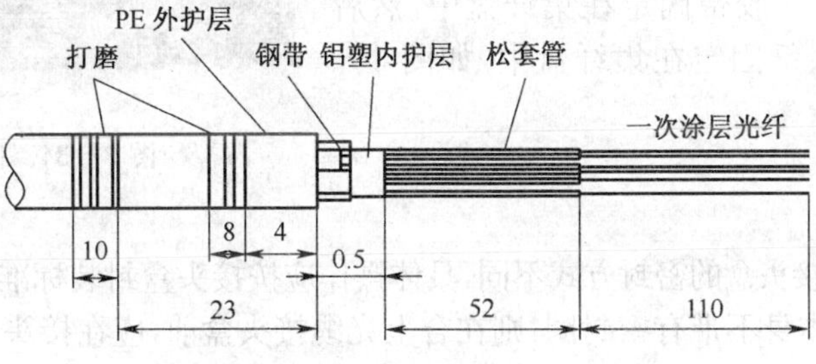


图 3－33　开拨外护套(单位:cm)

(7)沿开缆处剪去填充管。

3. 加强芯接续

(1)接头盒进缆孔处光缆绕包一层密封胶带，制作堵头。

(2)旋紧压缆卡，固定光缆。

(3)将加强芯固定在光缆接头盒的加强芯固定座上，用卡钳剪断加强芯并留余长 2 cm，注意保持光缆端面与接头盒中支架板压缆卡平齐。

(4)根据光缆接头盒确定束套管开剥长度，用卷尺量出，做好标记。

(5)选用套束管剥除钳适合的刀口，将束套管放入该刀口，夹紧，用手指将套束管剥除钳绕束套管轴向转动一圈，轻折束套管，使套管断裂，拉出剪断的束套管。

(6)去除光纤油膏。

(7)在光纤一端套上热缩套管。

(8)预盘光纤。

4. 光纤熔接(详细步骤见光纤的熔接)

(1)制作端面。

(2)光纤熔接。

(3)熔接检查，并估算接头损耗。

(4)光纤接头保护。

5. 光纤接头损耗测试

使用 OTDR 仪测试光纤接头的损耗值和衰减系数。对于单模，要求光纤接头损耗小于 0.04 dB，在 1 310 nm 处衰减系数小于 0.4 dB/km，在 1 550 nm 处衰减系数小于 0.3 dB/km；对于多模光纤，要求接头损耗小于 0.02 dB，在 850 nm 处衰减系数小于 3.4 dB/km，在 1 310 nm 处衰减系数小于 1.0 dB/km；零色散位移光纤要求接头损耗小于 0.06 dB。

6. 盘纤

光缆接头须有一定长度的光纤，供以后维护使用。一般光缆接头盒内的光纤余留长度为 60～100 cm。

(1)固定热缩套管

光纤熔接后，经检测接续损耗达到要求，并完成接头保护后，分别将热缩管固定在集纤盘同侧热缩管固定槽中，要求整齐且每个热缩管中的加强芯均朝上，如图 3－34 所示。

按光缆接头盒结构缩规定的方式进行光纤余长的盘绕处理。光纤在盘绕过程中，应使光纤曲率半径尽可能大，并放置整齐。

(2)盘留收容余纤

将余纤绕成圈后用胶带固定在集纤盘中，然后依次将其余几处的余纤固定在集纤盘中，如图 3－35 所示。

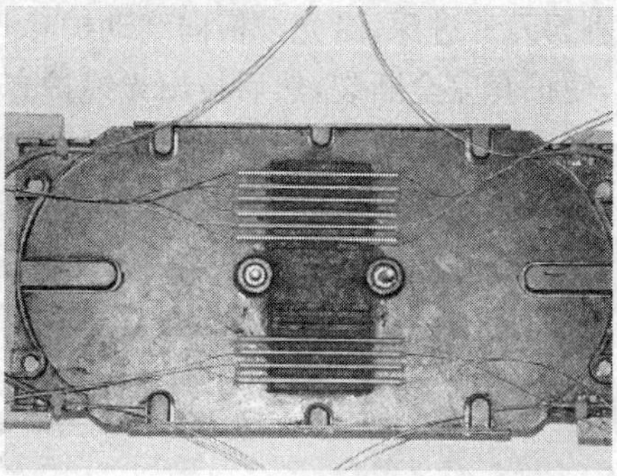

图 3－34　固定热缩管

7. 固定接头盒

(1)密封接头盒

不同结构的光缆接头盒的密封方式不同，具体操作应按接头盒封装标准中规定的方法严格执行。如果光缆接头盒本身不带有密封圈，则在合上光缆接头盒前，应在接头盒接合处垫上密封胶带。对于光缆密封部分应做清洁和打磨处理，以提高光缆与放水密封材料间密封性能的可靠性。

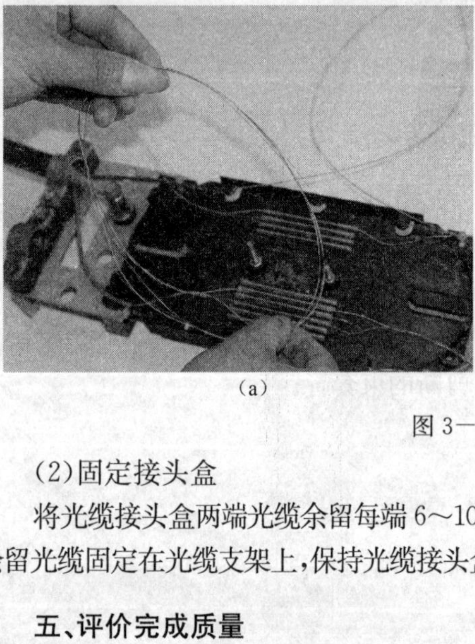

(a)

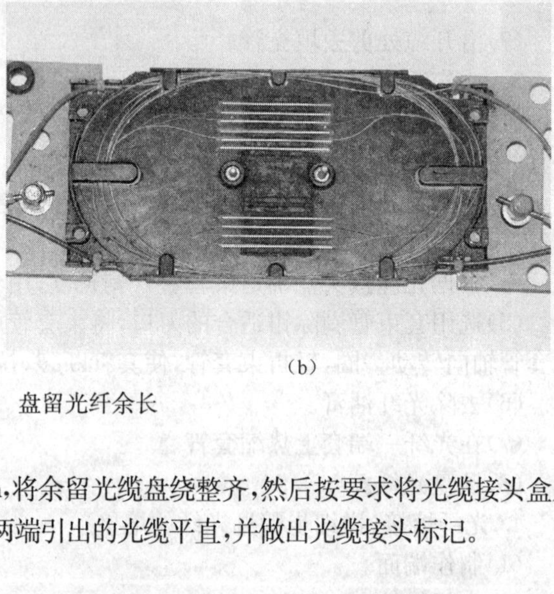

(b)

图 3－35　盘留光纤余长

(2)固定接头盒

将光缆接头盒两端光缆余留每端 6～10 m，将余留光缆盘绕整齐，然后按要求将光缆接头盒及余留光缆固定在光缆支架上，保持光缆接头盒两端引出的光缆平直，并做出光缆接头标记。

## 五、评价完成质量

(一)各小组介绍工作流程步骤并，展示接续成果。

(二)学生按线务员作业程序、国家标准进行自评和互评。

(三)教师评价：教师对学生整个工作过程、结果进行评价，指出每个小组及成员的优点，并提出改进建议，综合评价学生各项能力

(四)评价方案见表 3－5。

**表 3－5　评 价 方 案**

| 评价指标<br>(依据教学阶段设计) | 评价标准 | 评价依据 | 权重 | 自评分 | 互评分 | 教师评分 | 平均分 |
| --- | --- | --- | --- | --- | --- | --- | --- |
| 光缆开剥 | 1. 开剥作业程序标准<br>2. 开剥尺寸<br>3. 开剥熟练程度 | 学生实际开剥的光缆 | 20 | | | | |

续上表

| 评价指标（依据教学阶段设计） | 评价标准 | 评价依据 | 权重 | 自评分 | 互评分 | 教师评分 | 平均分 |
|---|---|---|---|---|---|---|---|
| 光缆接续 | 1. 接续作业程序标准<br>2. 接续尺寸<br>3. 接续熟练程度 | 学生实际接续的光缆 | 40 | | | | |
| 固定接头盒 | 1. 安装作业程序标准<br>2. 安装的整体质量<br>3. 安装的熟练程度 | 学生安装安装的接头盒 | 30 | | | | |
| 评价完成质量 | 1. 作业程序<br>2. 行业标准 | 1. 实际操作过程<br>2. 学生作品 | 10 | | | | |

## 六、相关知识

光缆接续中应注意以下几个问题。

1. 光缆开剥时注意进刀深度

光缆外护套开剥的关键是掌握好护套切割刀的进刀深度，否则很容易发生断纤。在实际操作中，应边旋转护套切割刀，同时注意观察切口处，若能看见白色的聚酯带，则应停止进刀，取下切割刀。这个步骤是个熟练的过程，须进行多次练习才能掌握进刀深度。

2. 光缆的固定与纤芯束管的开剥

光缆开剥后，将光缆固定在光缆接头盒内，开剥纤芯束管，做好光纤熔接前的各项准备工作。此时应注意：

(1)纤芯束管不能扭绞。在固定光缆之前，必须注意纤芯束管所处位置，加强件穿过固定螺丝时，加强件的下面必须是填充束管，不能是纤芯束管，纤芯束管必须处于加强件进入光纤收容盘的同侧，不能在加强件上扭绞。加强件如果压在纤芯束管上，纤芯束管受力变形会造成损耗过大，在纤芯束管中的光纤也会因长期受力发生断裂，给工程留下隐患。

(2)加强件的长度要合适。纤芯束管的位置确定好后就可以固定光缆了。光缆的固定必须使光纤在接头盒里的位置不会产生松动，避免因光缆位置的移动而导致光纤损耗增大或断纤问题。光缆的固定分为加强件的固定和光缆其余部分的固定。加强件的固定要注意其长度：太长，在接头盒内放不下；太短，其不到固定光缆的作用。一般在剪断加强件时，应使固定光缆的夹板与固定加强件螺丝之间的距离与所留长度相当。光缆其余部分的固定则是在加强件固定好以后，用螺丝拧紧夹板，将其紧紧地固定在接头盒的光缆进口处。

(3)纤芯束管的开剥长度要合适。光缆固定好后，就可以开剥纤芯束管了。开剥长度过长，抵到光纤热缩管放置槽，在盘纤时就会损伤余纤；开剥长度过短，纤芯束管固定时，固定卡子就会卡在光纤上，容易损伤光纤。因此，一般将它开剥到过了两个固定卡口为宜，在这个长度纤芯束管不会造成光纤受力损伤，也能很好地固定。但固定时卡子不能卡得过紧，否则纤芯束管的光纤会因受力增加损耗，时间长了光纤就会断裂，给工程留下隐患。

3. 光纤的熔接

光纤的接续直接关系到工程的质量和寿命，其关键在于光纤端面的制备。光纤端面平滑，没有毛刺或缺陷，熔接机能够很好地接受确认，并能做出满足工程要求的接头，如果光纤端面不合格，熔接机则拒绝工作或接出的接头损耗很大，不符合工程要求。在制作光纤端面过程中，首先在剥出光纤涂覆层时，剥线钳要与光纤轴线垂直，确保剥线钳不刮伤光纤；在切割光纤时，要严格按照规程来操作，使用端面切割刀要做到切割长度准、动作快、用力巧，确保光纤是被崩断的，而不是压断的；在取光纤的时候，要确保光纤不碰到任何物体，避免端面碰伤，这样做出来的端面才是平滑的、合格的。熔接机是光纤熔接的关键设备，也是一种精密程度很高且价格昂贵的设备。在使用过程中必须严格按照规程来操作，否则可能造成重大损失。特别需要注意的是熔接机的操作程序，热缩管的长度设置应和要求相符。

4. 余纤的保护

光纤熔接好后，既要对光纤进行热缩管保护，还要对余纤进行盘留。

光纤在盘纤过程中，盘纤弯曲半径不能太小，一般不能小于 4 mm。弯曲半径太小，容易造成折射损耗过大和色散增大。时间长了，也可能出现断纤现象。

在盘纤时，注意光纤的扭曲方向，一般是倒“8”字型，注意不要扭断光纤，盘完后将光纤全部放入收容盘的挡板下面，避免封装时损伤光纤。

5. 接头盒的密封

在实际工程中光缆接头盒的密封很重要。因为接头盒进水后光纤表面很容易产生微裂痕，时间长了光纤就会断裂，而且接头盒又是以直埋方式在地下的居多，所以必须做好接头盒的密封。接头盒的密封，主要是光缆与接头盒、接头盒上下盖板之间这两部分的密封。在进行光缆与接头盒的密封时，要先进行密封处的光缆护套的打磨工作，用砂布在外护套上垂直光缆轴向打磨，以使光缆和密封胶带结合得更紧密，密封得更好。接头盒上下盖板之间的密封，主要是注意密封胶带要均匀地防止在接头盒的密封槽内，将螺丝拧紧，不留缝隙。接头盒如图 3—36所示。

接续工作台如图 3—37 所示，交接箱如图 3—38 所示。

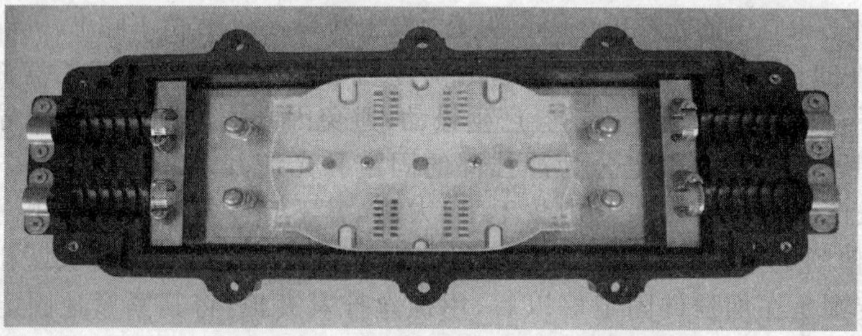

(a)卧式接头盒

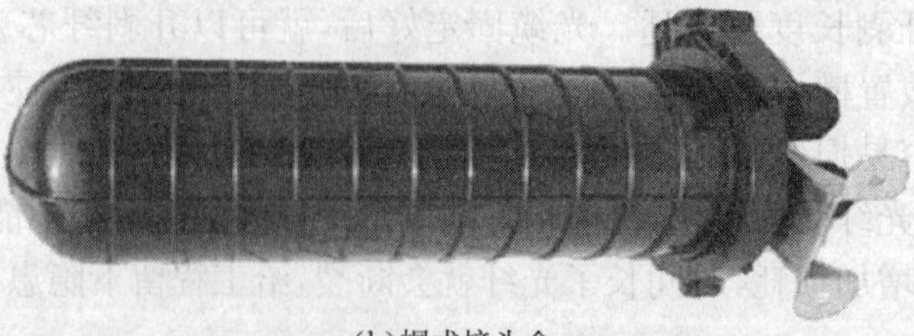

(b)帽式接头盒

图 3—36　卧式接头盒和帽式接头盒

图 3－37　接续工作台

图 3－38　交接箱

## 七、想 一 想

1. 总结光缆接续程序。
2. 光缆接续应注意什么事项？
3. 对比分析各种接头盒有什么特点。
4. 光缆交接箱功能是什么？如何安装？
5. 查找光缆接续最新技术资料，如何提高光缆接续质量？

# 项目四　光缆测试

光纤测量的仪表是光时域反射仪(Optical Time Domain Reflectometer,OTDR),OTDR利用光线在光纤中传输时,瑞利散射所产生的背向散射而制成的精密的光电一体化仪表。

OTDR用于光缆线路的施工、维护之中,可以进行光纤长度、光纤的传输衰减、接头衰减和故障定位等的测量。

## 一、学习目标

(一)掌握光纤测量原理;

(二)能正确使用OTDR仪表;

(三)会单盘光缆测试。

## 二、工作任务

(一)会测量光纤的平均损耗;

(二)会测量光纤的熔接损耗;

(三)会测量光纤的反射损耗;

(四)会测量光纤长度。

## 三、阅读与理解

(一)OTDR工作原理

1. 瑞利散射

当光线在光纤中传播时,由于光纤中存在着分子级大小和结构上的不均匀,光线的一部分能量会改变其原有传播方向向四周散射,这种现象被称为瑞利散射。其强度与波长的4次方成反比,其中又有一部分散射光线和原来的传播方向相反,被称为背向散射,如图4-1所示。

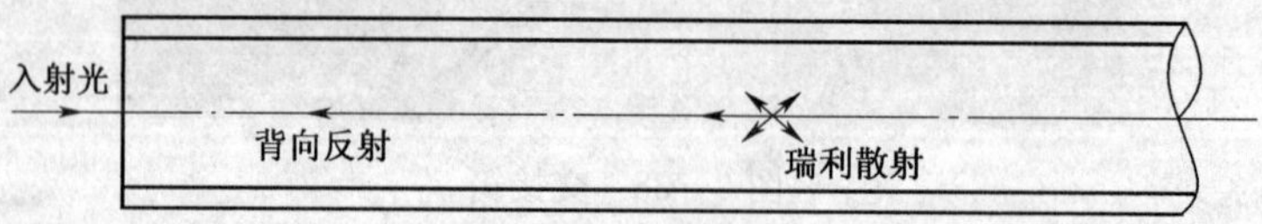


图4-1　背向散射

2. 菲涅尔反射

当光线由一种媒质进入另一种媒质时,会产生的一种反射。其反射强度与两种媒质的相对折射率的平方成正比,如图4-2所示。一束能量为$P_0$的光,由媒质1(折射率为$n_1$)进入媒质2(折射率为$n_2$)产生的反射信号为$P_1$,则

$$P_1 \propto \left(\frac{n_1-n_2}{n_1+n_2}\right)^2 \tag{4-1}$$

OTDR利用光纤的特性进行工作,原理如图4-3所示。

当光纤的一端注入一个功率为$P_0$的窄脉冲在光纤传输时,距输入端距离为$L$的A点经

背向散射回到输入端的光功率为

$$P_L = SP_0 e^{-2\alpha L} \tag{4-2}$$

式中,$S$ 为光纤背向散射系数,$\alpha$ 为光纤传输衰减常数。

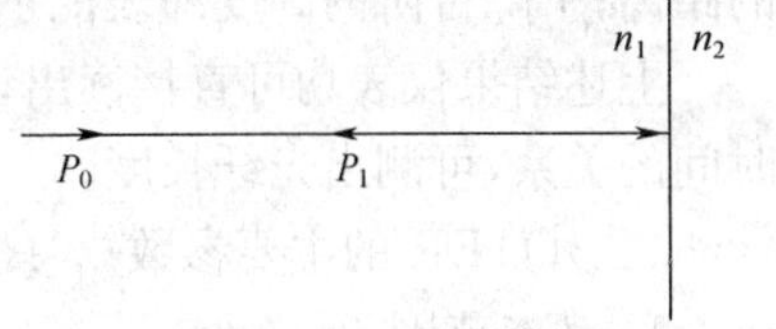

图 4－2 反射信号

光信号由注入端进入光纤到达 A 点,经背向散射回到注入端的时间 $t$ 和 $L$ 之间的关系为

$$L = \frac{1}{2}vt = \frac{ct}{2n_1} \tag{4-3}$$

式中,$c$ 为光在真空中的传播速度($3\times10^5$ km/s),$n_1$ 为光纤纤芯折射率,$t$ 为一束光由注入端起到回到该点的时间。

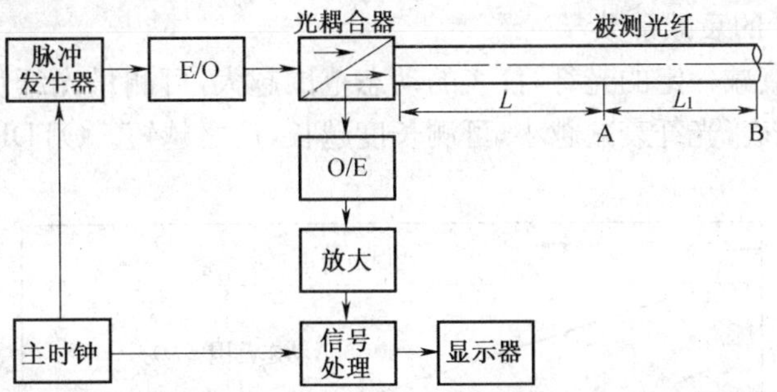

图 4－3 OTDR 原理

可见,只要测出光信号返回时间及其对应的光功率就可算出光纤的长度,并可由公式进行光纤衰减计算。在图 4－3 中,光纤中 B 点经散射返回到始端的光功率为

$$P_B = SP_0 e^{-2\alpha(L+L_1)} \tag{4-4}$$

则 A－B 间光纤的衰减(单位为 dB)为

$$\alpha_{L_1} = \frac{1}{2}\lg\frac{P_L}{P_B} = \frac{1}{2}\lg\frac{SP_0 e^{-2\alpha L}}{SP_0 e^{-2\alpha(L+L_1)}} = \tag{4-5}$$

$$\frac{1}{2}\lg SP_0 e^{-2\alpha L} - \frac{1}{2}\lg SP_0 e^{-2\alpha(L+L_1)} \tag{4-6}$$

根据上述原理,由光纤一端注入一个很窄的光脉冲,以在该端接收背向散射信号,并对数处理后,所得结果作为纵坐标,以信号回到该点的时间先后为横坐标(实际仪表显示采取长度 $L=\frac{ct}{2n}$),显示该光纤的背向散射曲线,OTDR 的典型背向散射特性曲线如图 4－4 所示。

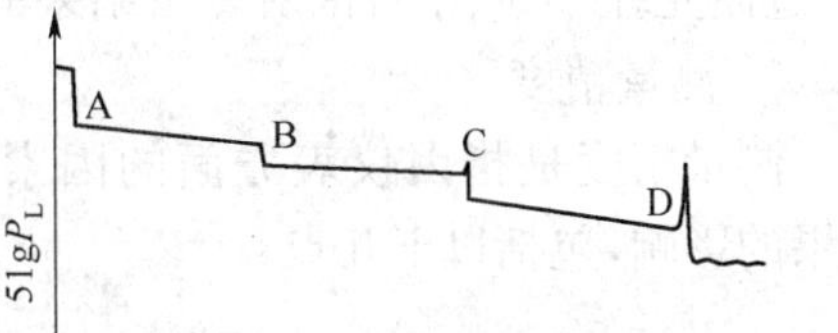

图 4－4 背向散射曲线

OA 段为盲区,其长度和注入光脉冲宽度成正比;

A－B、B－C、C－D 段为均匀光纤;

B 点是光纤的熔接接头产生的下降台阶;

C 点是光纤的活动连接器接头产生的菲涅尔反射的下降台阶或由光纤裂缝产生的局部菲涅尔反射。

D 点是光纤末端由于光纤与空气之间的折射率差而产生的菲涅尔反射;

在曲线中只要读出两点的电平差就是该点间的光纤衰减;水平两点间的差即为该两点间

的距离;下降台阶的高度即表征了光纤的接头衰减。

上述结果仪表均可直接读出,并可得到光纤的衰减常数 $\alpha$,根据光在光纤中传输的速度与时间的关系,可测出光纤长度。

(二)OTDR 的主要参数

1. 动态范围

当被测光纤过长时,测试曲线就会出现如图 4—5 所示的情况。仪表实际可以测量的光纤最大长度为

$$L_{\max}=\frac{D}{\alpha} \tag{4—7}$$

式中,$D$ 为 OTDR 的动态范围,即初始背向散射电平与噪声电平的差值(单位为 dB)定义为动态范围,$\alpha$ 为光纤的衰减常数。

由分析可知:对衰减一定的光纤,仪表的动态范围越大,可测量光纤长度越长,反之越短;对同一动态范围的仪表,光纤衰减越小,可测长度越长,反之越短。OTDR 的动态范围并不是越大越好。

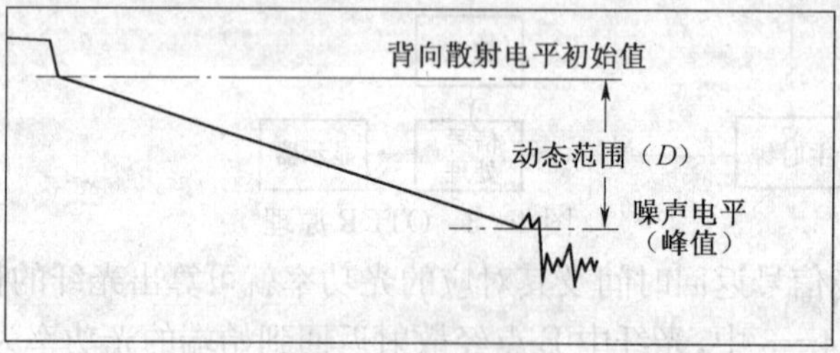

图 4—5 动态范围

2. 盲区

盲区是指由于光纤和仪表耦合时存在空隙产生的菲涅尔反射远大于背向散射,致使放大器饱和而掩盖了背向散射信号,使仪表无法测量那段光纤长度,如图 4—6 所示。实际工程测量时,常加入一段"过渡光纤"来减小盲区对测量结果的影响。

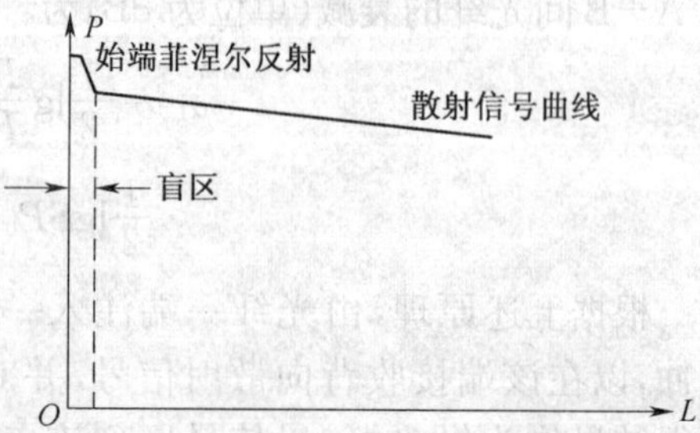

图 4—6 盲区

3. 测量精度

测量精度是指因仪表方面的因素对长度测量结果的影响,包括以下几点:

第一是仪表折射率的设置。由于 OTDR 是依据测量时间,利用公式 $L=\frac{ct}{2n}$ 来计算光纤长度的。为保证测量结果的准确性,每次测量之前必须根据光纤实际折射率值对仪表参数进行设置,但因它们之间总存在误差,导致测量结果产生误差。

第二是仪表内部作为时钟的晶振频率的准确性和稳定度。因所测得时间的准确度受时钟影响,所以时钟影响会给长度测量带来一定的误差。

第三是仪表在进行数据处理时采样的间隔。取样点越多,取样间隔越小,实际曲线和显示曲线就越接近,误差就越小。

(三) OTDR 的使用方法

OTDR 的使用方法以 AV6411A 为例加以说明。

首先应熟悉 OTDR 仪表面板上的各种软、硬按键、菜单说明及基本操作,如图 4—7 所示。

主菜单包括条件、测量、文件、显示及系统 5 个部分。

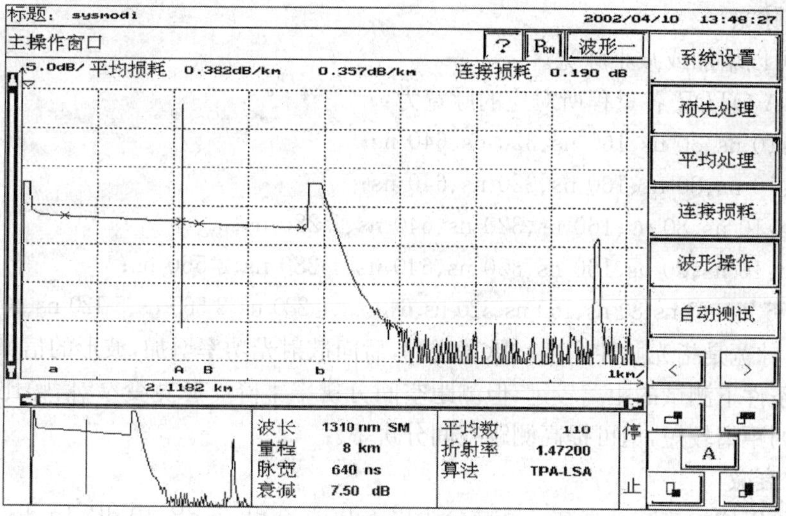


图 4－7 OTDR 仪表面板

在测试轨迹之前，必须先设定测试条件，如测试波长、量程、脉宽等参数。点击测试条件显示区域内的任意一点，则屏幕上将显示出测试条件的修改界面，如图 4－8 所示。点击不同的条件项，如“波长”、“量程”、“算法”、“平均次数”等任意一项，则在相应位置出现。

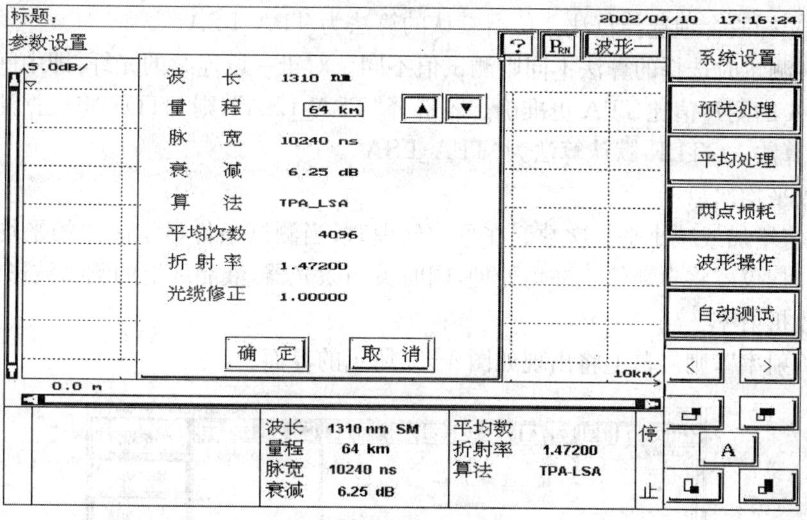


图 4－8 设定测试条件

键即是两个三角形的按钮，通过点击这两个键，可修改设置的值。当条件设定好后，点击键确定设置，若点击键则忽略修改，测试条件的设定保持不变。

(1)修改波长

如果本机模块为双波长，则点击键将把波长设为1 550 nm，再点击键则将把波长设为 1 310 nm，如此可循环设置。如果本机模块为单波长，则波长不能被修改。

(2)修改量程

点击键可增加量程，也可减小量程。AV6411A OTDR 的量程分为 4 km、8 km、16 km、32 km、64 km、128 km、256 km。

请注意:量程的设定值必须大于被测光纤的长度。最好大于被测光纤长度的两倍，否则在测试曲线上将会出现二次反射峰(又称鬼影)。

(3)修改脉宽

点击键可以增加或减小脉宽。

AV6411A OTDR 各量程所对应的脉宽为:

①4 km:10 ns、80 ns、160 ns、320 ns、640 ns;

②8 km:10 ns、80 ns、160 ns、320 ns、640 ns;

③16 km:10 ns、80 ns、160 ns、320 ns、640 ns、1 280 ns;

④32 km:10 ns、80 ns、160 ns、320 ns、640 ns、1 280 ns、2 560 ns;

⑤64～256 km:10 ns、80 ns、160 ns、320 ns、640 ns、1 280 ns、2 560 ns、5 120 ns、10 240 ns。

请注意:脉宽是指光脉冲宽度。脉宽增加,后向散射光功率增加,波形的信噪比得到改善,而且在相同条件下测试的距离较远,但测距空间分辨率下降。脉宽变窄,信噪比变差,在相同条件下测试的距离较短,但可提高测距空间分辨率。

(4)修改衰减

点击键可以增加或减小衰减。衰减分为以下几挡:0 dB、5 dB、10 dB、15 dB 和 20 dB。

请注意:衰减过小会使仪器的放大器饱和,引起非线性限幅(波形平顶);衰减太大会使液晶屏上波形过低,信噪比变差,影响测试数据,这些情况应当避免。

(5)修改算法

点击键将改变算法。算法分为 TPA(两点法)、LSA(最小二乘法)、TPA_LSA(合成法)。应根据不同光纤段合理选择算法。仪器默认的算法为 TPA_LSA。

请注意:测量时选择的算法不同则测试值不同。对于一段连续的光纤,即中间没有任何事件点,则 LSA 的测量值比 TPA 更准确。若选择"TPA_LSA",则 OTDR 将根据测试项目的不同自动选择算法。OTDR 默认算法为"TPA_LSA"。

(6)修改平均次数

点击键将增加或减小平均次数。在平均处理时,当测试条件显示区内的平均数等于设定的平均次数时,仪器将自动停止平均处理,同时关闭激光器,液晶屏上的测试波形将停止刷新。

(7)修改折射率

点击"折射率",则屏幕上将出现如图 4－9 所示的界面。

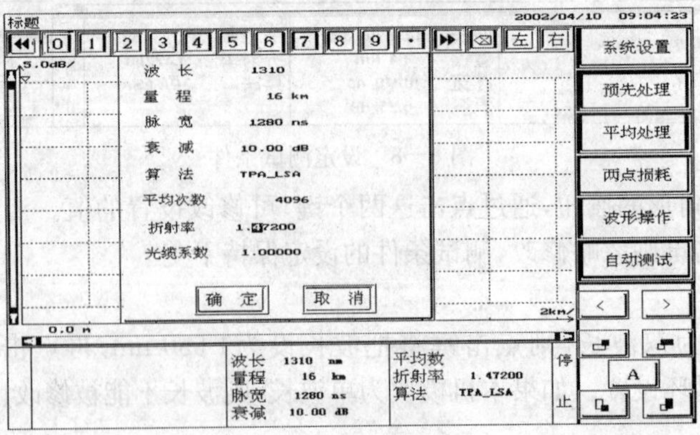


图 4－9　修改折射率

折射率默认值为 1.460 00,可在 1.000 00～1.999 99 范围内变化。折射率的设置必须与光纤或光缆生产厂商所给的数值一致,否则将直接影响光纤或光缆长度测试以及平均损耗测试的准确度。

(8)修改光缆系数

点击"光缆修正",则屏幕上将出现类似图 4－9 所示的界面。只是小方块将出现在表示光缆系数的数值上。光缆系数的默认值为 1.000 0,可在 0.800 0～1.00 00 范围内变化。

由于光纤在成缆时存在弯曲扭绕等现象,其实测长度比在光缆中对应位置要长些,为了光缆的故障点精确定位,应根据光缆厂商给定的成缆系数以及铺设光缆的实际情况进行适当的修正,否则将直接影响光纤或光缆长度测试以及平均损耗测试的准确度。

## 四、实践与操作

(一)测试光纤

1. 预先处理

预先处理是指实时刷新测试轨迹。点击屏幕右侧主菜单项上的"预先处理"键,则激光器工作,测试的光纤轨迹将显示在屏幕上,并实时刷新。此时屏幕右侧菜单项上的"预先处理"键变为"停止"键,同时屏幕右下方的状态栏内显示"预先处理",表示此时处于预先处理状态,如图 4－10 所示。点击"停止"键将关闭激光器,停止刷新测试轨迹,同时屏幕右侧菜单项上的"停止"键又变为"预先处理"键,而屏幕右下方的状态栏内则显示"停止",表示此时处于停止状态。

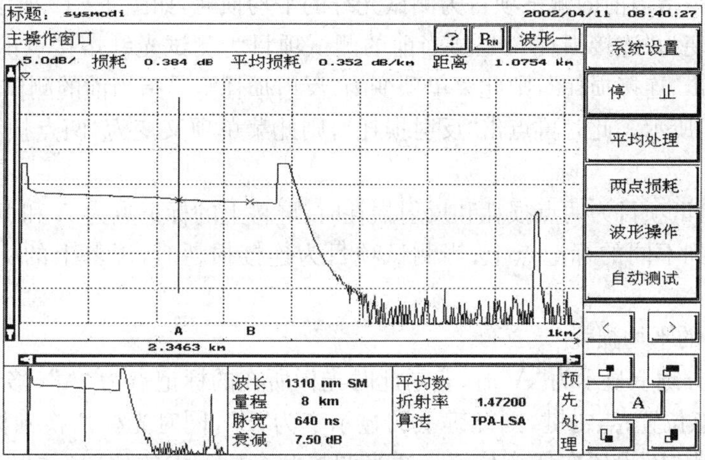


图 4－10　预先处理

请注意:接入光纤前,必须将 FC 接头用无水乙醇擦拭干净;如果光纤接头不是 FC/PC 接头,请用转接头将光纤接头转为 FC/PC 后,再接入 OTDR;光纤或光缆接入 OTDR 前,必须确保光纤或光缆中无信号,否则将可能造成 OTDR 永久性的损坏。

2. 平均处理

平均处理是指对测试轨迹进行处理。点击菜单项上的"平均处理"键,则激光器工作,测试轨迹将显示在屏幕上,并不断叠加处理,此时屏幕右侧菜单项上的"预先处理"键变为"停止"键,"平均处理"键变为"暂停"键,同时屏幕右下方的状态栏内显示"平均处理",表示此时处于平均处理状态,如图 4－11 所示。此时点击"停止"键或当显示的平均数等于设定的平均次数时,激光器被关闭,测试轨迹停止刷新。点击"暂停"键,则平均处理被暂停,此键转为"继续"键,同时屏幕右下方的状态栏内显示"暂停",表示此时处于暂停状态,激光器关闭,测试轨迹暂时停止刷新,当再点击此键时,将在原来的平均次数上继续进行叠加处理,同时屏幕右下方的状态栏内显示“平均处理”。

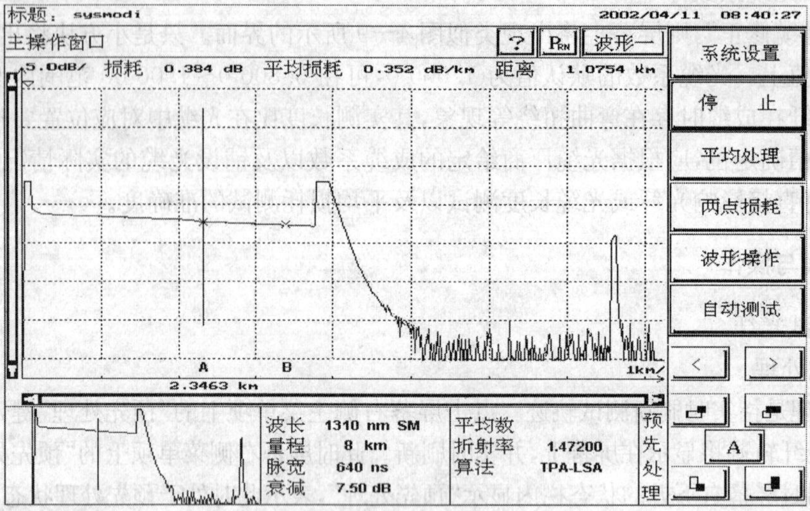


图 4－11 平均处理

(二)设定测试项目

“两点损耗”是指当前的测试项目为测试光纤的平均损耗，如图 4－12 所示。点击“两点损耗”，则此菜单项变为“连接损耗”，是指当前的测试项目为测试光纤熔接点的连接损耗，如图 4－13所示；再点击“连接损耗”，则此菜单项变为“反射损耗”，是指当前的测试项目为测试反射损耗，如图 4－14 所示。此时再点击“反射损耗”，则此菜单项又变为“两点损耗”，如此可循环设置测试项目。

请注意：当测试项目为两点损耗和反射损耗时，屏幕上的标记点为 A 和 B 两个，可通过点击键将光标切换到不同的标记点上；当测试项目为连接损耗时，屏幕上的标记点为：A、a、B 和 b。

1. 测量光纤的平均损耗

当屏幕右下方键上显示为“A”时，表示此时光标所在的标记点为“A”，移动光标可将标记点“A”设置在任意位置；点击键，则此键上的显示变为“B”，同时光标切换到标记点“B”上，移动光标可将标记点“B”设置在任意位置。适当调整两个标记点的位置，并保证两标记点间没有任何事件点，且标记点均在测试轨迹较平坦的曲线上，则在屏幕上将显示出这两个标记点所在光纤段的平均损耗值，如图 4－12 所示。

请注意：当测试项目为两点损耗和反射损耗时，屏幕上的两个标记点的顺序为 A、B。当 A 点距离超过 B 点或 B 点距离小于 A 点时，两个标记点均会重合。

2. 测量光纤的熔接损耗

测量光纤的熔接损耗时，屏幕上将出现 4 个标记点，将标记“a”和“A”移动到熔接点之前的测试轨迹上。适当调整两个标记点的位置，使得“A”位于熔接点附近；将标记“B”和“b”移动到熔接点之后的测试轨迹上，并保证以上两对标记点间没有任何事件点，并均位在光纤曲线的平坦部位，则在屏幕上将显示出熔接损耗的测量值，如图 4－13 所示。此时屏幕上的 4 个标记点的顺序为：a、A、B、b。

当前一个标记点的位置超过后一个标记点的位置或后一个标记点的位置小于前一个标记点的位置时，这两个标记点将重合。

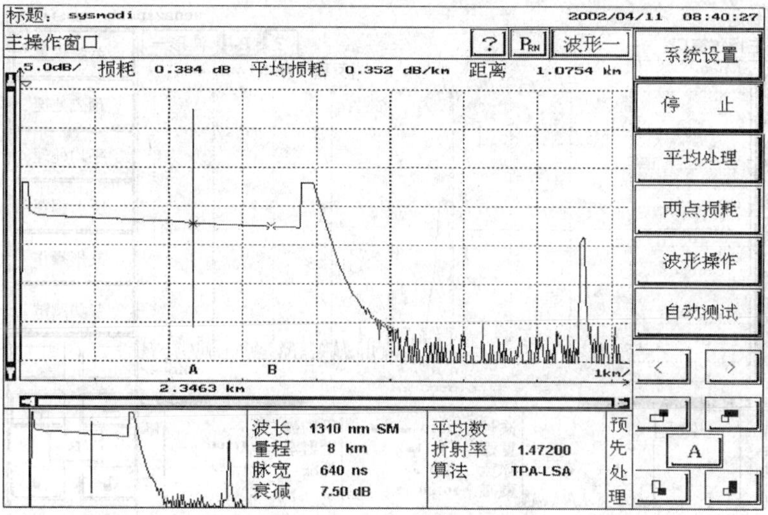


图 4—12　测量平均损耗

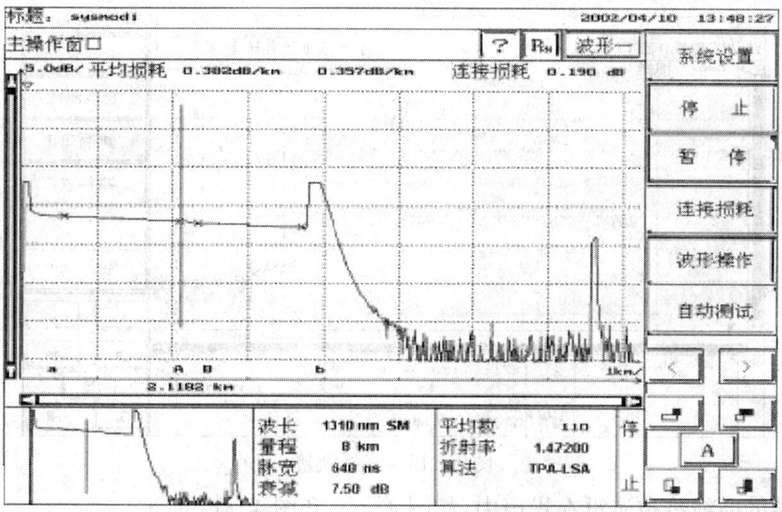


图 4—13　熔接损耗测量

3. 测量光纤的反射损耗

此时屏幕上将出现两个标记点 A、B，此时 A、B 是联动的，移动 A 点时，B 点也随之移动。将标记“A”移动到测试轨迹上菲涅尔反射峰之前的一点上，在将标记“B”移动到菲涅尔反射峰(未饱和的)峰顶，则在屏幕上将显示出反射损耗的测量值，如图 4—14 所示。

(三)自动测试

点击自动测试子菜单上“自动测试”键，则仪器将自动设置测试条件，测试出光纤轨迹，如图 4—15 所示。

当用自动测试功能测试长光纤时，测试结果是全量程曲线，即从光纤近端到远端的全部曲线，但平均处理的次数较小(考虑到测试时间的问题，所以自动测试的平均次数设置的较小)，远端的曲线噪声较大。当用于预先处理或平均处理(即手动测试)测试长距离曲线时，将脉宽设置为最大值，衰减设置为最小值，则此时测试的光纤距离最长，但光纤前段将出现平顶。如果需要观察近端的光纤曲线，请将脉宽值减小，衰减值增大，则光纤近端的曲线将被测试出来，

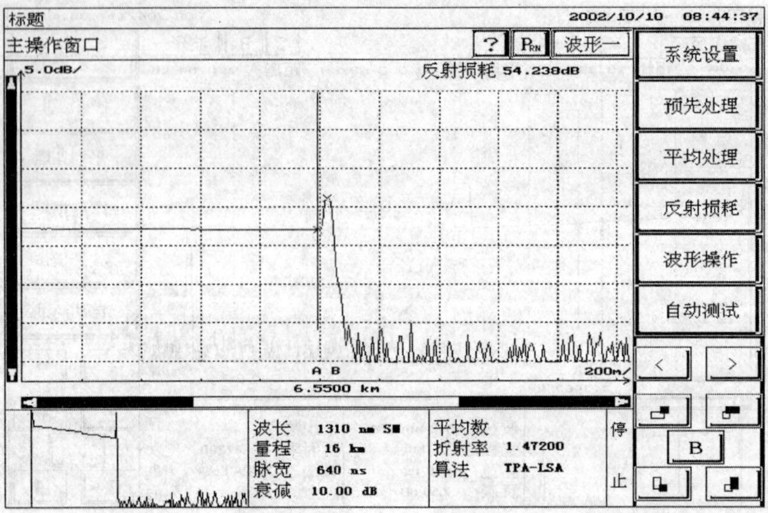


图 4—14 反射损耗测量

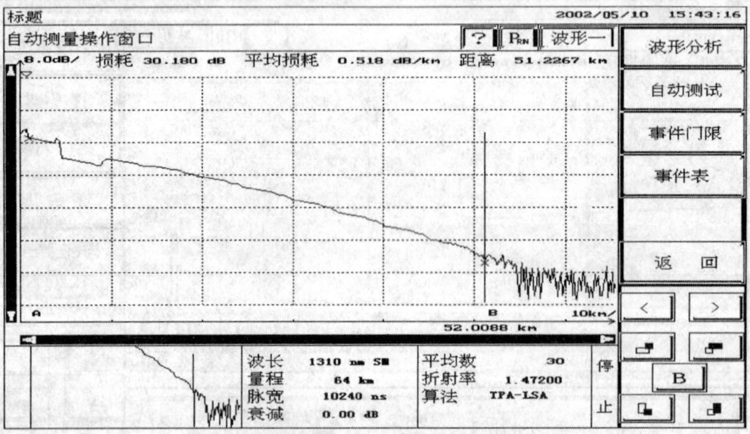


图 4—15 光纤轨迹

此时光纤远端的曲线将被淹没在噪声中，如图 4—16 和图 4—17 所示。

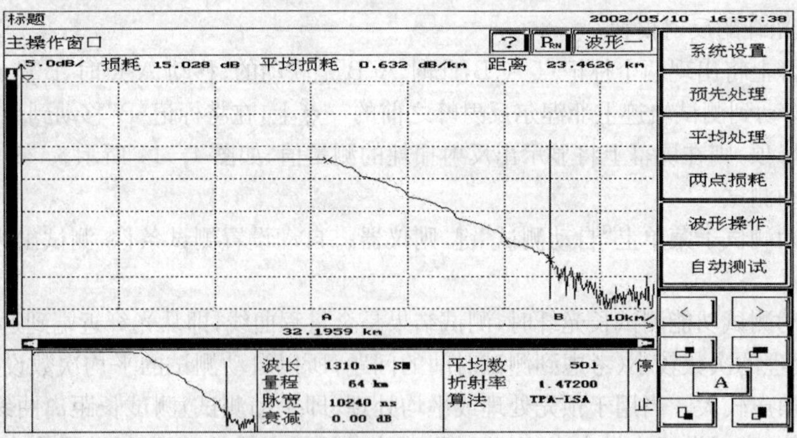


图 4—16 光纤前段出现平顶

（四）设定事件分析阈值

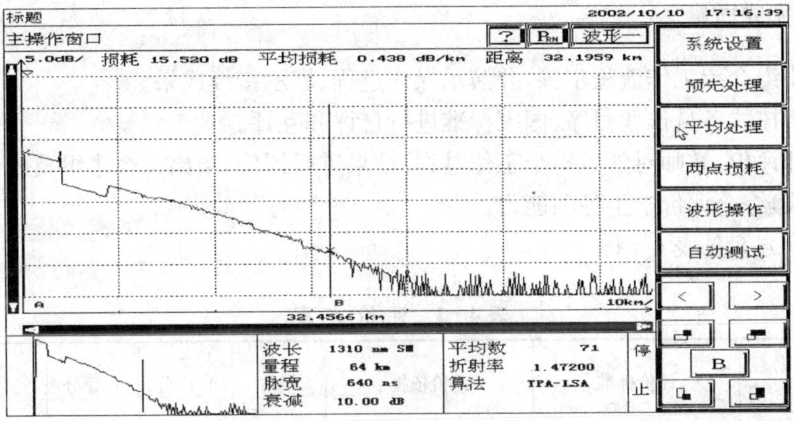


图 4－17　远端曲线被淹没

点击自动测试子菜单上“事件门限”键，则屏幕上出现如图 4－18 所示的界面。

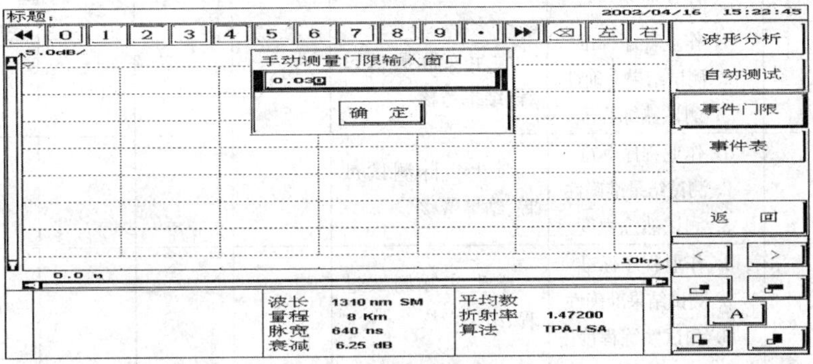


图 4－18　设定事件分析阈值

点击“0”～“9”的任意一个键，则可将小方块所在的数字更改为所点击的数字。当门限值修改好后，点击“确定”键则退出事件门限的修改界面，同时将修改后的值保存。当进行轨迹分析时，大于事件门限的事件点将被显示出来，而小于事件门限的事件点将被忽略。

（五）事件表

当波形分析完毕，且找到事件点后，“事件表”键有效，此时点击此键可观察到事件列表，如图 4－19 所示。点击“上一事件”和“下一事件”可以观察事件点在光纤轨迹上的位置。

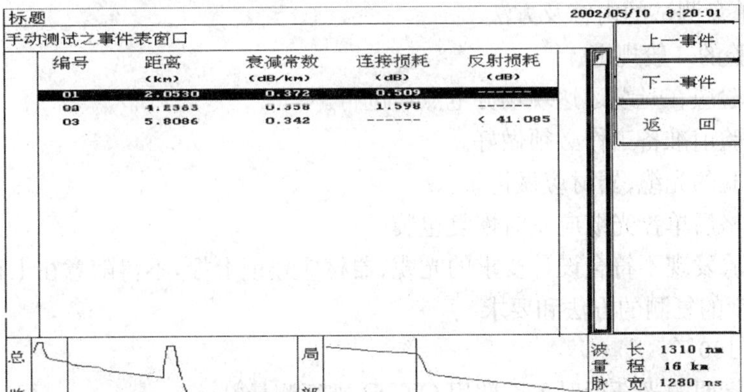


图 4－19　事件表

## 五、评价完成质量

(一)各小组介绍工作流程步骤,并演示操作过程、展示接续成果。

(二)学生按线务员作业程序、国家标准进行自评和互评。

(三)教师评价:教师对学生整个工作过程、结果进行评价,指出每个小组及成员的优点,并提出改进建议,综合评价学生各项能力。

(四)评价方案见表4—1。

**表4—1　评价方案**

| 评价指标(依据教学阶段设计) | 评价标准 | 评价依据 | 权重 | 自评分 | 互评分 | 教师评分 | 平均分 |
|---|---|---|---|---|---|---|---|
| OTDR仪使用 | 1. OTDR仪操作程序标准<br>2. 操作熟练程度 | 学生实际操作过程、结果考核 | 30 | | | | |
| 平均损耗测试 | 1. 作业程序标准<br>2. 测试结果准确性<br>3. 测试熟练程度 | 学生实际测试过程、结果考核 | 20 | | | | |
| 熔接损耗测试 | 1. 作业程序标准<br>2. 测试结果准确性<br>3. 测试熟练程度 | 学生实际测试过程、结果考核 | 20 | | | | |
| 反射损耗测试 | 1. 作业程序标准<br>2. 测试结果准确性<br>3. 测试熟练程度 | 学生实际测试过程、结果考核 | 20 | | | | |
| 评价完成质量 | 1. 作业程序<br>2. 行业标准 | 1. 实际操作过程<br>2. 学生测试结果 | 10 | | | | |

## 六、相关理论知识

(一)光缆单盘测试的概念及目的

光缆在敷设之前,必须进行单盘检验。单盘检验工作包括对运到现场的光缆及连接器材的规格、程式、数量进行核对、清点、外观检查和光电主要特性的测量。

(二)光缆单盘测试的内容及方法

1. 单盘检验的一般规定

(1)单盘检验应在光缆运达现场分屯点后进行。

(2)单盘检验前准备工作必须做好。

(3)经过检验的光缆、器材应做记录。

(4)检验合格后单盘光缆应及时恢复包装。

(5)对经检验发现不符合设计要求的光缆、器材应登记上报,不得随意在工程中使用。

2. 光缆长度的复测的方法和要求

(1)抽样为100%。

(2)按厂商标明的光纤折射率系数用OTDR进行测量。

(3)按厂商标明的光纤与光缆的长度换算系数计算出单盘光缆长度。

(4)要求厂商光缆的出厂长度只允许正偏。

3. 光缆单盘损耗测量

(1)现场损耗测量的特点和要求

①测量设备要求仪表化。

②光源应是单一波长性质的,应选择满足 0.85 μm、1.3 μm 或 1.55 μm 不同波长要求的光源。

③测量仪表应经过校准,当多部仪表同时测量时应注意统调。

④测量方法可选用 ITU-T 建议的替代法——后向法或插入法。

⑤测量精度偏差要求不超过规定。

⑥测试人员应经过训练并有较高的业务素质。

(2)损耗的现场测量方法及选择

光纤的光损耗是指光信号沿光纤波导传输过程中光功率的衰减。单位长度上的损耗量称损耗常数,单位为 dB/km。

①切断测量法

切断测量法是以 $N$ 次测量为基础的带破坏性的方法,如图 4－20 所示。

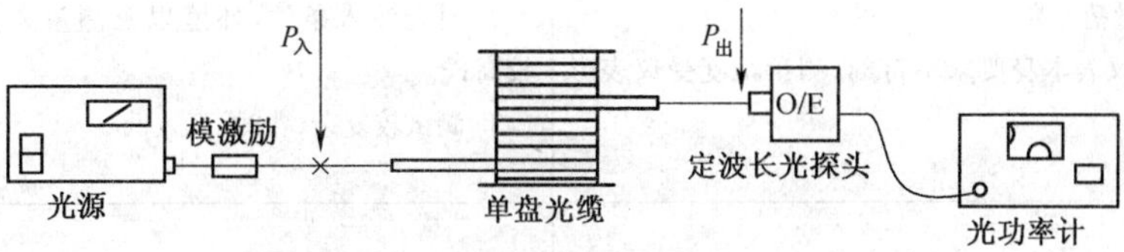


图 4－20　切断测量法

②后向测量法

后向测量法又称为 OTDR 法,这是一种非破坏性且具有单端(单方向)测量特点的方法,如图 4－21 所示。

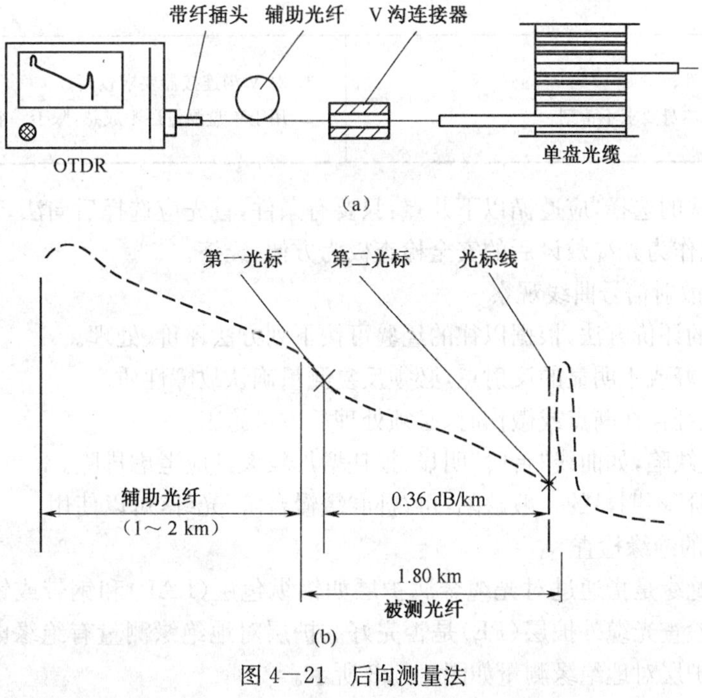


图 4－21　后向测量法

③插入测量法

插入测量法又称介入损耗法，这也是一种非破坏性的测量方法。对于单盘光缆损耗的测量，采用如图 4－22 所示的方法，可以得到偏差小于 0.1 dB 的效果。

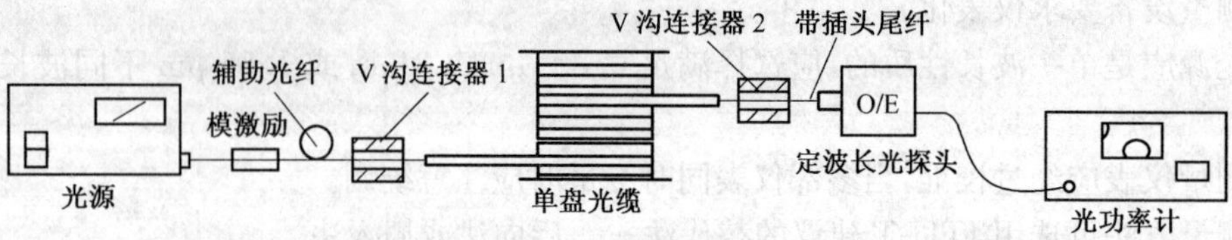


图 4－22　插入测量法

④现场测量方法的比较和选择

3 种测量方法的比较见表 4－2。

**表 4－2　3 种现场测量方法比较**

| 方法 | 优　点 | 缺　点 |
|---|---|---|
| 切断法 | 1. ITU-T 推荐为基准测量法测量原理符合损耗定义，测量精度高；<br>2. 对仪表本身要求不苛刻，测量精度受仪表影响较小 | 1. 破坏性，切断光缆；<br>2. 对光注入条件，环境以及测量人员操作技能要求较高；<br>3. 测试较复杂，费时、工效低 |
| 后向法 | 1. 非破坏性；<br>2. 具有单端测量优点；<br>3. 可与长度复测、后向信号曲线观察同时进行，具有速度快、工效高等特点；<br>4. 测量方便易于操作 | 1. 对仪表性能、精度要求高；<br>2. 测量精度受仪表本身影响较大 |
| 插入法 | 1. 非破坏性；<br>2. 对仪表本身要求不苛刻 | 1. 对 V 沟连接器要求较高；<br>2. 用于单盘测量还不成熟，限于一般性测量 |

现场测量方法的选择，应遵循以下几点：只要有条件，首先应选择后向法，切断法一般不宜普遍采用，插入法作为光缆敷设后的安全检查极为方便、经济。

4. 光纤后向散射信号曲线观察

对信号曲线的评价方法，根据以往的经验可按下列方法评价、处理。

(1)发现反射峰或不明显的反射点，必须反复测量确认故障性质。

(2)当确认光纤存在断点或微伤时，必须处理后方可施工。

(3)对于严重缺陷，如曲线"台阶"明显、损耗增加较大则应考虑排除。

(4)对于"台阶"不明显的一般缺陷，可视同"缓慢台阶"光纤，可以使用。

5. 光缆护层的绝缘检查

光缆护层的绝缘是指通过对光缆金属护层如铝纵包层(LAP)和钢带或钢丝铠装层的对地绝缘的测量来检查光缆外护层(PE)是否完好。护层对地绝缘测量有绝缘电阻的测量和绝缘强度的测量。护层对地绝缘测量如图 4－23 所示。

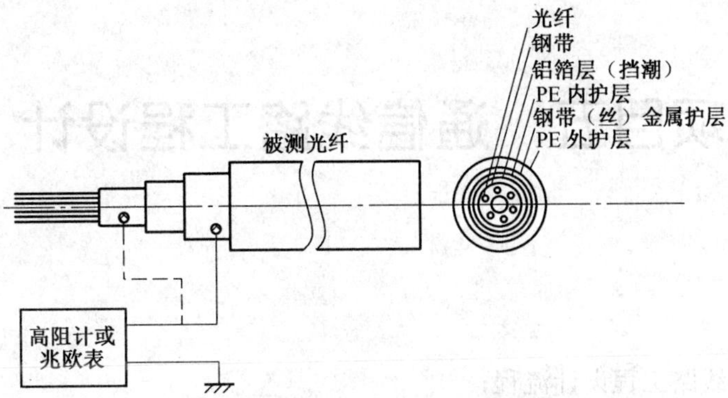


图 4－23　护层对地绝缘测量

## 七、想 一 想

1. 光纤测量的内容有哪些？如何测量这些指标？
2. 什么是盲区？如何减少它的影响？
3. 光纤测量要注意些什么？
4. 光缆的现场测试内容是什么？如何进行光缆的现场测试？
5. 查找光缆现场自动检测最新技术，它们是如何进行自动检测的？

# 项目五　通信线路工程设计

**学习目标**

(一)掌握通信线路工程设计流程;
(二)掌握通信线路工程设计原则;
(三)掌握通信线路工程设计原理和方法。

**工作任务**

(一)掌握通信线路工程设计文件编制;
(二)掌握通信线路工程表格的编制。

## 模块一　工程量的计算

### 一、学习目标

(一)掌握工程量统计的八大基本原则;
(二)掌握工程量计算的基本准则;
(三)掌握通信线路工程量计算规则;
(四)掌握通信线路设备安装工程量计算规则;
(五)掌握通信工程量计算。

### 二、工作任务

(一)掌握通信线路工程量计算;
(二)掌握通信线路设备安装工程量计算。

### 三、阅读与理解

(一)通信线路工程设计程序

根据工程规模大小等因素,通信建设工程设计阶段可分为三阶段设计、两阶段设计和一阶段设计。通信线路工程的路由勘测为设计提供了翔实的现场资料。此外,通信线路工程的竣工验收和竣工资料的编制归档也是保证工程质量和运行维护的重要内容。

通信工程建设流程是一个建设项目从设想、选择、评估、决策、设计、施工到竣工验收、投入生产的整个建设过程。其中包含了各项工作必须遵守的法则和规定。这个法则是客观的,是通信工程建设项目能够顺利完成的重要保证。

通信工程建设流程一般包括3个阶段:立项阶段、实施阶段和验收投产阶段。其中立项阶段包括项目建议书、可行性研究;实施阶段包括初步设计、年度计划、施工准备、施工图设计、施工招投标、开工报告和施工等阶段;竣工投产阶段包括初步验收、试运转、竣工验收、投产等阶段。

任何通信线路的新建、改建、扩建工程都必须经过两个主要过程,即勘测过程和施工过程。没有勘测设计就不能进行施工,因此勘测设计是施工的根本依据。勘测的目的是为设计与施工提供必要的原始资料,没有实地勘测的资料,就不可能编制出正确的设计文件,更不可能进行施工,因此勘测又是设计与施工的基础。

一般勘测工作都要经过查勘、路由选择和收集资料3个阶段。首先是查勘。其次是路由选择,包括选定路由的基本条件和选择路由的一般要点。第三是收集资料,包括向建设单位收集内容、与电力或者铁道部门联系、与其他部门联系等。

通信线路工程设计应该根据通信网络发展的需要,应用相关的技术成果和长期积累的实践经验,按照建设项目的需要,利用查勘、测量所取得的基础资料和技术标准,进行系统综合设计的过程。对技术的准确应用,对现场情况的准确处理,对通信网络需求的准确预测是影响设计方案质量的标准之一。

通信线路工程设计一般要经过规划、设计和审批3个阶段。根据工程规模、技术复杂程度和是否采用新技术等因素,设计阶段又可划分为初步设计、技术设计和施工图设计3个阶段,每一阶段的内容和深度有所不同。三阶段设计包括初步设计阶段、技术设计阶段和施工图设计阶段。两阶段设计包括初步设计阶段和施工图设计阶段。工程规模较小、技术成熟的通信线路工程建设项目可直接进行一阶段设计,即直接进入施工图设计阶段。

### (二)通信线路工程概、预算的编制

#### 1. 通信线路工程概、预算概述

通信工程建设项目设计的概、预算是初步设计概算和施工图设计预算的统称。它所表达的是工程项目的计划价格。合理地进行工程项目的概、预算工作,可以有效地控制通信工程建设项目的投资经济性和合理性。设计的概、预算的编制应该以初步设计和施工图设计为基础。通信工程建设项目的概、预算是考核设计方案经济性和合理性的重要指标,同时也是确定项目建设计划、签订合同、办理贷款、竣工决算和工程造价衡量的主要依据。

一般情况下,依据工程规模大小、技术复杂程度等因素,通信线路工程采用三阶段设计、两阶段设计或者一阶段设计。采用三阶段设计时,初步设计阶段编制概算,技术设计阶段编制修正概算,施工图设计阶段编制施工图预算。采用两阶段设计时,初步设计阶段编制概算,施工图设计阶段编制施工图预算。采用一阶段设计时,直接编制施工图预算,但此施工图预算应该把可能预测的变化因素包含进去。

设计概算是确定和控制固定资产投资、编制和安排投资计划、控制施工图预算核定贷款额度、考核工程设计技术经济合理性和工程造价、筹备设备、材料和签订订货合同的主要依据,在工程招标承包制中是确定标底的主要依据。

施工图预算是考核工程成本、确定工程造价、签订工程承、发包合同、工程价款结算、考核施工图设计技术经济合理性的主要依据。

初步设计概算和修正概算的编制依据包括:

(1)批准的可行性研究报告。

(2)初步设计或技术设计图纸、设备材料表等有关技术文件。

(3)有关主管部门发布的设备、材料、工器具等价格。

(4)通信建设工程概算定额和编制说明。

(5)通信建设工程费用定额及有关文件。

(6)通信建设项目所在地政府发布的有关土地征用和赔补费用规定等。

施工图预算的编制依据包括:

(1)批准的初步设计概算或技术设计的修正概算及有关文件。

(2)施工图、通用图、标准图及说明。

(3)国家有关部门发布的设备、材料、工器具价格及相关文件。

(4)通信建设工程预算定额及有关文件。

(5)通信建设工程费用定额及有关文件。

(6)通信建设项目所在地政府发布的有关土地征用和赔补费用规定。

通信建设工程概、预算文件由概、预算编制说明和概、预算表格组成。

概、预算编制说明主要内容应包括工程概况、编制依据、投资分析和其他需要说明的问题。

工程概况指工程项目的规模、主要用途、设计概、预算总价值等内容。

编制依据主要说明在概、预算编制时所依据的技术标准、概、预算定额、费用定额和其他地方性规定等内容。

概、预算表格主要由 8 张表格组成,适用于不同工程类别与内容的项目。

表一:《概、预算总表》,供编制建设项目总费用或单项工程费用使用。

表二:《建筑安装工程费用概、预算表》,供编制建筑安装工程费使用。

表三甲:《建筑安装工程概、预算表》,供编制建筑安装工程量使用。

表三乙:《建筑安装工程施工机械使用费概、预算表》,供编制施工机械使用费用。

表四甲:《器材概、预算表》,供编制设备、材料、仪表、工具、器具的概、预算和施工图材料清单使用。

表四乙:《引进工程器材概、预算表》,供引进工程专用。

表五甲:《工程建设其他费用概、预算表》,供编制建设项目(或单项工程)的工程建设其他费用。

表五乙:《引进工程其他费用概、预算表》,供引进工程专用。

2. 通信线路工程概、预算费用构成

费用定额是指工程建设过程中各项费用的计取标准,也就是通常所讲的费率的取定。通信建设工程费用定额依据通信建设工程的特点,对其费用构成、费率及计算规则进行了相应的规定,在编写概、预算文件时,必须严格执行这些规定。

通信建设工程项目总费用由各单项工程总费用之和构成,如图 5—1 所示。通信建设单项工程总费用由工程费、工程建设其他费及预备费等构成,如图 5—2(a)、(b)所示。

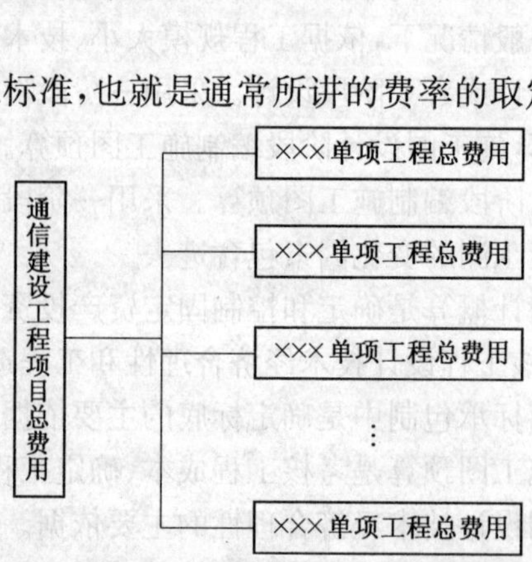

图 5—1 通信建设工程项目总费用构成

(1)工程费

①建筑安装工程费

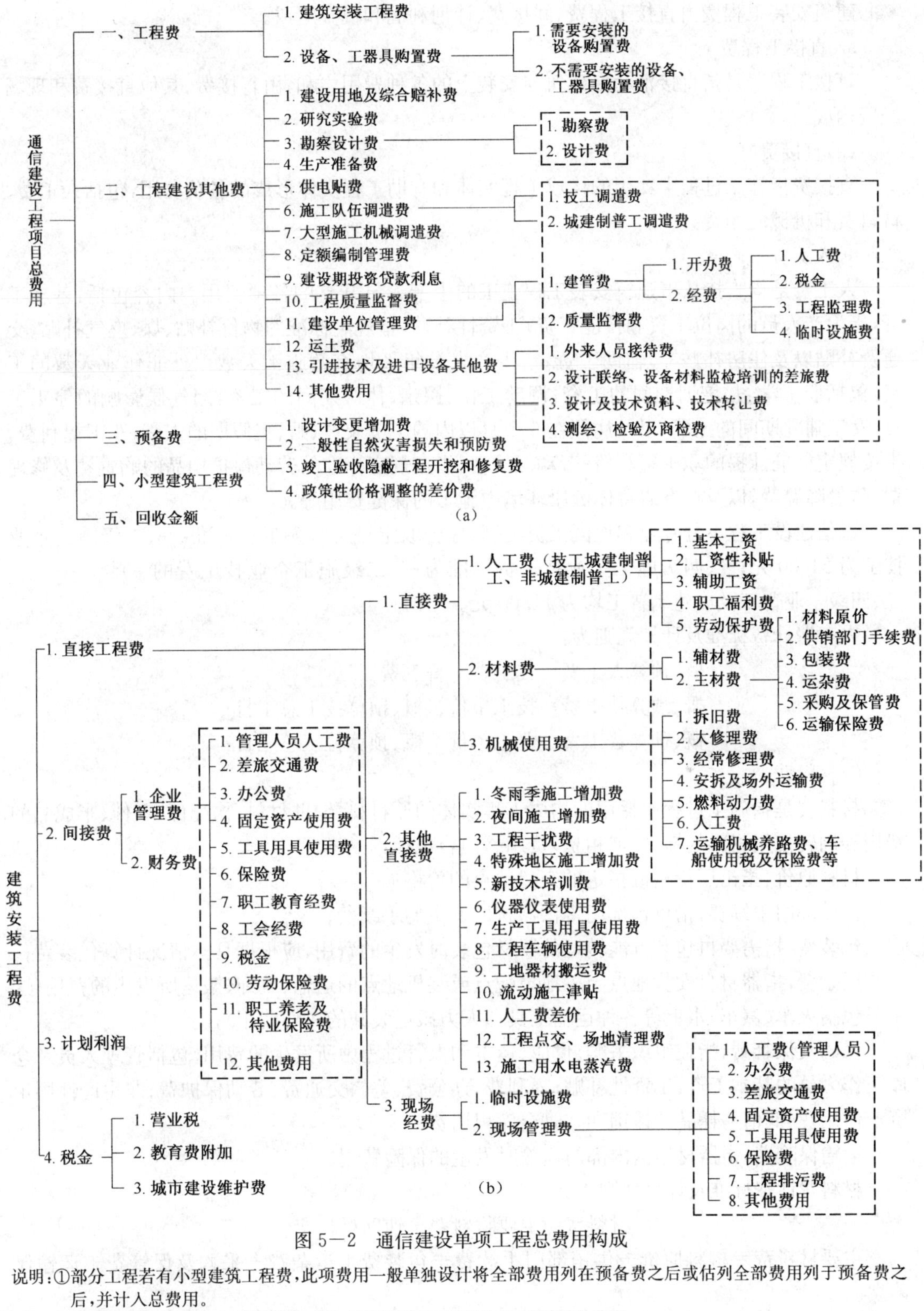


图5—2　通信建设单项工程总费用构成

说明：①部分工程若有小型建筑工程费，此项费用一般单独设计将全部费用列在预备费之后或估列全部费用列于预备费之后，并计入总费用。

②扩建工程若有旧设备、材料回收，应在总费用之后列回收金额，不冲减总费用。

③建管费中工程监理费按信息产业部信规〔2000〕1219号文规定，工程监理费列入表五，序号为11，其他项目序号顺延。

建筑安装工程费由直接工程费、间接费、计划利润和税金组成。

a. 直接工程费

直接工程费是指直接消耗在建筑与安装上的各种费用之和，由直接费、其他直接费和现场经费构成。

(a)直接费

直接费指施工过程中耗用的构成工程实体和有助工程实体形成的各项费用，包括人工费、材料费和机械使用费。

ⓐ人工费

人工费是指直接从事建筑安装工程施工的生产人员开支的各项费用。内容包括：基本工资，指生产人员的岗位工资和技能工资；工资性补贴，指规定标准的物价补贴、煤、燃气补贴、交通费补贴以及住房补贴等；辅助工资，指生产人员年平均有效施工天数以外非作业天数的工资，包括职工学习、培训期间的工资，调动工作、探亲、休假期间的工资，因气候影响的停工工资，女工哺乳期间的工资，以及病假在6个月以内的工资及产、婚、丧假期的工资；职工福利费，指按规定标准计提的职工福利费；劳动保护费，指按规定标准的劳动保护用品的购置费及修理费、防暑降温费，以及在有碍身体健康环境中施工的保健费用等。

通信建设工程不分专业和地区工资类别，综合取定每工日人工费标准：一、二级施工企业技工为24.00元；三、四级施工企业技工费标准为一、二级施工企业技工费的70%。一、二、三、四级企业普工及成建制普工均为11.00元。

人工费计费标准及计算规则为：

概、预算人工费＝技工费＋普工费

概、预算技工费＝技工单价×概、预算技工总工日

概、预算普工费＝普工单价×概、预算普工总工日

ⓑ材料费

材料费是指施工过程中耗用的构成工程实体的原材料、辅助材料、构配件、零件、半成品的费用和周转使用材料的摊销(或租赁)费用。内容包括：

材料原价，指出厂价格或指定的交货地点的价格；

供销部门手续费，指供销部门筹供器材所发生的手续费；

包装费，指需要再包装方能转运的器材包装时发生的费用，应根据具体情况计算包装费；

运杂费，指器材自发货地点至工地集配点或装机地点的运输、装卸、搬运所发生的费用(这中间包括火车、汽车、水上等各种运输工具和人力搬运装卸的一切费用)；

采购及保管费，指在组织采购、供应、运屯和保管过程中所发生的费用，包括管理人员及仓库工作人员的基本工资、工资性补贴；福利费、办公费、差旅交通费、劳动保护费、非生产性固定资产使用费、低值易耗品的摊销和临时仓库租用费；

运输保险费，指器材经国内部门运输时发生的保险费用。

材料费计费标准及计算规则为：

材料费＝主要材料费＋辅助材料费

主要材料费＝材料原价＋供销部门手续费＋包装费＋运杂费＋采购及保管费＋运输保险费。

其中，材料原价是指出厂价或供货地点价；供销部门手续费＝材料原价×供销部门手续费费率(即1.8%)；包装费一般已含在材料原价中，如需再包装应根据具体情况按实计算；运杂

费=器材原价×器材运杂费费率(见表5-1);运输保险费=材料、器材原价×保险费率(0.1%);采购及保管费=材料原价×采购及保管费费率(见表5-2);凡由建设单位提供的利旧料,其材料费不计入工程成本。

**表5-1 器材运杂费率**

| 费率 器材种类 运距(km) | 光缆 | 电缆 | 钢材及其他 | 塑料及塑料制品 | 木材及木制品 | 水泥及水泥制品 |
|---|---|---|---|---|---|---|
| 100以下 | 1.0% | 1.5% | 3.6% | 4.3% | 8.4% | 18.0% |
| 101~200 | 1.1% | 1.7% | 4.0% | 4.8% | 9.4% | 20.0% |
| 201~300 | 1.2% | 1.9% | 4.5% | 5.4% | 10.5% | 23.0% |
| 301~400 | 1.3% | 2.1% | 4.8% | 5.8% | 11.5% | 24.5% |
| 401~500 | 1.4% | 2.4% | 5.4% | 6.5% | 12.5% | 27.0% |
| 501~750 | 1.7% | 2.6% | 6.3% | — | 14.7% | — |
| 751~1 000 | 1.9% | 3.0% | 7.2% | — | 16.8% | — |
| 1 001~1 250 | 2.2% | 3.4% | 8.1% | — | 18.9% | — |
| 1 251~1 500 | 2.4% | 3.8% | 9.0% | — | 21.0% | — |
| 1 501~1 750 | 2.6% | 4.0% | 9.6% | — | 22.4% | — |
| 1 750~2 000 | 2.8% | 4.3% | 10.2% | — | 23.8% | — |
| 2 000 km以上每增250 km增加 | 0.2% | 0.3% | 0.6% | — | 1.5% | — |

注:①编制概算时,光缆、电缆、钢材及其他、木材及木制品的运输距离按1 500 km计算;水泥及水泥制品、塑料及塑料制品的运输距离按500 km计算;

②编制预算时,按主要器材的实际平均运距计算(工程中所需器材品种很多,在编制预算时不可能都知道所有器材实际运距,运距只能按其中占比例较大的、价值较高的器材运距计算)。

**表5-2 材料采购及保管费费率**

| 名 称 | 计算基础 | 费率 |
|---|---|---|
| 通信设备安装工程 | 材料原价 | 1.0% |
| 通信线路工程 | 材料原价 | 1.0% |
| 通信管道工程 | 材料原价 | 2.8% |

辅助材料费计费标准和计算规则为:

辅助材料费=主要材料费×辅助材料费系数

辅助材料费系数计算标准是:通信线路工程、通信管道工程辅助材料费系数为0.8%;通信设备安装工程中电信设备安装工程采用国产设备的,辅助材料费为5%;引进工程辅助材料费按国内主要材料费为基数乘以5%加上以国外主要材料费为基数乘以0.1%之和计算;通信设备安装工程中邮政设备安装工程辅助材料系数为7%。

ⓒ机械使用费

机械使用费是指使用施工机械作业所发生的机械使用费以及机械安装、拆卸和进出场费用,包括折旧费、大修理费、经常修理费、安拆费及场外运输费、燃料动力费、人工费(指机上操作人员的人工费)、运输机械养路费、车船使用税及保险费等。

对于小型机械构不成台班的应按规定计入其他直接费的工具、用具使用费中,机械台班费计算标准及计算规则为:

概、预算机械台班=定额台班量×工程量

机械使用费=机械台班单价×概、预算机械台班量

(b)其他直接费

其他直接费是指除直接费以外施工过程中发生的费用,包括冬雨季施工增加费、夜间施工增加费、工程干扰费、特殊地区施工增加费、新技术培训费、仪器仪表使用费、生产工具用具使用费、工程车辆使用费、工地器材搬运费、流动施工津贴、人工费差价、工程点交、场地清理费及施工用水电蒸气费等。

冬雨季施工增加费是指在冬雨季施工时所采取的防冻、保温、防雨安全措施及工效降低所增加的费用。此费用标准是按常年摊销综合取定的,因此,不分地区、不分季节均按规定计列。计费标准和计算规则为:

冬雨季施工增加费=概、预算人工费×冬雨季施工增加费费率(6%)

此项费用只限于通信线路工程、通信管道工程、工矿线路工程、通信设备安装工程中的天线、馈线安装工程。

夜间施工增加费是指在夜间施工时所采用的措施(照明设施的搭设、维修、拆除和摊销费用)、夜餐补助和工效降低所增加的费用。夜间施工增加费费率见表5—3。

夜间施工费加费计费标准和计算规则为:

夜间施工增加费=概、预算人工费×夜间施工增加费费率

**表5—3 夜间施工增加费费率**

| 名 称 | 计费基础 | 费率 |
|---|---|---|
| 通信设备安装工程、通信管道、市话线路及工矿线路工程 | 人工费 | 4% |

注:长途线路(直埋、架空)工程进入城区部分也应计列夜间施工增加费。计算标准为进入城区部分的概、预算人工费×4%。

工程干扰费是指在市区施工的线路、管道工程由于受交通干扰、园林绿化、人流密集、市政配合、输电线等影响所采取的安全措施及降效补偿费用。工程干扰费费率见表5—4。

工程干扰费计费标准和计算规则为:

工程干扰费=概、预算人工费×工程干扰费费率

**表5—4 工程干扰费费率**

| 名 称 | 计算基础 | 费率 |
|---|---|---|
| 通信管道、市话线路及工矿线路工程 | 人工费 | 10% |

注:长途线路(直埋、架空)工程进入市区部分也计列工程干扰费,计算标准为进入城区部分的概、预算人工费×10%。

特殊地区施工增加费是指通信工程在原始森林地区、海拔2 000 m以上的高原地区、化工区、核污染区、沙漠地区、山区无人值守微波站等特殊地区施工时所增加的费用。

特殊地区施工增加费计费标准和计算规则为:

特殊地区施工增加费=(技工工日+普工工日)×1.6元/工日

施工地点同时存在两种及以上情况时,只能计算一次,不得重复计列。例如,既是高原地区、又是化工区时,也只计列一次。

新技术培训费是指特定的新技术工程,施工企业培训施工人员所发生的费用。新技术培

训费见表5—5。

新技术培训费计费标准和计算规则为：

新技术培训费＝概、预算技工费×新技术培训费费率

**表5—5　新技术培训费费率**

| 名　称 | 计算基础 | 费率 |
|---|---|---|
| 分组交换网设备安装工程<br>数字数据网设备安装工程<br>光数字同步传输网设备安装工程 | 技工费 | 1% |

注：此标准为1995年制定的，今后对于新技术培训费需经过建设主管部门同意方可计列此项费用。

仪器仪表使用费是指通信工程中使用的属于固定资产的仪器仪表费用的摊销和维修费用。通信设备安装工程仪器仪表使用费各项执行标准见表5—6。

**表5—6　通信设备安装工程仪器仪表费标准**

| 名　称 | | | 单　位 | 计费标准(元) |
|---|---|---|---|---|
| 数字微波通信设备安装工程 | | 终端站、枢纽站 | 站 | 7 000.00 |
| | | 分路站、转接站 | 站 | 5 000.00 |
| | | 中继站 | 站 | 3 600.00 |
| 光通信设备安装工程(SDH、PDH) | | 终端站、枢纽站 | 站 | 1 500.00 |
| | | 分路站、转接站 | 站 | 9 000.00 |
| | | 中继站 | 站 | 7 500.00 |
| 卫星通信地球站工程 | 天线直径(m) | 6以下 | 站 | 5 000.00 |
| | | 8以下 | 站 | 17 000.00 |
| | | 13以下 | 站 | 23 000.00 |
| | | 20以下 | 站 | 34 000.00 |
| | | 30以下 | 站 | 45 000.00 |
| 移动通信工程 | | 基站 | 站 | 2 000.00 |
| 程控长、市话交换设备安装工程 | | 市话局 | 门(线) | 0.20 |
| | | 长话局 | 路端 | 0.40 |
| 波分复用技术工程 | | 终端站、光再生站(OT站) | 站 | 21 000 |
| | | 光放站 | 站 | 10 000 |

通信线路工程仪器仪表使用费各项执行标准见表5—7。

**表5—7　通信线路工程仪器仪表使用费标准**

| 名　称 | | 计算基础 | 计费标准 |
|---|---|---|---|
| 市话及工矿线路工程 | | 技工费 | 4% |
| 长途光缆线路工程 | 光缆纤芯24以下 | 芯公里 | 11元 |
| | 光缆纤芯24以上 | 芯公里 | 9元 |

生产工具用具使用费是指施工所需的不属于固定资产的工具、用具等的购置、摊销及维修费等。此项费用不分专业。

计费标准和计算规则为：

生产工具用具使用费＝技工费×12％＋普工(成建制普工)费×2％

工程车辆使用费是指通信工程施工中发生的机动车车辆使用费包括生活用车、接送工用车和其他零星用车；不含直接生产用车。直接生产用车包括在机械使用费和工地器材搬运费中。工程车辆使用费费率见表5－8。

计费标准和计算规则为：

工程车辆使用费＝计算基础×工程车辆使用费率

**表5－8 工程车辆使用费费率**

| 名 称 | 计算基础 | 费率 |
| --- | --- | --- |
| 微波通信设备安装工程<br>市话线路、工矿线路工程<br>移动通信工程、通信管道工程 | 技工费 | 13% |
| 长途线路工程(直埋光、电缆、架空线路) | 技工费 | 13% |
| | 成建制普工费 | 13% |
| | 普工费 | 3% |

工地器材搬运费是指通信线路工程施工中由工地集配点至施工现场之间的材料搬运所发生的费用。工地器材搬运费费率见表5－9。

计费标准和计算规则为：

工地器材搬运费＝概、预算技工费×工地器材搬运费费率

**表5－9 工地器材搬运费费率**

| 名 称 | 计算基础 | 费率 |
| --- | --- | --- |
| 市话线路、工矿线路、长途架空线路工程 | 技工费 | 12% |
| 长途光、电缆(直埋)线路工程 | 技工费 | 7% |
| 通信管道工程 | 技工费 | 5% |

流动施工津贴是指施工单位流动施工期间技工、成建制普工的津贴及部分特殊地区的长途光缆线路工程中非成建制普工津贴。

流动施工津贴计费标准和计算规则为：

技工流动施工津贴＝流动施工津贴标准×技工总工日

成建制普工流动施工津贴＝流动施工津贴标准×成建制普工总工日

流动施工津贴标准为4.8元/工日

特殊地区省际光缆线路工程计费标准和计算规则为：

普工流动施工津贴＝流动施工津贴标准×非成建制普工总工日

特殊地区是指原邮电部〔1997〕1013号文所规定的地区，规定了省际光缆干线工程在这些地区施工时，非成建制普工流动施工津贴标准为3.2元/工日。

人工费差价是指由于国家政策性调整产生的属于工资性的差价和地区性津贴

技工费差价单价为8.80元/工日，普工、成建制普工费差价单价为4.00元/工日

人工费差价计费标准和计算规则为：

技工费差价＝技工费差价单价×技工总工日；

普工、成建制普工费差价=普工、成建制普工费差价单价×普工总工，

工程点交、场地清理费是指按规定编制竣工图及资料、工程点交、施工场地清理等发生的费用。工程点交、场地清理费费率见表5—10。

计费标准和计算规则为：

工程点交、场地清理费=概、预算技工费×工程点交、场地清理费费率

**表5—10　工程点交、场地清理费费率**

| 名　称 | 计算基础 | 费率 |
|---|---|---|
| 通信设备安装工程 | 技工费 | 6% |
| 通信管道、市话线路及工矿线路工程 | 技工费 | 6% |
| 长途线路工程(直埋光、电缆、架空线路) | 技工费 | 8% |

施工用水电气费是指施工生产过程中使用水、电、蒸汽所发生的费用。

计费标准和计算规则为：在编制概、预算时，有规定的按规定计算；无规定的根据工程具体情况计算；如果建设单位无偿提供水电蒸汽的则不应计列此项费用。

(c)现场经费

现场经费是指施工企业在现场组织施工生产和管理所需费用，包括临时设施费和现场管理费。

临时设施费是指施工企业为进行建筑安装工程施工所需的生产和生活用的临时建筑物和其他临时设施的费用。临时设施费用的内容包括临时设施的搭设、维修、拆除费和摊销费等。临时设施费费率见表5—11。

计费标准和计算规则为：

临时设施费=计算基础×临时设施费费率

**表5—11　临时设施费费率**

| 名　称 | 计算基础 | 工程距施工企业基地 | |
|---|---|---|---|
| | | 26 km以内 | 26 km以远 |
| 通信设备安装工程 | 技工费 | 11% | 22% |
| 市话线路工程<br>工矿线路工程 | 技工费 | 11% | 22% |
| | 普工费 | 5% | 10% |
| 通信管道工程 | 技工费 | 9% | 17% |
| | 普工费 | 5% | 10% |
| 长途线路工程<br>(直埋光、电缆、架空线路) | 技工费 | 10% | 20% |
| | 成建制普工费 | 10% | 20% |
| | 普工费 | 2% | 4% |

注：如果建设单位无偿提供临时设施则不计此项费用。

现场管理费是指施工企业在施工现场为组织和管理工程所需的费用。内容包括：

ⓐ现场管理人员的基本工资、工资补贴、职工福利费及劳动保护费等；

ⓑ办公费：现场管理办公用的文具、纸张、账表、印刷、邮电、书报、会议、水、电、烧水和集体取暖，包括现场临时宿舍取暖用煤等费用；

ⓒ差旅交通费：现场管理人员因公出差期间的旅费、住勤补助费、市内交通费、误餐补助费、职工探亲路费、劳动力招募费、职工离休和退职一次性路费、工伤人员就医路费、工地转移

以及现场管理使用的交通工具的油料、燃料、养路费和牌照费等；

ⓓ固定资产使用费：现场管理使用的属于固定资产的设备、仪器等的折旧、大修理、维修费或租赁费等；

ⓔ工具用具使用费：现场管理使用的不属于固定资产的工具、器具、家具、交通工具、消防用具等的购置、维修和摊销费等；

ⓕ保险费：施工管理用财产、车辆等的保险费用等；

ⓖ工程排污费：施工现场按规定交纳的排污费用；

ⓗ其他费用。

现场管理费费率见表5—12，计费标准和计算规则为：

现场管理费＝计算基础×现场管理费费率

**表5—12　现场管理费费率**

<table>
<tr><th colspan="2" rowspan="2">名　称</th><th rowspan="2">计算基础</th><th colspan="4">费率</th></tr>
<tr><th>一类工程</th><th>二类工程</th><th>三类工程</th><th>四类工程</th></tr>
<tr><td rowspan="2">通信设备安装工程</td><td>电信设备</td><td>技工费</td><td>40%</td><td>37%</td><td>34%</td><td>30%</td></tr>
<tr><td>邮政设备</td><td>技工费</td><td>34%</td><td>32%</td><td>30%</td><td>28%</td></tr>
<tr><td colspan="2" rowspan="2">市话线路工程<br>工矿线路工程<br>通信管道工程</td><td>技工费</td><td>40%</td><td>37%</td><td>34%</td><td>32%</td></tr>
<tr><td>普工费</td><td>37%</td><td>34%</td><td>32%</td><td>30%</td></tr>
<tr><td colspan="2" rowspan="3">长途线路工程<br>（直埋光、电缆、架空线路）</td><td>技工费</td><td>47%</td><td>43%</td><td>40%</td><td>37%</td></tr>
<tr><td>成建制普工费</td><td>43%</td><td>40%</td><td>37%</td><td>34%</td></tr>
<tr><td>普工费</td><td>43%</td><td>40%</td><td>37%</td><td>34%</td></tr>
</table>

注：工程类别的划分按原邮电部〔1995〕945号文有关规定执行。

b. 间接费

间接费由企业管理费和财务费构成。

(a)企业管理费

企业管理费是指施工企业为组织施工生产经营活动所发生的管理费用，包括管理人员工资、差旅交通费、办公费、固定资产使用费、工具用具使用费、保险费、职工教育经费、工会经费、税金、劳动保险费、职工养老保险费及待业保险费和其他费用。

ⓐ管理人员的工资包括管理人员的基本工资、工资性补贴及按规定标准计提的职工福利费。

ⓑ差旅交通费是指企业管理人员因公出差、工作调动的旅费、住勤补助费、市内交通及误餐补助费、职工探亲路费、劳动力招募费、离退休职工一次性路费及企业管理所使用的交通工具的油料、燃料、牌照费及养路费等。

ⓒ办公费是指企业办公用文具、纸张、账表、印刷、邮电、快报、会议、水、电及燃料等费用。

ⓓ固定资产使用费是指企业属于固定资产的房屋、设备、仪器等的折旧及维修等费用。

ⓔ工具用具使用费指企业管理使用的不属于固定资产的工具、用具、家具、交通工具、消防用品等的摊销及维修费用。

ⓕ保险费指企业财产、管理用车辆等的保险费用。

ⓖ职工教育经费指按规定计提的在职职工的教育经费。

ⓗ工会经费指企业按职工工资总额计提的工会经费。

ⓘ税金指企业按规定交纳的房产税、车辆使用税、土地使用税、印花税等。

ⓙ劳动保险费是指企业支付离退休职工的退休金(包括提取的离退休职工劳保统筹基金)、价格补贴、医药费、异地安家补助费、职工退职金、6 个月以上的病假人员工资、职工死亡丧葬补助费、抚恤费及按规定支付给离休干部的各项经费。

ⓚ职工养老保险费及待业保险费是指职工退休养老金的积累及按规定标准计提的职工待业保险费。

ⓛ其他费用是指上述各项目以外的其他必要的支出,包括土地使用费、排污费、绿化费、业务招待费、劳动定额测定费、公证费、审计费及咨询费等。

企业管理费费率见表 5—13,计费标准和计算规则为:

企业管理费＝概、预算技工费×企业管理费费率

**表 5—13　企业管理费费率**

| 名称 | | 计算基础 | 费率 | | | |
|---|---|---|---|---|---|---|
| | | | 一类工程 | 二类工程 | 三类工程 | 四类工程 |
| 通信设备安装工程 | 电信设备 | 技工费 | 66% | 59% | 53% | 48% |
| | 邮政设备 | 技工费 | 48% | 44% | 40% | 38% |
| 市话线路工程<br>工矿线路工程<br>通信线路工程 | | 技工费 | 66% | 59% | 53% | 48% |
| 长途线路工程<br>(直埋光、电缆、架空线路) | | 技工费 | 84% | 74% | 66% | 59% |

(b)财务费

财务费是指企业为筹集资金而发生的各项费用,包括企业经营期间发生的短期贷款利息净支出、汇兑净损失、调剂外汇手续费、金融机构手续费,以及企业筹集资金发生的其他财务费用。财务费费率表见表 5—14,计算标准和计算规则为:

财务费＝概、预算技工费×财务费费率

**表 5—14　财务费费率**

| 名称 | | 计算基础 | 费率 | | | |
|---|---|---|---|---|---|---|
| | | | 一类工程 | 二类工程 | 三类工程 | 四类工程 |
| 通信设备安装工程 | 电信设备 | 技工费 | 6.5% | 5.5% | — | — |
| | 邮政设备 | 技工费 | 3.9% | 3.3% | — | — |
| 市话线路工程<br>工矿线路工程<br>通信线路工程 | | 技工费 | 7.4% | 6.3% | — | — |
| 长途线路工程<br>(直埋光、电缆、架空线路) | | 技工费 | 7.4% | 6.3% | — | — |

c. 计划利润

计划利润指维护国家和企业的利益规定应计入建筑安装工程造价的利润,依据工程类别实行差别利润率。计划利润率见表 5—15。

计费标准和计算规则为:

计划利润＝概、预算人工费×计划利润率

**表 5－15 计划利润率**

| 名 称 | 计算基础 | 费 率 | | | |
|---|---|---|---|---|---|
| | | 一类工程 | 二类工程 | 三类工程 | 四类工程 |
| 各种通信工程 | 人工费 | 60％ | 55％ | 35％ | 30％ |

注：军民共建时，成建制普工不计取计划利润。

d. 税金

税金指按国家税法规定应计入建筑安装工程造价内的营业税、城市维护建设税及教育费附加。

税金＝营业税＋城市维护建设税＋教育费附加

＝(直接工程费＋间接费＋计划利润)×税率 3.41％

依据税法的相关规定，营业税税率为 3％，城市维护建设税、教育费附加分别为营业税的 7％和 3％；税金的计取基数为建筑安装工程费(包括直接工程费、间接费、计划利润、税金)。因此，

税金＝(直接工程费＋间接费＋计划利润＋税金)×3％(1＋7％＋3％)＝(直接工程费＋间接费＋计划利润)×3.41％

所以税金税率为 3.41％。

②设备、工器具购置费

设备、工器具购置费是指根据设计提出的设备、工器具(包括必需的备品备件)清单，按设备原价、供销部门手续费、包装费、运杂费、采购及保管费、保险费计算的费用。设备、工器具购置费用是由需要安装设备购置费和不需要安装设备、工器具、维护用工器具及仪表购置费组成。

设备、工器具购置费＝设备、工器具原价＋供销部门手续费＋包装费＋运杂费＋采购及保管费＋运输保险费。

其中，设备、工器具原价指国产设备制造厂的交货价；进口设备的到岸价(包括货价、国际运费、运输保险费)；供销部门手续费＝设备、工器具原价×供销部门手续费费率(供销部门手续费费率按两级中转的为 1.5％；不需中转的 1％)；运杂费＝设备、工器具原价×设备、工器具运杂费费率。设备、工器具运杂费费率见表 5－16。

**表 5－16 设备、工器具运杂费费率**

| 运输里程 | 取费基础 | 费率 | 运输里程 | 取费基础 | 费率 |
|---|---|---|---|---|---|
| 100 km 以内 | 设备原价 | 0.8％ | 1 250 km 以内 | 设备原价 | 2.0％ |
| 200 km 以内 | 设备原价 | 0.9％ | 1 500 km 以内 | 设备原价 | 2.2％ |
| 300 km 以内 | 设备原价 | 1.0％ | 1 750 km 以内 | 设备原价 | 2.4％ |
| 400 km 以内 | 设备原价 | 1.1％ | 2 000 km 以内 | 设备原价 | 2.6％ |
| 500 km 以内 | 设备原价 | 1.2％ | 2 000 km 以上每增 250 km | 设备原价 | 增加 0.1％ |
| 750 km 以内 | 设备原价 | 1.5％ | | | |
| 1 000 km 以内 | 设备原价 | 1.7％ | — | — | — |

运输保险费＝工器具原价×保险费费率 0.4％。

采购及保管费＝设备、工器具原价×采购及保管费费率(采购及保管费费率：需要安装的设备为 0.5％；不需要安装的设备、仪表、工器具为 0.25％)。

维护用工器具、仪表等不需安装的设备费用，根据有关规定不纳入建设成本。按运营费处理。

原邮电部〔1993〕754 号文关于转发财政部、中国人民建设银行《建设单位若干财务问题的处理办法》和财政部关于《国营建设单位会计制度的补充规定》的通知中指出，根据《企业会计准则》及有关规定，企业应当合理划分收益性支出和资本性支出。企业生产、管理、生活用的低值易耗品以及工具性仪表，应该直接列入企业财务支出和会计核算。今后不再列入基本建设支出，也不再列入工程设计概算，即按运营费处理。

(2)工程建设其他费

通信建设工程其他费系指根据有关规定应在固定资产投资中支付并列入建设项目总概、预算或单项工程概、预算的，除工程费和预备费之外的费用。工程建设其他费包括建设用地和综合赔补费、研究试验费、勘察设计费、生产准备费、引进技术及进口的设备其他费、供电贴费、施工队伍调遣费、大型施工机械调遣费、定额编制管理费、工程质量监督费、建设期投资贷款利息、建设单位管理费、工程监理费、运土费及其他费用等。

①建设用地及综合赔补费

建设用地及综合赔补费是指建设用地所发生的征地费及安置补助、青苗、道路、树木、坟墓、鱼塘、地面建筑物及构筑物等的赔补费。

建设用地所发生的土地征用、安置补助、青苗、道路、鱼塘、树木、地面构筑物等赔补费，由设计单位根据地方政府的规定，结合工程勘察具体情况计列。

②研究实验费

研究实验费是指为本建设项目提供或验证设计参数、数据等进行必要的实验所需费用。包括自行或委托其他部门研究试验的人工费、材料费、试验设备及仪器费，支付的科技成果、先进技术的一次性技术转让费等。研究试验费由设计单位根据建设项目实验验证的内容和要求计列。

③勘察设计费

勘察设计费是指为本建设项目提供项目建设书、可行性研究报告及设计文件等所需费用。勘察设计费包括编制项目建议书、可行性研究报告、为评价以及为编制上述文件所进行的勘察、设计等所需费用；勘察、设计单位进行初步设计、施工图设计及概、预算编制等所需费用。

勘察设计费按《通信工程勘察设计收费标准》执行。

④生产准备费

生产准备费是指生产维护单位在工程施工中对维护人员培训以及熟悉工艺流程、设备性能等在生产前作准备所发生的费用。计费标准按设计新增定员人数的 60%计算。每人按 2 000元计列，按运营费处理。

⑤引进技术及进口设备其他费

引进技术及进口设备其他费包括：

a. 为引进技术和进口设备派出人员进行设计联络、设备材料监检、培训等的差旅费、置装费和生活费用等；

b. 国外工程技术人员来华差旅费、生活费和接待费用；

c. 国外设计及技术资料、软件、专利和技术转让费、延期或分期付款利息等；

d. 引进设备的测绘、检验及商检费等。

引进技术及进口设备其他费，根据国家有关部门规定，由设计单位根据工程具体情况计列。

⑥供电贴费

供电贴费是指为本建设项目按规定应缴付的供电工程贴费，包括供电贴费和配电贴费。供电贴费按相关部门的规定，由设计单位计列。

⑦施工队伍调遣费

施工队伍调遣费是指因建设任务需要，应支付给施工队伍往返的调遣费用，包括调遣人员的差旅费、调遣期间的工资、施工工具、用具等的运费。

编制概、预算时，可按技工总工日、成建制普工总工日分别确定调遣人数，见表5－17。调遣里程按施工企业基地至工程所在地的里程确定调遣费定额，见表5－18，调遣费定额是单程标准，使用时应按往返计列。

**表5－17 施工队伍调遣人数**

| 通信设备安装工程 | | 通信线路工程 | | | |
|---|---|---|---|---|---|
| 概、预算技工总工日数 | 调遣人数（人） | 概、预算技工总工日数 | 调遣人数（人） | 概、预算成建制普工总工日数 | 调遣人数（人） |
| 500工日以下 | 5 | 500工日以下 | 5 | 1 000工日以下 | 7 |
| 1 000工日以下 | 10 | 1 000工日以下 | 10 | 2 000工日以下 | 15 |
| 2 000工日以下 | 17 | 2 000工日以下 | 17 | 4 000工日以下 | 23 |
| 3 000工日以下 | 24 | 3 000工日以下 | 24 | 6 000工日以下 | 31 |
| 4 000工日以下 | 30 | 4 000工日以下 | 30 | 8 000工日以下 | 38 |
| 5 000工日以下 | 35 | 5 000工日以下 | 35 | 10 000工日以下 | 46 |
| — | — | 6 000工日以下 | 40 | 12 000工日以下 | 55 |
| — | — | 7 000工日以下 | 45 | 14 000工日以下 | 64 |
| — | — | 8 000工日以下 | 50 | 16 000工日以下 | 73 |
| — | — | 9 000工日以下 | 55 | 18 000工日以下 | 80 |
| — | — | 10 000工日以下 | 60 | 20 000工日以下 | 90 |
| — | — | 15 000工日以下 | 80 | — | — |
| — | — | 20 000工日以下 | 95 | — | — |
| — | — | 25 000工日以下 | 105 | — | — |
| — | — | 30 000工日以下 | 120 | — | — |
| 5 000工日以上时，每增加1 000工日 | 增加3 | 30 000工日以上时，每增加5 000工日 | 增加3 | 20 000工日以上时，每增加5 000工日 | 增加3 |

**表5－18 施工队伍每人单程调遣费定额表**

| 调遣里程（km） | 定额（元） | | 调遣里程（km） | 定额（元） | | 调遣里程（km） | 定额（元） | |
|---|---|---|---|---|---|---|---|---|
| | 技工 | 成建制普工 | | 技工 | 成建制普工 | | 技工 | 成建制普工 |
| 26～200 | 91 | 73 | 1 601～1 800 | 509 | 455 | 3 201～3 400 | 855 | — |
| 201～400 | 105 | 95 | 1 801～2 000 | 548 | 494 | 3 401～3 600 | 891 | — |
| 401～600 | 216 | 180 | 2 001～2 200 | 600 | — | 3 601～3 800 | 917 | — |
| 601～800 | 251 | 215 | 2 201～2 400 | 629 | — | 3 801～4 000 | 946 | — |
| 801～1 000 | 325 | 289 | 2 401～2 600 | 703 | — | 4 001～4 200 | 1 002 | — |
| 1 001～1 200 | 399 | 350 | 2 601～2 800 | 738 | — | 4 201～4 400 | 1 034 | — |
| 1 201～1 400 | 429 | 375 | 2 801～3 000 | 754 | — | 4 400 km以上每增加400 km | 增加52 | 2 000 km以上时每增加400 km增加42元 |
| 1 401～1 600 | 464 | 410 | 3 001～3 200 | 821 | — | | | |

施工人员调遣费计算标准和计算规则为：

施工人员调遣费＝调遣人数×调遣费标准×2

当施工企业基地距工程所在地不足 26 km 时，不计施工队伍调遣费。非成建制普工不计列施工队伍调遣费。

⑧大型施工机械调遣费

大型施工机械调遣费是指大型施工机械调遣所发生的费用。编制概、预算时，应按工程实际需要的机械计算大型机械总吨位。光缆线路仪表车等大型施工机械的调遣，按每吨单位公里 0.40 元计算。大型施工机械调遣费＝单程吨公里运价×大型施工机械调遣总吨位×2×调遣里程。大型施工机械吨位见表 5－19。

**表 5－19　大型施工机械吨位**

| 机械名称 | 吨　位 | 机械名称 | 吨　位 |
|---|---|---|---|
| 光缆线路仪表车 | 1.5 | 顶管机械 | 5 |
| 立水泥杆机械 | 5 | 电动卷扬机 | 2 |
| 布放光(电)缆机械 | 8 | 挖冲机(敷设水线机械) | 10 |
| 水泵冲槽机械 | 5 | — | |

⑨定额编制管理费

定额编制管理费是指为加强通信行业管理，有效地控制工程造价进行定额编制、管理的费用。定额编制管理费计算标准和计算规则为：

定额编制管理费＝建筑安装工程费×0.1％

⑩工程质量监督费

工程质量监督费是指工程质量监督机构对通信工程造价进行质量监督所发生的费用。通信线路、管道等工程按建筑安装工程费的 0.15％计取；通信设备安装工程按建筑安装工程费的 0.25％计取。此项费用在建设单位管理费中列支。

⑪建设期投资贷款利息

建设期投资贷款利息是指建设项目投资中利用银行信贷资金所发放的投资贷款分年度使用银行贷款部分在建设期内应归还的贷款利息。建设期投资贷款利息由设计单位按工程投资额、用款计划和银行贷款利率计算利息列入概、预算中。

⑫建设单位管理费

建设单位管理费是指建设项目从立项、筹建、建设、竣工验收交付使用及评估等全过程发生的管理费用。建设单位管理费包括建设单位开办费和建设单位经费。

建设单位开办费是指新建项目为保证筹建和建设工作正常进行购置必要的办公设备及生活家具、用具、交通工具等所需要费用。建设单位经费包括：工作人员的基本工资、工资性补贴、劳动保险费、职工福利费、工会经费、劳动保护费、办公费、差旅交通费、固定资产使用费、工具用具使用费、工会福利费、技术图书资料费、职工教育经费、工程招标费、业务执行费、竣工交付使用清理及竣工验收等费用；房产税、车、船使用税、印花税；工程监理费，指委托工程监理部门实施工程监理所需费用；临时设施费，指建设单位所用临时设施的搭设、维修、摊销和租赁费。

建设单位管理费费率见表 5－20，计费标准和计算规则为：

建设单位管理费＝工程费×建设单位管理费费率

表 5—20　建设单位管理费费率

| 工程费＼费率＼名称 | 通信设备安装工程 | 通信线路工程 | 通信管理工程 |
|---|---|---|---|
| 100 万元以下 | 1.5% | 2.1% | 4.2% |
| 300 万元以下 | 1.4% | 2.0% | 4.0% |
| 500 万元以下 | 1.2% | 1.8% | 3.8% |
| 1 000 万元以下 | 1.0% | 1.6% | 3.6% |
| 2 000 万元以下 | 0.9% | 1.4% | 3.4% |
| 3 000 万元以下 | 0.8% | 1.2% | — |
| 5 000 万元以下 | 0.7% | 0.8% | — |
| 5 000 万元以上 | 0.5% | 0.6% | — |

注:工程成立筹建机构或委托监理时按表中费率 100%计取;不成立筹建机构也不委托监理时按表中费率 50%计取。编制概算时按 100%计取。

根据信息产业部信规〔2000〕1219 号《关于发布通信工程建设监理费计费标准规定(试行)的通知》,增列工程监理费,其费用单独计列在工程建设其他费中的第十一项(原表五中的其他序号顺延),建设单位管理费按表中费率的 50%计算。其中通信工程监理费的计费标准和规则为:通信建设工程监理费计费标准规定见表 5—21。

通信工程监理费＝工程费×工程监理费费率

⑬运土费

运土费是指在通信线路直埋光(电)缆工程、通信管道工程施工中,需要从远离施工地点取土及必须向外运出土方所发生的费用。

运土费计费标准和计算规则为:

运土费＝工程量(t · km)×运费单价(元/t · km)

表 5—21　通信建设工程监理费计费标准规定(试行)

| 序号 | 工程费 M(万元)＼费率＼项目名称 | 设计阶段 a(含设计招标) | 施工(含施工招标)及保修阶段 b | | |
|---|---|---|---|---|---|
| | | | 通信管道工程 | 通信线路工程 | 通信设备安装工程 |
| 1 | $M<50$ | $a>0.40\%$ | $b>4.40\%$ | $b>4.00\%$ | $b>2.80\%$ |
| 2 | $50\leqslant M<100$ | $0.40\%\geqslant a>3.0\%$ | $4.40\%\geqslant b>3.85\%$ | $4.00\%\geqslant b>3.50\%$ | $2.80\%\geqslant b>2.45\%$ |
| 3 | $100\%\leqslant M<300\%$ | $0.30\%\geqslant a>0.25\%$ | $3.85\%\geqslant b>3.30\%$ | $3.50\%\geqslant b>3.00\%$ | $2.45\%\geqslant b>2.10\%$ |
| 4 | $300\leqslant M<500$ | $0.25\%\geqslant a>0.20\%$ | $3.30\%\geqslant b>2.75\%$ | $3.00\%\geqslant b>2.50\%$ | $2.10\%\geqslant b>1.75\%$ |
| 5 | $500\leqslant M<800$ | $0.20\%\geqslant a>0.17\%$ | $2.75\%\geqslant b>2.48\%$ | $2.50\%\geqslant b>2.25\%$ | $1.75\%\geqslant b>1.58\%$ |
| 6 | $800\leqslant M<1\,000$ | $0.17\%\geqslant a>0.15\%$ | $2.48\%\geqslant b>2.20\%$ | $2.25\%\geqslant b>2.00\%$ | $1.58\%\geqslant b>1.40\%$ |
| 7 | $1\,000\leqslant M<3\,000$ | $0.15\%\geqslant a>0.13\%$ | $2.20\%\geqslant b>1.87\%$ | $2.00\%\geqslant b>1.70\%$ | $1.40\%\geqslant b>1.19\%$ |
| 8 | $3\,000\leqslant M<5\,000$ | $0.13\%\geqslant a>0.10\%$ | $1.87\%\geqslant b>1.54\%$ | $1.70\%\geqslant b>1.40\%$ | $1.19\%\geqslant b>0.98\%$ |
| 9 | $5\,000\leqslant M<8\,000$ | $0.10\%\geqslant a>0.09\%$ | $1.54\%\geqslant b>1.43\%$ | $1.40\%\geqslant b>1.30\%$ | $0.98\%\geqslant b>0.91\%$ |
| 10 | $8\,000\leqslant M<10\,000$ | $0.09\%\geqslant a>0.08\%$ | $1.43\%\geqslant b>1.32\%$ | $1.30\%\geqslant b>1.20\%$ | $0.91\%\geqslant b>0.84\%$ |
| 11 | $10\,000\leqslant M<30\,000$ | $0.08\%\geqslant a>0.06\%$ | $1.32\%\geqslant b>1.10\%$ | $1.20\%\geqslant b>1.00\%$ | $0.84\%\geqslant b>0.70\%$ |
| 12 | $30\,000\leqslant M<50\,000$ | $0.06\%\geqslant a>0.05\%$ | $1.10\%\geqslant b>0.88\%$ | $1.00\%\geqslant b>0.80\%$ | $0.70\%\geqslant b>0.56\%$ |
| 13 | $50\,000\leqslant M<100\,000$ | $0.05\%\geqslant a>0.03\%$ | $0.88\%\geqslant b>0.66\%$ | $0.80\%\geqslant b>0.60\%$ | $0.56\%\geqslant b>0.42\%$ |
| 14 | $M\geqslant 100\,000$ | $a\leqslant 0.03\%$ | $b\leqslant 0.66\%$ | $b\leqslant 0.60\%$ | $b\leqslant 0.42\%$ |

注:监理费中不包括监理范围以外的前期所发生的费用,如需监理单位参与前期工作,监理费由双方协商增列。

工程量由设计单位按实际发生计列，运费单价按工程所在地物价部门规定的运价计列。

⑭其他费用

其他费用是指根据建设任务的需要，必须在建设项目中列支的其他费用。由建设单位提出，并经主管部门批准。

(3)预备费和施工项目承包费

①预备费

预备费是指在初步设计及概算内难以预料的费用。内容包括：

a. 在批准的初步设计范围内，技术设计、施工图设计及施工过程中所增加的费用；设计变更等增加的费用；

b. 一般性自然灾害造成工程损失和预防自然灾害所采取措施的费用；

c. 竣工验收时为鉴定工程质量对隐蔽工程进行必要的挖掘和修复费用；

d. 建设项目在建设期间内由于国家主管部门政策性价格调整而发生的差价。

预备费费率见表5－22，计费标准和计算规则为：

预备费＝(工程费＋工程建设其他费)×预备费费率

**表5－22　预备费费率**

| 名　称 | 计费基础 | 费率 |
|---|---|---|
| 通信设备安装工程 | 工程费＋工程建设其他费 | 3％ |
| 通信线路工程 | 工程费＋工程建设其他费 | 4％ |
| 通信管道工程 | 工程费＋工程建设其他费 | 5％ |

②施工项目承包费

根据原邮电部〔1997〕1013号文规定在省际长途干线工程中增列施工项目承包费。施工项目承包费是指施工总承包企业对全线工程的组织协调(包括军民共建工程)、因部分设计变更引起的施工费增加和材料价变化(包工包料方式的累计不超过建安费总额20％；包工不包料方式的累计不超过施工费总额2％)，其计费标准为：

工程采用包工包料方式的施工项目承包费＝建安工程费×承包费费率

工程采用包工不包料方式的施工项目承包费＝(建安工程费－材料费)×承包费费率

施工项目承包费费率见表5－23、表5－24。

**表5－23　施工项目承包费费率**(包工包料方式)

| 名　称 | 计算基础 | 费率 |
|---|---|---|
| 电信设备安装工程 | 建筑安装工程费 | 3％ |
| 通信线路工程 | 建筑安装工程费 | 4％ |

**表5－24　施工项目承包费费率**(包工不包料方式)

| 名　称 | 计算基础 | 费率 |
|---|---|---|
| 电信设备安装工程 | 建筑安装工程费－材料费 | 3％ |
| 通信线路工程 | 建筑安装工程费－材料费 | 4％ |

施工项目承包费在二阶段设计施工图预算中计列，由于此项费用已含在概算预备费中，概算中不再单独计列。

(4)通信工程勘察设计费

在2002年以前,通信工程的勘察设计收费是由勘察设计工日乘以勘察设计工日单价来确定的,并且勘察费和设计费没有分开。2002年3月以后,完全改成了新的方法,下面介绍这种方法。

a. 工程勘察设计收费管理规定

以下摘自国家计委计价格[2002]10号文件。

(a)为了规范工程勘察设计收费行为,维护发包人、勘察人和设计人的合法权益,根据《中华人民共和国价格法》以及有关法律、法规,特制定本规定及《工程勘察收费标准》和《工程设计收费标准》。

(b)本规定及《工程勘察收费标准》和《工程设计收费标准》,适应于中华人民共和国境内建设项目的工程勘察和工程设计收费。

(c)工程勘察设计的发包与承包应当遵循公开、公平、公正、自愿和诚实信用的原则。依据《中华人民共和国招标投标法》和《建设工程勘察设计管理条例》,发包人有权自主选择勘察人、设计人,勘察人、设计人自主决定是否接受委托。

(d)发包人和勘察人、设计人应当遵守国家有关价格法律、法规的规定,维护正常的价格秩序,接受政府价格主管部门的监督、管理。

(e)工程勘察和工程设计收费根据建设项目投资额的不同情况,分别实行政府指导价和市场调节价。建设项目总投资估算额500万元及以上的工程勘察和工程设计收费实行政府指导价;500万元以下的实行市场调节价。

(f)实行政府指导价的,其基准价根据《工程勘察收费标准》或者《工程设计收费标准》计算,除本规定第七条另有规定者外,浮动幅度为上下20%。发包人和勘察人、设计人应当根据建设项目的实际情况在规定的浮动幅度内协商确定收费额。实行市场调节价的,由发包人和勘察人、设计人协商确定收费额。

(g)工程勘察和工程设计收费,应当体现优质优价的原则。实行政府指导价的,凡在工程勘察设计中采用新技术、新工艺、新设备、新材料,有利于提高建设项目经济效益、环境效益和社会效益的,发包人和勘察人、设计人可以在上浮25%的幅度协商确定收费额。

(h)勘察人和设计人应当按照《关于商品和服务实行明码标价的规定》,告知发包人有关服务项目、服务内容、服务质量、收费依据,以及收费标准。

(i)收费的金额以及支付方式,由发包人和勘察人、设计人在《工程勘察合同》或者《工程设计合同》中约定。

(j)勘察人或者设计人提供的勘察文件或者设计文件,应当符合国家规定的工程技术质量标准,满足合同约定的内容、质量等要求。

(k)由于发包人原因造成工程勘察、工程设计工作量增加或者工程勘察现场停工、窝工的,发包人应当向勘察人、设计人支付相应的工程勘察费或者工程设计费。

(l)工程勘察或者工程设计质量达不到本规定第十条规定的,勘察人或设计人应当返工。由于返工增加工作量的,发包人不另支付费用。由于勘察人或设计人工作失误给发包人造成经济损失的,应当按照合同约定承担赔偿责任。

(m)勘察人、设计人不得欺骗发包人或者与发包人互相串通,以增加工程勘察工作量或者提高工程设计标准等方式,多收工程勘察费或者工程设计费。

(n)违反本规定和国家有关价格法律、法规规定的,由政府价格主管部门依据《中华人民共和国价格法》、《价格违法行为行政处罚规定》予以处罚。

(o)本规定自2002年3月1日起执行。

b. 通信工程勘察收费基价及计算办法

通信管道及光电缆线路工程勘察收费基价见表5—25。

微波、卫星及移动通信设备安装工程勘察收费基价见表5—26。

**表5—25　通信管道及光电缆线路工程勘察收费基价**

| 项目(km) | | 收费基价(元) | 内插值(元) |
|---|---|---|---|
| 通信管道 | L≤0.2 | 1 000 | 起价 |
| | 0.2<L≤1.0 | 1 000 | 3 200 |
| | 1.0<L≤3.0 | 3 560 | 2 733 |
| | 3.0<L≤5.0 | 9 026 | 1 867 |
| | 5.0<L≤10.0 | 12 760 | 1 467 |
| | 10.0<L≤50.0 | 20 095 | 1 200 |
| | L>50.0 | 68 095 | 933 |
| 埋式光(电)缆线路、长途架空光(电缆线路) | L≤1.0 | 2 500 | 起价 |
| | 1.0<L≤50.0 | 2 500 | 1 140 |
| | 50.0<L≤200.0 | 58 360 | 990 |
| | 200.0<L≤1000.0 | 206 860 | 900 |
| | L>1000.0 | 926 860 | 830 |
| 管道光(电)缆线路、市内架空光(电)缆线路 | L≤1.0 | 2 000 | 起价 |
| | 1.0<L≤10.0 | 2 000 | 1 530 |
| | 10.0<L≤50.0 | 15 770 | 1 130 |
| | L>50.0 | 60 970 | 1 000 |
| 水底光(电)缆线路 | L≤1.0 | 3 130 | 起价 |
| | 1.0<L≤5.0 | 3 130 | 2 470 |
| | 5.0<L≤20.0 | 13 010 | 2 000 |
| | L>20.0 | 43 010 | 1 800 |
| 海底光(电)缆线路 | L≤5.0 | 8 500 | 起价 |
| | 5.0<L≤20.0 | 8 500 | 1 500 |
| | 20.0<L≤50.0 | 3 100 | 1 370 |
| | 50.0<L≤100.0 | 72 100 | 1 300 |
| | L>100.0 | 137 100 | 1 170 |

注:①本表按照内插法计算收费;

②通信工程勘察的坑深均按照地面以下3 m以内计,超过3 m的收费另议;

③通信管道穿越桥、河及铁路的,穿越部分附加调整系数为1.2;

④长途架空光(电)缆线路工程利用原有杆路架设光(电)缆的,附加调整系数为0.8。

**表5—26　微波、卫星及移动通信设备安装工程勘察收费基价**

| 项　目(计费单位:站) | | 收费基价(元) |
|---|---|---|
| 微波站 | 容量16×2 Mbit/s以下 | 4 250 |
| | 其他容量 | 6 500 |
| 卫星通信(微波设备安装)站 | Ⅰ、Ⅱ类站 | 30 000 |
| | Ⅲ、Ⅳ类站 | 12 000 |
| | 单收站 | 4 000 |
| | VSAT中心站 | 12 000 |
| 移动通信基站 | 全向、三扇区、六扇区 | 4 250 |

注:①寻呼基站工程勘察费按照移动通信基站计算收费;

②微蜂窝基站工程勘察费按照移动通信基站的80%计算收费。

c. 勘察费计算方法

管道及线路工程计算公式(内插法)为:收费额=基价+内插值×相应差值

其中:基价根据已知工程量查表得到,如 8 km 通信管道勘察,8 km 在 5.0 km<$L$≤10.0 km范围内,应以 5 km 为起点,基价为 12 760 元;内插值为与已知工程量相对应的内插值,如 8 km 通信管道的内插值为 1 467 元;相应差值为已知工程量减去基价所对应的值,如 8 km通信管道的相应差值为 8 km−5 km=3 km。

例如,8 km 通信管道勘察收费额=12 760+1 467×(8−5)=17 161(元)。

小于起价栏所对应的工程量的勘察收费均为起价栏内所对应的收费基价。例如:0.1 km在 $L$≤0.2 km 范围内,0.1 km 通信管道勘察收费为 $L$≤0.2 km 所对应的勘察收费,为 1 000元;0.02 km 的通信管道勘察收费也是 1 000 元。

在线路及管道工程设计文件中,勘察费分阶段计算:

一阶段设计:勘察费=(基价+内插值×相应差值)×80%。

二阶段设计:初步设计的勘察费=(基价+内插值×相应差值)×40%;施工图设计的勘察费=(基价+内插值×相应差值)×60%。

在微波、卫星及移动通信设备安装工程设计文件中,勘察费也分为阶段计算:

一阶段设计:勘察费=基价×80%。

二阶段设计:初步设计勘察费=基价×60%;施工图设计勘察费=基价×40%,且勘察费总和需计列在初步设计概算内。

d. 通信工程设计收费基价及计算办法

通信工程设计收费基价见表 5−27。

**表 5−27 通信工程设计收费基价**(单位:万元)

| 序 号 | 计费额 | 收费基价 | 内插值 |
|---|---|---|---|
| 1 | 200 | 9.0 | 起价 |
| 2 | 500 | 20.9 | 0.039 7 |
| 3 | 1 000 | 38.8 | 0.035 8 |
| 4 | 3 000 | 103.8 | 0.032 5 |
| 5 | 5 000 | 163.9 | 0.030 1 |
| 6 | 8 000 | 249.6 | 0.028 6 |
| 7 | 10 000 | 304.8 | 0.027 6 |
| 8 | 20 000 | 566.8 | 0.026 2 |
| 9 | 40 000 | 1 054.0 | 0.024 4 |
| 10 | 60 000 | 1 515.2 | 0.023 1 |
| 11 | 80 000 | 1 960.1 | 0.022 2 |
| 12 | 100 000 | 2 393.4 | 0.021 7 |
| 13 | 200 000 | 4 450.8 | 0.020 6 |
| 14 | 400 000 | 8 276.7 | 0.019 1 |
| 15 | 600 000 | 11 897.5 | 0.018 0 |
| 16 | 800 000 | 15 391.4 | 0.016 9 |
| 17 | 1 000 000 | 18 793.8 | 0.015 2 |
| 18 | 2 000 000 | 34 948.9 | 0.014 1 |

注:计费额大于 2 000 000 万元的,以计费额乘以 1.6%的收费率计算收费基价。

在表 5－27 中，计费额＝建安费＋设备工器具购置费＋联合试运转费。利旧设备工程的计费额是指以签订工程设计合同时同类设备的当期价格作为工程设计收费的计费额。引进设备工程的计费额是指按照购进设备的离岸价(不含关税和增值税)折换成人民币作为工程设计收费的计费额。

按设计阶段计算设计费也称直线内插法。

一阶段设计：计费额低于 200 万元的设计。

设计费＝计费额×0.045；计费额大于 200 万元的设计费＝(基价＋内插值×相应差值)×100%。

二阶段设计：设计费总和需计列在初步设计概算内。

设计费＝(基价＋内插值×相应差值)×100%。

分配如下：初步设计的设计费＝(基价＋内插值×相应差值)×60%，

施工图设计的设计费＝(基价＋内插值×相应差值)×40%。

(三)工程量统计的八大基本原则

原则一：工程量计算的主要依据是施工图设计文件、现行预算定额的有关规定及相关资料。

原则二：概、预算人员必须能够熟练的阅读图纸，这是概、预算人员所必须具备的基本功。

原则三：概、预算人员必须掌握预算定额中定额项目的"工作内容"的说明、注释及定额项目设置、定额项目的计算单位等，以便统一或正确换算计算出的工程量与预算定额的计量单位。

原则四：概、预算人员对施工组织、设计也必须了解和掌握，并且掌握施工方法以利于工程量计算和套用定额。

原则五：概、预算人员还必须掌握和运用与工程量计算相关的资料。

原则六：工程量计算顺序，一般情况下应按预算定额项目排列顺序及工程施工的顺序逐一统计，以保证不重不漏，便于计算。

原则七：工程量计算完毕后，要进行系统整理。

原则八：整理过的工程量，要进行检查、复核、发现问题及时修改。

(四)工程量计算的基本准则

(1)工程量的计算应按工程量的计算规则进行，即工程量项目的划分，计量单位取定，有关系数的调整换算等，都应按相关的计算规则确定。

(2)工程量的计量单位有物理计量单位和自然计量单位，表示分部、分项工程计量单位。

(3)通信建设工程无论初步设计，还是施工图设计都依据设计图纸统计计算工程量。

(4)工程量计算应以设计规定的所属范围和设计分界线为准，布线走向和部分设置以施工验收技术规范为准，工程量的计量单位必须与定额计量单位相一致。

(5)工程量应以施工安装数量为准，所用材料数量不能作为安装工程量。

## 四、实践与操作

通信线路工程量计算举例如下。

(一)开挖(填)土(石)方

(1)光(电)缆接头坑个数取定，通信人孔设计如图 5－3 所示。

(2)挖光缆沟长度计算，管道沟挖深示意如图 5－4 所示。

(3)施工测量长度计算，通信管道设计如图 5－5 所示。

(4)缆线布放工程量的取定。

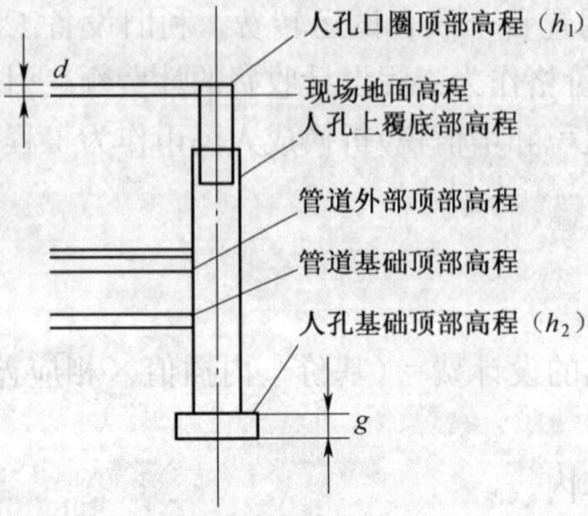


图 5－3　通信人孔设计示意

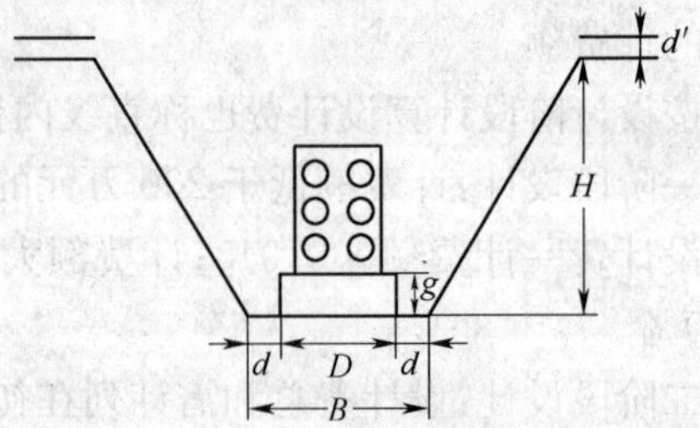


图 5－4　管道沟挖深示意

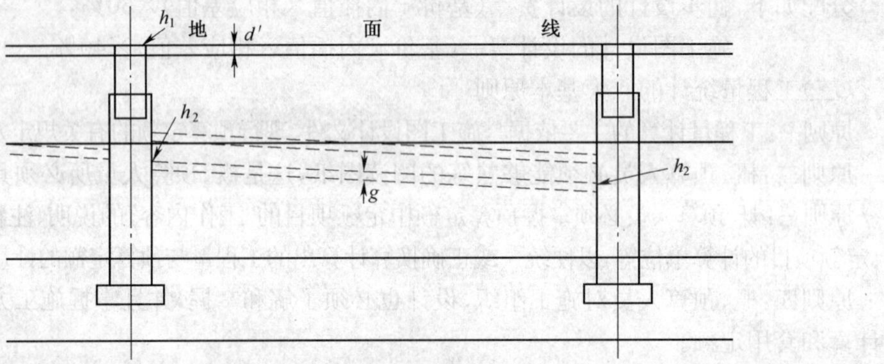


图 5－5　通信管道设计示意

(5)计算人孔坑挖深。

(6)计算管道沟深。

(7)计算开挖路面面积。

(8)计算开挖土方体积工程量。

(9)回填土(石)方工程量。

人孔坑开挖土石方示意如图 5－6 所示，石质、土质光(电)缆沟示意如图 5－7、图5－8 所示。

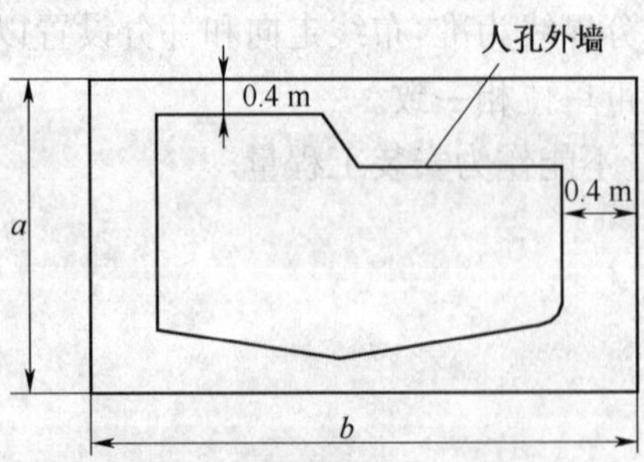


图 5－6　人孔坑开挖土石方示意

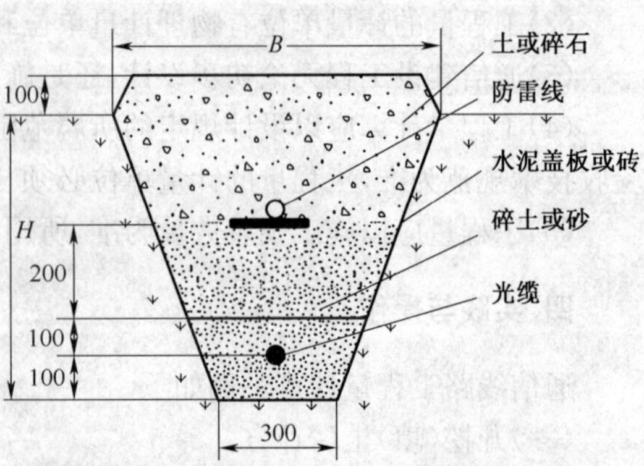


图 5－7　石质光(电)缆沟示意(单位:mm)

(二)通信管道工程

(1)混凝土管道基础工程量。

(2)铺设水泥管道工程量。

(3)通信管道包封混凝土工程量。

(4)无人孔部分砖砌通道工程量。

(5)混凝土基础加筋工程量。

管道包封示意如图 5—9 所示。

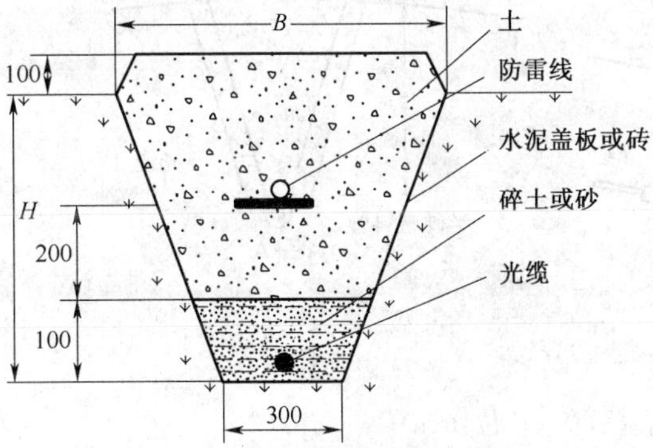

图 5—8　土质光(电)缆沟示意(单位:mm)

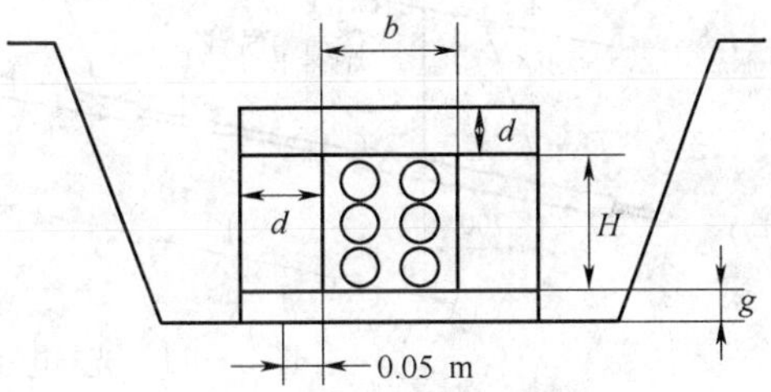

图 5—9　管道包封示意

(三)光(电)缆敷设

(1)敷设光缆长度计算。

(2)光缆使用长度计算。

(3)槽道、槽板、室内通道敷设光缆工程量。

(4)整修市话线路移挂电缆工程量。

(四)光(电)缆保护与防护

(1)护坎如图 5—10 所示。

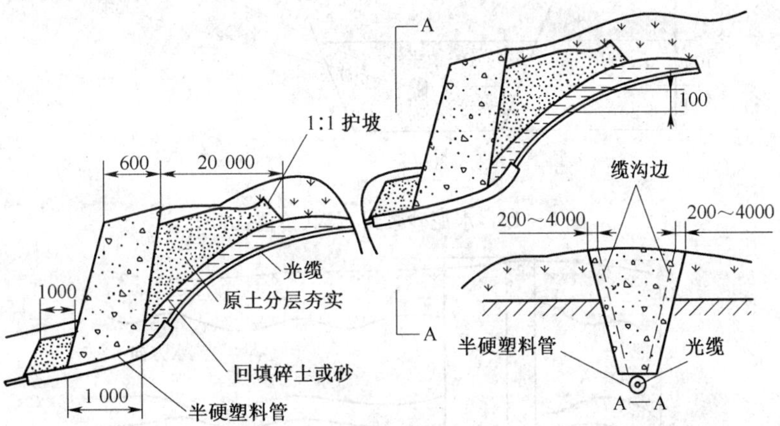

图 5—10　护坎示意(单位:mm)

(2)护坡工程量。

(3)堵塞如图 5—11 所示。

(4)水泥砂浆封石沟如图 5—12 所示。

(5)漫水坝如图 5—13 所示。

## 五、评价完成质量

(一)各小组介绍工作流程步骤,并演示操作过程、展示接续成果。

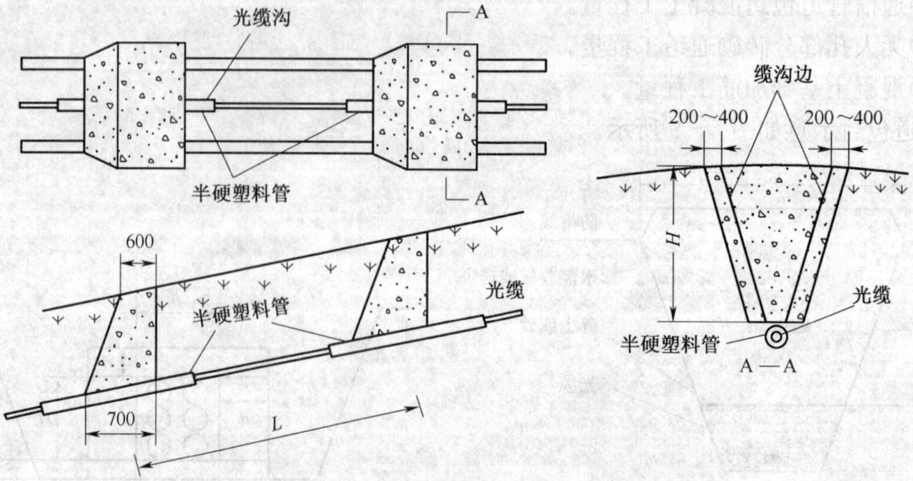


图 5—11 光(电)缆沟堵塞示意（单位:mm）

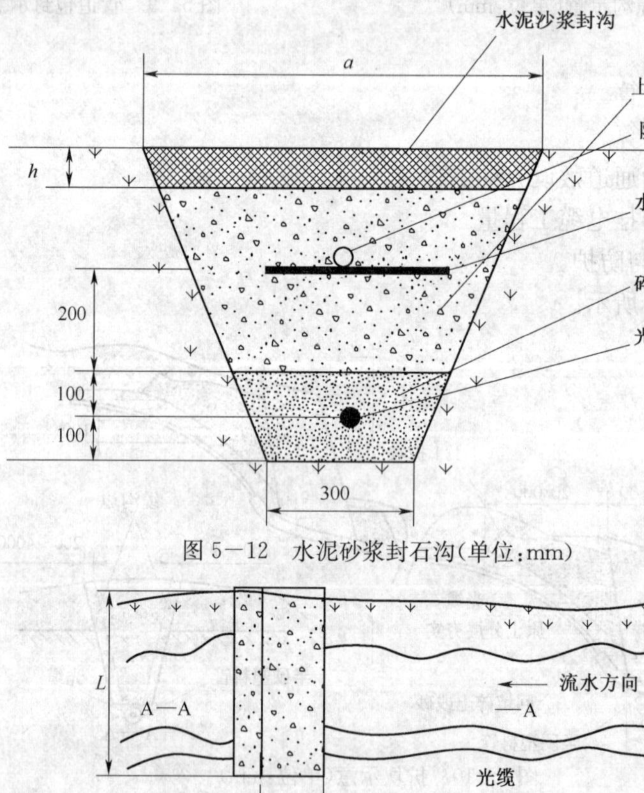


图 5—12 水泥砂浆封石沟(单位:mm)

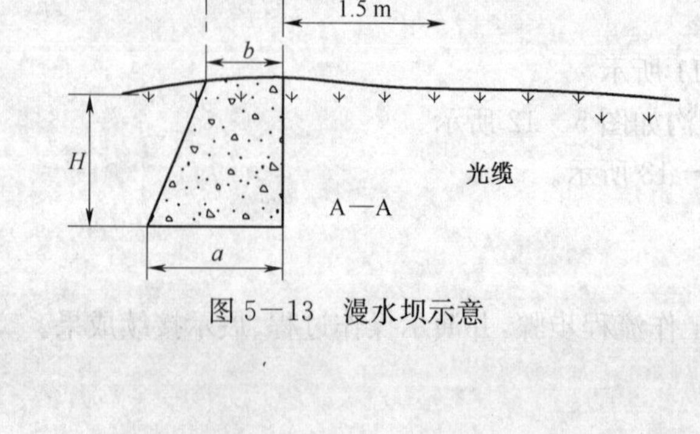


图 5—13 漫水坝示意

(二)学生按线务员作业程序、国家标准进行自评和互评。

(三)教师评价:教师对学生整个工作过程、结果进行评价,指出每个小组及成员的优点,并提出改进建议,综合评价学生各项能力。

(四)评价方案见表5—28。

**表5—28　评价方案**

| 评价指标<br>(依据教学阶段设计) | 评价标准 | 评价依据 | 权重 | 自评分 | 互评分 | 教师评分 | 平均分 |
|---|---|---|---|---|---|---|---|
| 通信线路工程费构成 | 1. 通信线路工程定额<br>2. 工程量统计的八大基本原则<br>3. 工程量计算的基本准则 | 理论考核 | 20 | | | | |
| 通信线路工程量计算 | 1. 通信线路工程量计算规则<br>2. 计算内容完整性<br>3. 计算结果准确性 | 学生实际案例计算过程、结果考核 | 35 | | | | |
| 通信线路设备安装工程量计算 | 1. 通信线路设备安装工程量计算规则<br>2. 计算内容完整性<br>3. 计算结果准确性 | 学生实际案例计算过程、结果考核 | 35 | | | | |
| 评价完成质量 | 1. 作业程序<br>2. 计算规则 | 1. 实际操作过程<br>2. 学生计算结果 | 10 | | | | |

## 六、相关理论知识

### (一)定额管理的基本概念

定额管理是指定额的编制、审查、解释、贯彻执行、监督、检查、补充、修订、反映定额执行情况和考核定额水平等一系列工作。

1. 定额在现代管理中的地位

定额是管理科学的基础,也是现代管理科学中的重要内容和基本环节。首先,定额是节约社会劳动、提高劳动生产率的重要手段。其次,定额是组织和协调社会化大生产的工具。第三,定额是宏观调控的依据。第四,定额在实现分配、兼顾效率与社会公平方面有巨大的作用。

建设工程定额是指在工程建设中,单位合格产品所需人工、材料、机械的规定额度,它属于生产消费定额的性质。

2. 建设工程定额的特点

建设工程定额的特点包括科学性、系统性、统一性、权威性、强制性、稳定性和时效性。

3. 建设工程定额管理的任务

(1)在市场经济条件下,为确切地反映建筑安装工程费用的性质和内容,创造公平竞争的市场环境,依据财政部《企业财务通则》和《企业会计准则》的有关要求,按照制造成本法对建筑安装工程成本费用项目进行规范。

(2)按照量价分离和工程实体性消耗与施工措施性消耗相分离的原则,对计价定额进行改革。

(3)针对当前价格、利率、汇率、生产率等不断变动已成为影响工程造价的重要因素这一实际情况,组织各地区、各部门工程造价管理部门定期发布反映市场价格水平的价格信息和调整指数,实行动态管理。

(4)依据不同工程类别实行差别费率和差别利润率,改变过去按企业隶属关系和资质等级的做法,促进企业间的平等竞争。

(5)为鼓励企业逐步做到按工程个别成本报价,提高企业的竞争能力,在计价定额的表现形式上,实行工程实体性消耗与施工措施性消耗相分离的做法。

4. 预算定额的作用

(1)预算定额是编制施工图预算、确定和控制建筑安装工程造价的计价基础;

(2)预算定额是落实和调整年度建设计划,对设计方案进行技术经济分析比较的依据;

(3)预算定额是施工企业进行经济活动分析的依据;

(4)预算定额是编制标底、投标报价的基础;

(5)预算定额是编制概算定额和概算指标的基础。

5. 预算定额的编制原则

(1)按社会平均水平确定预算定额水平的原则;

(2)简明适用原则;

(3)坚持统一性和差别性相结合的原则;

(4)专家编审责任制原则。

(二)现行通信建设工程预算定额的编制依据与原则

1. 现行通信建设工程预算定额的编制依据

(1)建设部、中国人民建设银行建标〔1993〕894 号《关于印发〈关于调整建筑安装工程费用项目组成的若干规定〉的通知》;

(2)国家及原邮电部颁发的有关通信建设工程设计规范、通信建设工程施工及验收技术规范、通用图及标准图等;

(3)国家计委 1986 年发布的《全国统一安装工程预算定额》第四册、第五册、第一册及第二册;

(4)国家计委〔1984〕2211 号通知颁发的《建筑安装工程预算定额》第一分册、第二分册、第十分册及第六分册;

(5)有关省、自治区、直辖市的通信设计、施工企业及建设单位和部属设计、施工单位的专家提供的意见和资料。

2. 现行通信建设工程预算定额编制原则

(1)贯彻国家和原邮电部关于修编通信建设工程预算定额相关政策精神,结合通信行业的特点认真调查研究、细算粗编,坚持实事求是,做到科学、合理、便于操作和维护;

(2)贯彻执行"控制量"、"量价分离"、"技普分开"的原则;

(3)关于定额子目的设置;

(4)预算定额子目编号规则。

## 七、想 一 想

1. 总结工程量的计算原则、程序、方法。

2. 工程量的计算应该注意些什么?

3. 工程定额在实际工作中如何应用?

4. 查找有关工程定额最新资料,并对比分析相关内容。

5. 如何贯彻执行"控制量"、"量价分离"、"技普分开"的原则。

# 模块二　概、预算表格的编制

## 一、学习目标

(一)掌握概、预算表格编制方法;

(二)理解概、预算表格内容;

(三)会概、预算表格的编制。

## 二、工作任务

(一)《概、预算总表》表一的编制;

(二)《建筑安装工程费用概、预算表》表二的编制;

(三)《建筑安装工程量概、预算表》表三的编制;

(四)《器材概、预算表》表四的编制;

(五)《工程建设其他费用概、预算表》表五的编制。

## 三、阅读与理解

编制概、预算文件是前面所学内容的灵活运用和实际体现。本章节详细介绍概、预算文件的组成、编制程序、各项费用的取定及表格填写方法和顺序,并通过具体的通信线路工程及通信设备安装工程的编制实例加以说明。

(一)概、预算文件的组成

概、预算文件由编制说明和概、预算表格组成。

(二)编制说明

编制说明一般应由以下几项内容组成。

1. 工程概况

工程概括说明工程项目的规模、用途、概、预算总价值、产品品种、生产能力、公用工程及项目外工程的主要情况等。

2. 编制依据

编制依据主要说明编制时所依据的技术、经济文件、各种定额、材料设备价格、地方政府有关主管部门未作统一规定的费用计算依据和说明。

3. 投资分析

投资分析主要说明各项投资的比例及与类似工程投资额的比较、分析投资额高低的原因、工程设计的经济合理性、技术的先进性及其适宜性等。

4. 其他需要说明的问题

其他有关问题等是指如建设项目的特殊条件和特殊问题,需要上级主管部门和有关部门帮助解决。

(三)概、预算表格

通信建设工程概、预算表格统一使用下面5种共8张表格(注:以下各表中,凡打√者表示须填写)。

1. 概、预算总表(表一)

《概、预算总表》供编制建设项目总费用或单项工程总费用使用。

**概、预算总表(表一)**

建设项目名称:×××

单项工程名称:××× 建设单位名称:××× 表格编号:×××× 第 页

| 序号 | 概、预算表编号 | 工程或费用名称 | 概、预算价值(元)或外币() | | | | | | | |
|---|---|---|---|---|---|---|---|---|---|---|
| | | | 建筑工程 | 需要安装的设备 | 安装工程 | 不需安装的设备、工器具 | 其他费用 | 预备费 | 总价值 人民币(元) | 总价值 其中外币( ) |
| 1 | 2 | 3 | 4 | 5 | 6 | 7 | 8 | 9 | 10 | 11 |
| 1 | | 工程费 | | √ | √ | | | | √ | |
| 2 | | 工程建设其他费 | | | | | √ | | √ | |
| 3 | | 小计 | | √ | √ | | √ | | √ | |
| 4 | | 预备费 | | | | | | √ | √ | |
| 5 | | 施工项目承包费 | | | | | | √ | √ | |
| 6 | | 小型建筑费 | √ | | | | | | √ | |
| 7 | | 合计 | √ | √ | √ | | √ | √ | √ | |
| 8 | | 运营费 | | | | (√) | (√) | | (√) | |
| 9 | | 其中:回收费用 | | | | | | | (√) | |

设计负责人:××× 审核:××× 编制:××× 编制日期:××××年××月

注:①凡由企业运营费列支的项目,不计入总价值,其数字加括号以示区别。

②施工项目承包费和预备费不能同时在表中存在。当编制概算和一阶段设计预算时,应填写预备费一栏;对于有总承包的工程,当编制施工图预算时应填写施工项目承包费一栏。

2.建筑安装工程费用概、预算表(表二)

《建筑安装工程费用概、预算表》供编制建筑安装工程费使用。

**建筑安装工程费用概、预算表(表二)**

单项工程名称:××× 建设单位名称:××× 表格编号:×××× 第 页

| 序号 | 费用名称 | 依据和计算方法 | 技工费(元) | 普工费(元) | 合计(元) | 序号 | 费用名称 | 依据和计算方法 | 技工费(元) | 普工费(元) | 合计(元) |
|---|---|---|---|---|---|---|---|---|---|---|---|
| 1 | 2 | 3 | 4 | 5 | 6 | 1 | 2 | 3 | 4 | 5 | 6 |
| | 建筑安装工程费 | √ | | | √ | (二) | 其他直接费 | √ | | | √ |
| 一 | 直接工程费 | √ | | | √ | 1 | 冬雨季施工增加费 | √ | | | √ |
| (一) | 直接费 | √ | | | √ | | | | | | |
| 1 | 人工费 | √ | | | √ | 2 | 夜间施工增加费 | √ | | | √ |
| (1) | 技工费 | √ | √ | | √ | | | | | | |
| (2) | 成建制普工费 | √ | | √ | √ | 3 | 工程干扰费 | √ | | | √ |
| (3) | 普工费 | √ | | √ | √ | 4 | 特殊地区施工增加费 | √ | | | √ |
| 2 | 材料费 | √ | | | √ | 5 | 新技术培训费 | √ | √ | | √ |
| (1) | 主要材料费 | √ | | | √ | 6 | 仪器仪表使用费 | √ | | | √ |
| (2) | 辅助材料费 | √ | | | √ | 7 | 生产工具用具使用费 | √ | √ | √ | √ |
| (3) | 机械使用费 | √ | | | √ | | | | | | |

续上表

| 序号 | 费用名称 | 依据和计算方法 | 技工费（元） | 普工费（元） | 合计（元） | 序号 | 费用名称 | 依据和计算方法 | 技工费（元） | 普工费（元） | 合计（元） |
|---|---|---|---|---|---|---|---|---|---|---|---|
| 1 | 2 | 3 | 4 | 5 | 6 | 1 | 2 | 3 | 4 | 5 | 6 |
| 8 | 工程车辆使用费 | √ | √ |  | √ | 1 | 临时设施费 | √ | √ |  | √ |
|  |  | √ |  | √ | √ |  |  | √ |  | √ | √ |
| 9 | 工地器材搬运费 | √ | √ |  | √ | 2 | 现场管理费 | √ | √ |  | √ |
|  |  |  |  |  |  |  |  | √ |  | √ | √ |
| 10 | 流动施工津贴 | √ | √ | √ | √ | 二 | 间接费 | √ |  |  | √ |
|  |  |  |  |  |  | （一） | 企业管理费 | √ | √ |  | √ |
| 11 | 人工费差价 | √ | √ |  | √ | （二） | 财务费 | √ | √ |  | √ |
|  |  | √ |  | √ | √ | 三 | 计划利润 | √ |  |  | √ |
| 12 | 工程点交、场地清理费 | √ |  |  | √ | 四 | 税金 | √ |  |  | √ |
| 13 | 施工生产用水电蒸气费 | √ |  |  | √ |  |  |  |  |  |  |
|  |  |  |  |  |  |  |  |  |  |  |  |
| （三） | 现场经费 | √ |  |  | √ |  |  |  |  |  |  |

设计负责人：××× 审核：××× 编制：××× 编制日期：××××年××月

3. 建筑安装工程量概、预算表（表三甲）

《建筑安装工程概、预算表》供编制建筑安装工程量使用。

**建筑安装工程量概、预算表**（表三甲）

单项工程名称：××× 建设单位名称：××× 表格编号：×××× 第 页

| 序 号 | 定额编号 | 项目名称 | 单位 | 数量 | 单位定额值（工日） |  | 概、预算（工日） |  |
|---|---|---|---|---|---|---|---|---|
|  |  |  |  |  | 技工 | 普工 | 技工 | 普工 |
| 1 | 2 | 3 | 4 | 5 | 6 | 7 | 8 | 9 |
| 1 | ×××—××× | ××× | √ | √ | √ | √ | √ | √ |
| 2 | ×××—××× | ××× | √ | √ | √ | √ | √ | √ |
|  |  |  |  |  |  |  |  |  |
|  |  | 合计 |  |  |  |  | √ | √ |

设计负责人：××× 审核：××× 编制：××× 编制日期：××××年××月

4. 建筑安装工程施工机械使用费概、预算表（表三乙）

《建筑安装工程施工机械使用费概、预算表》供编制施工机械使用费用。

5. 器材概、预算表（表四甲）

《器材概、预算表》供编制需要安装的设备、主要材料和不需要安装的仪表、工具、器具的概、预算费用使用。

**建筑安装工程施工机械使用费概、预算表(表三乙)**

单项工程名称：×××　　建设单位名称：×××　　表格编号：××××　　第　页

| 序号 | 定额编号 | 项目名称 | 机械名称 | 单位 | 数量 | 单位定额值(工日) | | 概、预算值 | | 备注 |
|---|---|---|---|---|---|---|---|---|---|---|
| | | | | | | 数量(台班) | 单价(元) | 数量(台班) | 合价(元) | |
| 1 | 2 | 3 | 4 | 5 | 6 | 7 | 8 | 9 | 10 | 11 |
| 1 | ××—×× | ××× | √ | √ | √ | √ | √ | √ | √ | |
| 2 | ××—×× | ××× | √ | √ | √ | √ | √ | √ | √ | |
| | | | | | | | | | | |
| | | 合计 | | | | | | √ | √ | |

设计负责人：×××　　审核：×××　　编制：×××　　编制日期：××××年××月

**器材概、预算表(表四甲)**

(　　表)

单项工程名称：×××　　建设单位名称：×××　　表格编号：××××　　第　页

| 序号 | 名称 | 规格程式 | 单位 | 数量 | 单价(元) | 合计(元) | 备注 |
|---|---|---|---|---|---|---|---|
| 1 | 2 | 3 | 4 | 5 | 6 | 7 | 8 |
| 1 | ××× | ××× | √ | √ | √ | √ | |
| 2 | ××× | ××× | √ | √ | √ | √ | |
| | | | | | | | |
| | 小计 | | | | | √ | |
| | 供销部门手续费 | | | | | √ | |
| | 采购及保管费 | | | | | √ | |
| | 运杂费 | | | | | √ | |
| | 运输保险费 | | | | | √ | |
| | 包装费 | | | | | | |
| | 合计 | | | | | √ | |

设计负责人：×××　　审核：×××　　编制：×××　　编制日期：××××年××月

6. 引进工程器材概、预算表(表四乙)

《引进工程器材概、预算表》供引进工程使用。

**引进工程器材概、预算表(表四乙)**

(　　表)

单项工程名称：×××　　建设单位名称：×××　　表格编号：××××　　第　页

| 序号 | 中文名称 | 外文名称 | 单位 | 数量 | 单价 | | 合价 | |
|---|---|---|---|---|---|---|---|---|
| | | | | | 外币(　) | 折合人民币(元) | 外币() | 折合人民币(元) |
| 1 | 2 | 3 | 4 | 5 | 6 | 7 | 8 | 9 |
| 1 | ××× | ××× | √ | √ | √ | √ | √ | √ |
| 2 | ××× | ××× | √ | √ | √ | √ | √ | √ |

续上表

| 序号 | 中文名称 | 外文名称 | 单位 | 数量 | 单价 | | 合价 | |
|---|---|---|---|---|---|---|---|---|
| | | | | | 外币( ) | 折合人民币(元) | 外币() | 折合人民币(元) |
| 1 | 2 | 3 | 4 | 5 | 6 | 7 | 8 | 9 |
| 3 | 小计(CIF) | | | | | | | |
| | 关税 | | | | | | | |
| | 增值税 | | | | | | | |
| | 外贸代理费 | | | | | | | |
| | 银行手续费 | | | | | | | |
| | 港杂费 | | | | | | | |
| | | | | | | | | |
| | 合计 | | | | | | | |

设计负责人:×××　　审核:×××　　编制:×××　　编制日期:××××年××月

注:小计(CIF)之后还应计列关税、增值税、外贸代理费、银行手续费、港杂费等各项费用

7. 工程建设其他费用概、预算表(表五甲)

《工程建设其他费用概、预算表》供编制建设项目(或单项工程)的工程建设其他费用。

**工程建设其他费用概、预算表(表五甲)**

单项工程名称:×××　　建设单位名称:×××　　表格编号:××××　　第　页

| 序号 | 费用名称 | 单位 | 数量 | 单价(元) | 合计(元) | 备注 |
|---|---|---|---|---|---|---|
| 1 | 2 | 3 | 4 | 5 | 6 | 7 |
| 1 | 建设用地及综合赔补费 | | | | | |
| 2 | 研究实验费 | | | | | |
| 3 | 勘察设计费 | | | | | 计算式 |
| 4 | 生产准备费 | | | | | 运营费 |
| 5 | 供电贴费 | | | | | |
| 6 | 施工队伍调遣费 | | | | | |
| (1) | 技工调遣费 | | | | | |
| (2) | 成建制普工调遣费 | | | | | |
| 7 | 大型施工机械调遣费 | | | | | |
| 8 | 定额编制管理费 | | | | | |
| 9 | 建设期投资贷款利息 | | | | | |
| 10 | 建设单位管理费 | | | | | |
| | (其中:工程质量监督费) | | | | | |
| 11 | 工程监理费 | | | | | |
| (1) | 设计阶段 | | | | | |
| (2) | 施工及保修阶段 | | | | | |
| 12 | 运土费 | | | | | |
| 13 | 其他费用 | | | | | |
| | 合计 | | | | | |

设计负责人:×××　　审核:×××　　编制:×××　　编制日期:××××年××月

8. 引进工程其他费用概、预算表(表五乙)

《引进工程其他费用概、预算表》供引进工程专用。

**引进工程其他费用概、预算表**(表五乙)

建设项目名称:×××

单项工程名称:×××　　建设单位名称:×××　　表格编号:××××　　第　页

| 序号 | 费用名称 | 单位 | 数量 | 单价 | | 合价 | | 备注 |
|---|---|---|---|---|---|---|---|---|
| | | | | 外币() | 折合人民币(元) | 外币() | 折合人民币(元) | |
| 1 | 2 | 3 | 4 | 5 | 6 | 7 | 8 | 9 |
| 1 | ××× | | | √ | √ | √ | √ | √ |
| 2 | ××× | | | | | | √ | √ |
| | | | | | | | | |
| | 合计 | | | | | | √ | √ |

设计负责人:×××　　审核:×××　　编制:×××　　编制日期:××××年××月

## 四、实践与操作

(一)概、预算总表(表一)的填写方法

概、预算总表供编制建设项目总概、预算及单项工程概、预算之用。建设项目或单项工程的全部费用在本表中汇总。

1. 建设项目汇总表(表一)的填写

用于建设项目概、预算编制时,应按各单项工程的表一汇总,并将单项工程的各项费用内容分别填入与表一相对应的费用项目中;然后将相同费用项目汇总,最后汇总成建设项目总费用。填表方法如下:

(1)第 2 栏根据单项工程概、预算表及工程建设其他费用概、预算表的表格编号填写;

(2)第 3 栏按单项工程及工程建设其他费用的名称填写;

(3)第 4~9 栏根据单项工程概、预算的相应各栏费用的合计填写;

(4)第 10 栏为 4~9 栏之和;

(5)第 11 栏列出上列各栏合计中引进技术和设备的工程应填写的外币合计;

(6)编制概算时,将预备费填入第 9 栏中;

(7)在施工项目总承包时,将施工项目承包费填入第 9 栏(预备费和施工项目承包费不能同时存在);

(8)工程有回收金额时,在总计下计列"其中回收费用"的金额填入第 10 栏,不冲减总费用;

(9)表首尾按要求填写。

2. 单项工程汇总表(表一)的填写

用于单项工程的概、预算汇总时,可按建筑安装工程费、需要安装的设备费、不需要安装的设备工器具费、工程建设其他费、预备费分别依次列出,将每项费用内容分别填入与之对应费用名称下面,然后汇总成单项工程的总费用。填表方法如下:

(1)第 2 栏根据单项工程各概、预算表,工程建设其他费用概、预算表的表格编号填写,如按表二、表四、表五的表格编号分别填写;

(2)第 3 栏按工程概、预算及工程建设其他费用的名称填写,如工程费用、工程建设其他费用等分别填写;

(3)第 4～9 栏应按工程概、预算表费用项目类别分别填写，如建筑工程、需要安装的设备、安装工程、不需要安装的设备、工器具、其他费用；

(4)第 10 栏为第 4～9 栏之和；

(5)第 11 栏列出上列各栏合计中引进技术和设备的工程应填写的外币合计；

(6)编制概算时，将预备费填入第 9 栏；

(7)有工程回收金额时，在总计之下计列“其中回收费用”的金额填入第 10 栏，不冲减总费用；

(8)表首尾按要求填写。

(二)建筑安装工程费用概、预算表(表二)的填写方法

建筑安装工程费用概、预算表的填表方法如下：

(1)表格首尾按要求填写；

(2)第 2 栏按工程要求的费用名称逐一填写；

(3)第 3 栏各项费用的计算依据和计算方法分别列出；

(4)第 4～5 栏主要填写技工费、普工费(或成建制普工费)；

(5)第 6 栏为 4～5 栏之和或直接写入，如直接工程费、间接费、计划利润、税金等合计为建筑安装工程费。

(三)建筑安装工程量概、预算(表三)的填写方法

建筑安装工程量概、预算表分为甲、乙两张，甲为建筑安装工程量概、预算表，乙为机械使用费概、预算汇总表。

1. 表三甲的填写

(1)表首尾按要求填写；

(2)表 2～4 栏按概、预算定额相应定额子目编号、项目名称、单位填写；

(3)第 5 栏按概、预算的工程量填写；

(4)第 6～7 栏按定额值填写技工工日、普工工日；

(5)第 8～9 栏分别为第 5 栏与第 6、7 栏之积，表示概、预算技工工日值和普工工日值。

2. 表三乙的填写

(1)表首尾按要求填写；

(2)第 2～5 栏按概、预算定额相应定额子目编号、项目名称、单位填写；

(3)第 6 栏按概、预算的工作量填写；

(4)第 7 栏按相应定额子目填写定额台班量；

(5)第 8 栏填写机械台班单价；

(6)第 9 栏为第 6 栏与第 7 栏之积；

(7)第 10 栏为第 8 栏与第 9 栏之积；

(8)第 11 栏为需要说明的问题。

(四)器材概、预算表(表四)的填写方法

器材概、预算表分为甲、乙两张，甲为国内单项工程的主要材料、设备和工器具等数量和费用概、预算表，乙为引进技术、设备的器材概、预算表。

1. 表四甲的填写

(1)表首括号内根据需要填写主要材料或需要安装设备或不需要安装的设备、工具、器具及仪表等。

(2)第 2～6 栏分别填写主要材料或需要安装设备或不需要安装的设备、工具、器具、仪表的名称、规格、单位、数量及单价等。

(3)在第 7 栏合计之后计列的费用包括：合计、供销部门手续费、包装费、运杂费、采购及保管费、运输保险费、小计和总计。

计算主要材料时，供销部门手续费、包装费、运杂费、采购及保管费、运输保险费和小计要按主材类型(见《费用定额》)分别计算后再计算总计。

2.(表四乙)的填写

表四乙为引进工程的器材概、预算表。填写时应该分别写明外币金额及折合人民币的价格，并按引进工程的有关规定填写相应计列的费用。其他与表四甲相同。

(五)工程建设其他费用概、预算表(表五)的填写方法

工程建设其他费用概、预算表分为甲、乙两张，甲为国内工程计列工程建设其他费用表，乙为引进工程建设其他费用表。

1. 表五甲的填写

(1)第 2 栏为费用名称；

(2)第 3～5 栏根据费用内容要求填写；

(3)第 6 栏为 4 与 5 栏之积或直接填入。

2.(表五乙)的填写

表五乙按建设单位主管部门要求填写。

## 五、评价完成质量

(一)各小组介绍工作流程步骤，并演示操作过程、展示接续成果。

(二)学生按线务员作业程序、国家标准进行自评和互评。

(三)教师评价：教师对学生整个工作过程、结果进行评价，指出每个小组及成员的优点，并提出改进建议，综合评价学生各项能力。

(四)评价方案见表 5－29。

**表 5－29 评 价 方 案**

| 评价指标(依据教学阶段设计) | 评价标准 | 评价依据 | 权重 | 自评分 | 互评分 | 教师评分 | 平均分 |
|---|---|---|---|---|---|---|---|
| 表一的编制 | 1. 表一的编制方法标准<br>2. 内容完整性<br>3. 结果准确性 | 学生编制的表一 | 10 | | | | |
| 表二的编制 | 1. 表二的编制方法标准<br>2. 内容完整性<br>3. 结果准确性 | 学生编制的表二 | 20 | | | | |
| 表三的编制 | 1. 表三的编制方法标准<br>2. 内容完整性<br>3. 结果准确性 | 学生编制的表三 | 20 | | | | |
| 表四的编制 | 1. 表四的编制方法标准<br>2. 内容完整性<br>3. 结果准确性 | 学生编制的表四 | 20 | | | | |
| 表五的编制 | 1. 表五的编制方法标准<br>2. 内容完整性<br>3. 结果准确性 | 学生编制的表五 | 20 | | | | |
| 评价完成质量 | 1. 编制程序<br>2. 编制规则 | 1. 实际编制过程<br>2. 学生编制结果 | 10 | | | | |

### 六、想 一 想

1.总结表格的编制规则、程序、方法、内容、标准。
2.表格的编制应该注意什么?
3.表格的编制有什么技巧?
4.引进工程与一般工程表格的编制有什么区别?

## 模块三　概、预算文件的编写

### 一、学习目标

(一)掌握概、预算文件说明编写方法;
(二)理解概、预算文件说明内容;
(三)掌握概、预算文件说明的编写;
(四)掌握概、预算文件编写。

### 二、工作任务

(一)工程概况的编写;
(二)编制依据的编写;
(三)投资分析的编写;
(四)其他需要说明问题的编写;
(五)概、预算文件编写。

### 三、阅读与理解

(一)编制说明的组成

编制说明一般应由工程概况、编制依据、投资分析和需要说明的问题组成。

(二)编制依据及有关取费标准

(1)原邮电部〔1995〕626号文"关于发布《通信建设工程概算、预算编制办法及费用定额》等标准的通知及附件";

(2)国家计委、建设部〔2002〕10号关于发布《工程勘察设计收费管理规定》的通知;

(3)××市电信管理局物资处编制的《电信建设工程概算、预算常用电信器材基础价格目录》;

(4)××市电信管理局,电信建发〔1998〕556号文《关于通信管道工程概算、预算编制中有关赔偿费规定的通知》;

(5)原邮电部〔1997〕52号《关于明确通信建设工程概算、预算中"流动施工津贴标准"的通知》;

(6)原邮电部〔1995〕945号《关于发布〈通信工程类别划分标准〉》的通知。

(三)通信工程概、预算编制程序

通信工程概、预算编制程序如图5-14所示。

1. 收集资料和熟悉图纸

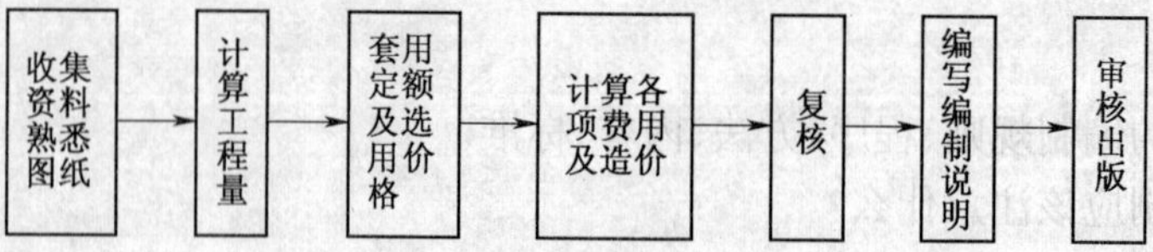


图 5－14 概、预算编制程序

在编制概、预算前，针对工程具体情况和所编概、预算内容收集有关资料，包括概、预算定额、费用定额以及材料、设备价格等。对施工图进行一次全面的检查，检查图纸是否完整，检查各部分尺寸是否有误，有无施工说明，明确设计意图。

2. 计算工程量

这是一项工作量很大而又十分细致的工作。工程量是编制概、预算的基本数据，计算的准确与否直接影响到工程造价的准确度。

① 要先熟悉图纸的内容和相互关系，注意搞清有关标注和说明；

② 计算的单位一定要与编制概、预算时依据的概、预算定额单位相一致；

③ 计算的方法一般可依照施工图顺序由下而上，由内而外，由左而右依次进行；

④ 要防止误算、漏算和重复计算；

⑤ 最后将同类项加以合并，并编制工程量汇总表。

3. 套用定额及选用价格

工程量经复核后方可套用定额。套用定额时应核对工程内容与定额内容是否一致，以防误套。

4. 计算各项费用

根据“626 费用定额”的计算规则、标准分别计算各项费用，并按通信建设工程概、预算表格的填写要求填写表格。

5. 复核

对上述表格内容进行一次全面检查。检查所列项目、工程量、计算结果、套用定额、选用单价、取费标准以及计算数值等是否正确。

6. 编写说明

复核无误后，进行对比、分析，凡概、预算表格不能反映的一些事项以及编制中必须说明的问题，都应用文字表达出来，以供审批单位审查。

7. 审核出版

经审核无误后，领导签署，印刷出版。

## 四、实践与操作

**实例一：××电话局配套通信管道单项工程一阶段施工图设计预算**

1. 已知条件

(1)工程概况：本设计为××局光缆环配套通信管道单项工程一阶段施工图设计。其中新建 6 孔(6×1)$\phi$114 钢管管道 17.5 m；新建(3×2)$\phi$110 6 孔塑料管道 39.5 m；新建(1.2×1.7×1.8(内宽×内长×内高))特殊手孔 1 号、2 号共 2 个；钢管管道下方有污水沟，其基础应加筋；塑料管道基础不加筋；开人孔窗口 1 个。

(2)本工程采用一阶段设计。

(3)主材运距:钢材按 1 500 km 计取;水泥、塑料制品按 500 km 计取;主材及台班单价见表 5—30。

(4)本工程为四类工程;施工企业为四级,其驻地距施工现场 26 km。

(5)施工用水电蒸气费按 200 元估列。

(6)建设用地及综合赔补费:总计 21 190 元。

(7)本工程不计列生产准备费、运土费、供电贴费、研究实验费、特殊地区施工增加费。

(8)设计图纸及说明如下。

①××局××××光缆环配套通信管道工程平面图如图 5—15 所示。

②××局××××光缆环配套通信管道工程纵断面图如图 5—16 所示。

③1.20 m×1.7 m×1.80 m(内宽×内长×内高)手孔图如图 5—17 所示。

④6 孔(6×1)钢管管道、6 孔(3)塑料管道横断面图如图 5—18 所示。

⑤施工图纸说明:

a. 图纸中的管道长度,是路由长度(手孔中心—手孔中心);

b. 开挖路面类别:

——原号(中号直通人孔,中心至人孔外墙壁长边距为 990 mm)至 1 号手孔间的 $\phi$114 mm 6 孔钢管管道,路面为:柏油路 14 m,其余为水泥砖路面(厚 100 mm);

—— 1 号手孔至 2 号手孔间的管道沟,7.0 m 为混凝土砌块路面(厚 150 mm),其余为水泥砖路面;

——两手孔坑路面:为水泥砖路面(厚 100 mm);

c. 原号人孔开窗口 1 处;

d. 人孔坑、管道沟土质为硬土,放坡系数为 0.33,管道基础厚 80 mm;

e. 手推车倒运土,设计按实际情况核定为 18 $m^3$;

f. 6 孔钢管管道固定用 $\phi$10 mm 圆钢,按 6 孔塑料管道 $\phi$10 mm 圆钢定额用量的 1.11 倍计取;

g. 塑料管道填水泥砂浆工程量的用工用料,是由设计估列取定的,长度为 16 m 为普工工日 2.4/100 m;325 号水泥为 0.228 t,粗砂为 1.136 t;

h. 本工程用的主材及台班单价见表 5—30。

2. 工程量统计算

(1)管道施工图测量工程量计算

$$路由总长度=17.5+39.5=57(m)=0.57(100\ m)$$

(2)手孔坑体积的计算

①手孔坑深度的计算:根据图 5—15 所示的管道高程,手孔坑深度 $H=H_1=H_2=49.06-46.75+0.15=2.46$(m)。

②手孔坑底面积的计算:根据图 5—16 所示的手孔结构,手孔坑底面积 $S=S_1=S_2=a\times b=$(手孔外壁长$+0.4\ m\times 2$)×(手孔外壁宽$+0.4\ m\times 2$)$=(2.18+0.8)\times(1.68+0.8)=2.98\times 2.48=7.390(m^2)$。

③手孔坑上口面积的计算:根据手孔坑结构图和已知条件,手孔坑上口面积 $A=A_1=A_2=(a+2Hi)\times(b+2Hi)=[(2.18+0.8)+2\times 2.46\times 0.33]\times[(1.68+0.8+2\times 2.46\times 0.33)]=4.60\times 4.10=18.86(m^2)$。

④手孔坑体积的计算:因 1 号与 2 号手孔坑相关几何尺寸相同,则:

**表 5—30 主材及台班单价表**

| 序号 | 主材名称 | 规格程式 | 单位 | 单价(元) | | 备注 |
|---|---|---|---|---|---|---|
| | | | | 原价 | 预算价 | |
| 1 | 钢筋 | $\phi$6 mm | kg | 2.72 | | 本单价按××市电信管理局物资处编制的《电信建设工程概、预算常用器材基础价价格目录》取定的 |
| 2 | 钢筋 | $\phi$10 mm | kg | 2.72 | | |
| 3 | 螺纹钢 | $\phi$12 mm | kg | 2.80 | | |
| 4 | 镀锌焊接钢管 | $\phi$114 mm×4 mm×6 000 mm | 根 | 201.81 | | |
| 5 | 钢管管箍 | | 个 | 1.02 | | |
| 6 | 人孔盖 | 车行道用(含口圈) | 套 | 688.00 | | |
| 7 | 电缆托架 | 120 cm | 根 | 28.30 | | |
| 8 | 电缆托架 | 60 cm | 根 | 15.30 | | |
| 9 | 托架穿钉 | M16 | 副 | 3.35 | | |
| 10 | 积水罐(带盖) | | 套 | 21.95 | | |
| 11 | 拉力环 | | 个 | 8.65 | | |
| 12 | 机制砖 | 24 cm×12 cm×5 cm | 千块 | | 236.00 | |
| 13 | 粗砂 | | t | | 30.90 | |
| 14 | 卵石 | 0.5~3.5 cm | t | | 29.11 | |
| 15 | 双壁波纹塑料管 | $\phi$100 mm×6 000 mm | 根 | 66.50 | | |
| 16 | 胶圈 | | 个 | 0.95 | | |
| 17 | 木材(板方材) | Ⅲ等 | $m^3$ | 1 300.00 | | |
| 18 | 普通硅酸盐水泥 | 325 号 | t | 267.00 | | |
| 19 | 路面切割机 | | 台班 | 230.13 | | |

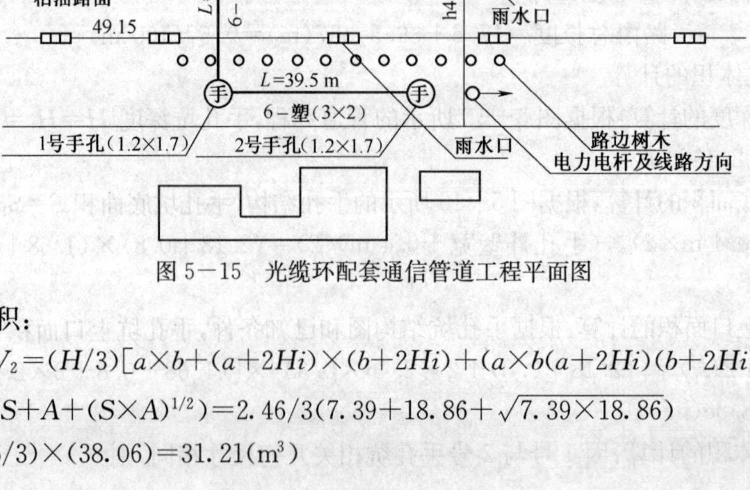


图 5—15 光缆环配套通信管道工程平面图

手孔坑体积：

$$V=V_1=V_2=(H/3)[a\times b+(a+2Hi)\times(b+2Hi)+(a\times b(a+2Hi)(b+2Hi))^{1/2}]$$

$$=H/3(S+A+(S\times A)^{1/2})=2.46/3(7.39+18.86+\sqrt{7.39\times 18.86})$$

$$=(2.46/3)\times(38.06)=31.21(m^3)$$

b. 1 号手孔坑与 2 号手孔坑体积之和 $V_{坑}=V_1+V_2=2V=2\times31.21=62.42(\mathrm{m}^3)$。

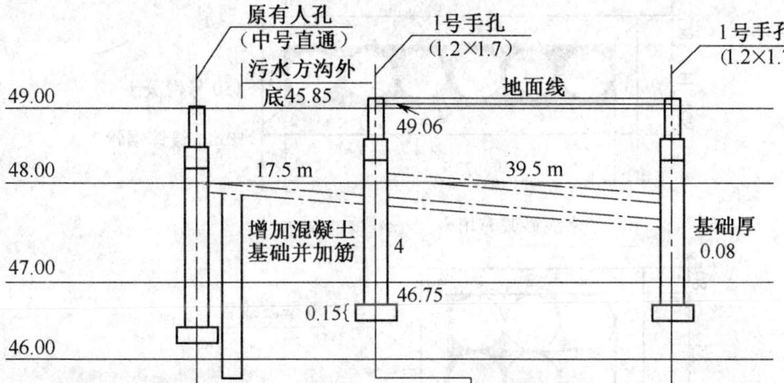


| 人孔口圈顶部高程 | 49.00 L:17.50 m | 49.060 L:39.50 m | | 49.060 |
|---|---|---|---|---|
| 人孔上覆底部高程 | 49.550孔型6－钢(6×1) | 48.550孔型6－塑(3×2) | | 48.550 |
| 管道外部顶部高程 | 47.975高差：0.100 m | 47.875 | 48.000高差：0.150 m | 47.850 |
| 管道基础顶部高程 | 47.861 | 47.761 | 47.750 | 47.600 |
| 人孔基础顶部高程 | 46.300 | 46.750 | 46.750 | 46.750 |
| 人孔内高 | 2.250 | 1.800 | | 1.800 |

图 5－16　光缆环配套通信管道工程纵断面图

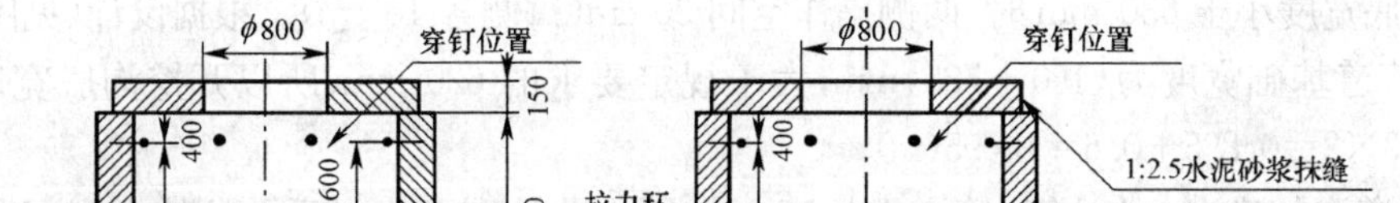


图 5－17　手孔图(单位:mm)

(3)管道沟体积的计算

①原号人孔至 1 号手孔间管道沟体积的计算(依据公式 $V=(Hi+B)HL$)

a. 管道沟平均深度($H$)的计算:管道沟平均深度＝(原人孔处沟深＋1 号手孔处沟深)/2,即:

$$H_{平}=(H_{原}+H_1)/2=\frac{1}{2}(1.219+1.379)=1.299(\mathrm{m})$$

其中:$H_{原}$＝原人孔盖高程－管道基础顶面高程＋管道基础厚度(8 cm)＝1.219(m);

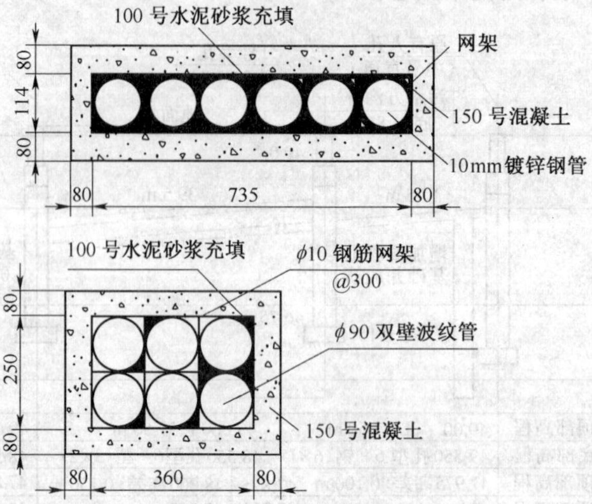


图 5－18　6 孔钢管、塑料管道横断面图(单位:mm)

$H_1$＝1 号手孔顶盖高程－管道基础顶面高程＋管道基础厚度＝1.379(m)。

b. 管道沟底宽度($B$)计算:当沟底宽度大于 630 mm 时,两侧操作空间 60 cm 每侧各(30 cm);当沟底宽度小于 630 mm 时,两侧操作空间 30 cm(每侧各 15 cm)。根据设计(见图 5－17),6 孔钢管管道基础宽度为(160＋735)mm,大于规定要求的 630 mm,所以开挖沟底宽度为 $B_1$＝0.895＋0.3×2＝0.895＋0.6＝1.495(m)。

c. 管道沟长度($L$)的计算:管道沟长度 $L$ 按原人孔外壁至 1 号手孔坑坡中点间距计取,即 $L$＝17.50－0.99－(0.84＋0.40＋2.46×0.33/2)＝14.864(m)(注:原有人孔净宽的一半为 0.99 m,已给定)。

d. 管道沟体积($V$)的计算:$V_1＝(B＋H_{平}\ i)×H_{平}×L$＝(1.495＋1.299×0.33)×1.299×14.864＝1.924×1.299×14.864＝37.14($m^3$)(注:0.33 为放坡系数)。

②1 号手孔至 2 号手孔间管道沟体积的计算(思路同①)

a. 管道平均深度的计算:沟平均深度＝(1 号手孔处沟深＋2 号手孔处沟深)/2,即:

$$H_{平均}＝(H_2＋H_3)/2＝(1.390＋1.54)/2＝1.465(\text{m})$$

其中:$H_3$＝2 号手孔盖高程－管道基础顶盖高程＋管道基础厚度＝49.06－47.60＋0.08＝1.54(m),$H_2$＝49.06－47.75＋0.08＝1.39(m)。

b. 管道沟底宽度计算:根据通信管道工程规范规定,由图 5－18 可知,基础宽为 0.52 m(小于 0.63 m)时,管底沟底宽度 $B_2$＝0.52＋0.15×2＝0.82(m)。

c. 管道沟长度的计算:沟长 $L$＝1 号坑坡中点至 2 号坑坡中点间距,即 $L_2$＝39.5－(1.09＋0.40＋(2.46×0.33)/2)－(1.09＋0.40＋(2.46×0.33)/2)＝39.5－3.792＝35.708(m)。

d. 1 号手孔至 2 号手孔管道沟体积的计算:$V_2＝(B_2＋H_{平}\ i)×H_{平}×L_2$＝(0.82＋1.465×0.33)×1.465×35.708＝1.308×1.465×35.708＝68.186($m^3$)。

③原号至 1 号至 2 号管道沟体积计算:$V_{管}＝V_1＋V_2$＝37.14＋68.186＝105.326($m^3$)。

(4)路面层面积及体积的计算

①6 孔钢管管道路面面积

a. 柏油路面面积:根据给定已知条件,柏油路面厚度 250 mm,长度 $L$＝14.00 m;钢管管道沟路面的宽度 $b$＝(0.895＋0.3×2)＋$2Hi$＝1.495＋(2×1.299×0.33)＝1.495＋0.857＝

2.352(m)；柏油路面面积 $A_1=b\times L=2.352\times 14.00=32.92(m^2)$。

b. 水泥砖路面面积：根据已知条件，路面宽度 $b=2.352$ m(同上)；路面长度 $L=$管道沟长度 14.864－14＝0.864 m(其中：0.99 已知条件给定；2.062＝0.84＋0.40＋2.46×0.33)；水泥路面面积 $A_2=bL=2.352\times 0.864=2.032(m^2)$。

②6 孔塑料管道沟路面面积

a. 混凝土砌块路面面积：根据已知条件，沟路面宽 $b=(0.52+0.15\times 2)+2Hi=0.82+2\times 1.465\times 0.33=1.787(m)$；沟路面长 $L=7.00(m)$(已知)；则混凝土砌块路面面积 $A_3=bL=1.787\times 7.00=12.51(m^2)$。

b. 水泥砖路面面积：根据已知条件，沟路面宽 $b=(0.52+0.15\times 2)+2Hi=1.787(m)$；沟路面长 $L=$管道沟长$-7=35.708-7=28.708(m)$；水泥砖路面面积 $A_4=b\times L=1.787\times 28.708=51.301(m^2)$。

③手孔坑路面面积

根据已知条件和手孔图得知 1 号手孔坑与 2 号手孔尺寸相同，且均为水泥砖路面：

a. 手孔坑水泥砖路面长：$b=2.18+0.40\times 2+2Hi=2.18+0.80+2\times 2.46\times 0.33=4.604(m)$；

b. 手孔坑水泥砖路面宽：$a=1.68+0.40\times 2+2Hi=1.68+0.80+2\times 2.46\times 0.33=4.104(m)$(手孔外壁宽度为 1.68 m)。

c. 两手孔坑水泥砖路面面积：$A_5=(a\times b)\times 2=4.104\times 4.604\times 2=37.790(m^2)$。

④水泥砖路面总面积

$$A_{水}=A_2+A_4+A_5=2.032+51.301+37.79=91.123(m^2)$$

⑤路面层体积计算

a. 柏油路面层体积：柏油路面面积 $A_1=32.928\ m^2$，柏油路面厚 $h_1=0.25$ m，柏油路面层体积 $V_1=A_1\times h_1=32.928\times 0.25=8.232(m^3)$。

b. 混凝土砌块路面层体积：路面面积 $A_3=12.51\ m^2$，路面厚 $h_3=0.15$ m，路面层体积 $V_3=12.51\times 0.15=1.877(m^2)$。

c. 水泥砖路面层体积：水泥砖路面总面积 $A_{水}=91.123\ m^2$，水泥砖路面层厚度 $h_2=0.10$ m，水泥砖路面层体积 $V_2=A_{水}\times h_2=91.123\times 0.10=9.112(m^3)$。

d. 路面层总体积：$V_{层}=V_1+V_2+V_3=8.232+1.877+9.112=19.221(m^3)$。

(5)开挖总土方量(硬土)的计算

$V_{总}=$(手孔坑总体积＋管道沟总体积)－路面层总体积

$=V_{坑}+V_{管}-V_{层}=62.42+105.326-19.221=148.53(m^3)=1.485(100\ m^3)$。

(6)夯回填土方量体积的计算

①两手孔体积：$V_1=(2.18\times 1.68\times 2.10)\times 2=15.382(m^3)$(其中：2.10 m 为上履顶至基础底间距)。

②6 孔钢管管道体积：宽 $b=0.895$ m(0.735＋0.16)；高 $h=0.114+0.08\times 2=0.274$ m；长 $L=$原号人孔外壁至 1 号手孔外壁间距$=17.5-0.99-0.84=15.67(m)$，所以，钢管管道体积 $V_2=b\times h\times L=0.895\times 0.274\times 15.67=3.843(m^3)$。

③6 孔塑料管道管道体积：宽 $b=0.52$ m；高 $h=0.250+0.08\times 2=0.41(m)$；管道长 $L=1$ 号手孔外壁间距至 2 号手孔外壁间距$=39.5-1.09\times 2=37.32(m)$；所以，塑料管道体积 $V_3=b\times h\times L=0.52\times 0.41\times 37.32=7.957(m^3)$。

④夯回填原土总体积：$V_{回}$＝开挖总土方量－(手孔体积＋管道体积)＝$V_{总}-(V_1+V_2+V_3)$＝148.53－(15.382＋3.843＋7.957)＝148.53－27.182＝121.348($m^3$)≈1.213(100 $m^3$)。

(7)做钢管管道混凝土基础(150号)的计算

钢管管道基础长：$L$＝17.50－0.99－0.84＝15.67 m≈0.157(100 m)；钢管管道基础宽＝0.895 m折合TX2—012子目基础宽(0.880 m)的系数为0.895÷0.880＝1.02。

(8)做塑料管道混凝土基础(150号)的计算

塑料管管道基础长：$L$＝39.5－2.18＝37.32 m≈0.373(100 m)($L$＝1号手孔外壁至2号手孔壁间距)。

塑料管道基础宽0.52 m，折合TX2—004(基础宽460 mm)的系数为520÷460＝1.13。

(9)钢管管道基础加筋的计算

钢管管道加筋基础长度：$L$＝15.67－2.00×2＝11.67(m)≈0.117(100 m)。(其中，15.67 m为钢管管道基础总长度。)

(10)铺钢管管道工程量的计算

铺设管道长度：$L$＝17.50 m＝0.175(m)。($L$＝原号人孔中心至1号手孔中心间距，不计取主材损耗量。)

(11)铺设塑料管道工程量的计算

铺设管道长度$L$＝39.5 m＝0.395(100 m)。

(12)塑料管道填水泥砂浆(100号)的计算

填砂浆长度：$L$＝管道基础长度＝37.32 m≈0.373(100 m)。

(13)管道混凝土包封(150号)工程量的计算

①6孔钢管管道包封混凝土体积

a. 侧包封：$V_1$＝厚×高×$L$×2＝(0.08×0.114×15.67)×2＝0.286($m^3$)；

b. 顶包封：$V_2$＝厚×宽×$L$＝0.08×0.895×15.67＝1.122($m^3$)；

c. 钢管管道包封混凝土合计：$V_{钢包}=V_1+V_2$＝1.408($m^3$)。

②6孔塑料管道包封混凝土工程量

a. 管群两侧包封：$V_1$＝厚×高×$L$×2＝0.08×0.25×37.32×2＝1.493($m^3$)；

b. 管群顶包封：$V_2$＝厚×高×$L$＝0.08×0.52×37.32＝1.553($m^3$)；

c. 塑料管管道包封混凝土合计：$V_{塑包}=V_1+V_2$＝1.493＋1.553＝3.046($m^3$)。

管道包封混凝土合计：$V_{包}=V_{钢包}+V_{塑包}$＝1.408＋3.046＝4.454($m^3$)。

(14)100号水泥砂浆砖砌体工程量的计算

因为两个特深手孔由深1.2 m增加1.8 m所增加的手孔砖砌体方量：$V$＝(2.18×0.24×2＋1.2×0.24×2)×(1.8－1.2)×2＝1.622×0.60×2＝1.947($m^3$)。

(15)水泥砂浆抹面(1∶2.5水泥砂浆)的计算

因为两特殊加深手孔增深0.6 m所增加的手孔内外抹面工程量：

①内抹面面积：$A_1$＝(1.7＋1.2)×2×0.6×2≈6.96($m^2$)；

②外抹面面积：$A_2$＝(2.18＋1.68)×2×0.60×2≈9.26($m^2$)；

③合计：$A=A_1+A_2$＝6.96＋9.26＝16.22($m^2$)。

(16)砖砌手孔2个(给定)

手孔尺寸为1.7 m×1.2 m×1.2 m(长×宽×高)。

(17)人孔壁开窗口

1 处(砖墙)。

(18)手推车倒运土方

0.18(100 $m^3$)(给定)。

根据以上统计计算,本工程的工程量汇总见表5—31。

**表5—31　工程量汇总表**

| 序号 | 工程量名称 | 单位 | 数量 | 备　注 |
|---|---|---|---|---|
| 1 | 施工测量 | 100 m | 0.570 | 通信管道工程施工测量 |
| 2 | 开挖柏油路面(250 mm 以内) | 100 $m^2$ | 0.329 | 原号人孔至1号手孔之间14 m长 |
| 3 | 开挖混凝土砌块路面(厚150 mm) | 100 $m^2$ | 0.125 | 1号至2号手孔间长7 m |
| 4 | 开挖水泥砖路面(100 mm) | 100 $m^2$ | 0.911 | 2手孔坑、原号至1号间0.864 m长,1号至2号之间28.708 m长 |
| 5 | 人工开挖管道沟及人孔坑土方(硬土) | 100 $m^3$ | 1.485 | 不含路面厚度 |
| 6 | 手推车倒运土方 | 100 $m^3$ | 0.180 | 给定 |
| 7 | 回夯填原土 | 100 $m^3$ | 1.213 | |
| 8 | 做(3×2)塑料管道基础(150号混凝土) | 100 m | 0.373 | 基础厚0.08 m,宽0.52 m |
| 9 | 做(6×1)镀锌钢管管道基础(150号混凝土) | 100 m | 0.157 | 基础厚0.08 m,宽0.895 m |
| 10 | 铺设(3×2)塑料管道 | 100 m | 0.395 | $\phi$100 m双壁波纹管 |
| 11 | 铺设(6×1)镀锌钢管管道 | 100 m | 0.175 | $\phi$114钢管(镀锌焊接)带螺丝口 |
| 12 | 通信管道包封混凝土(150号) | $m^3$ | 4.454 | |
| 13 | 砖砌手孔(现场浇灌上覆) | 个 | 2.000 | 长1.7 m,宽1.2 m,高1.2 m |
| 14 | 钢管管道基础加筋 | 100 m | 0.117 | 加筋长度=基础长−4 m |
| 15 | 砂浆砖砌体(100号) | $m^3$ | 1.947 | 手孔增深0.6 m所增加的砖砌体 |
| 16 | 砂浆(1∶2.5)抹面 | $m^2$ | 16.220 | 手孔增深0.6 m所增加的手孔内外壁抹面面积 |
| 17 | 人孔壁开窗口 | 处 | 1 | 给定 |
| 18 | 塑料管道(3×2)填水泥砂浆 | 100 m | 0.373 | 管间缝隙填水泥砂浆 |

3. 主材用量统计计算(见表5—32、表5—33)

**表5—32　主材统计表**

| 序号 | 项目名称 | 定额编号 | 工程量 | 主材名称 | 规格型号 | 单位 | 主材使用量 |
|---|---|---|---|---|---|---|---|
| 1 | 做钢管管道混凝土基础(150号) | TX2-012 | 0.157 (100 m) | 普通水泥 | 325号 | t | 2.035×0.157×1.02=0.326 |
| | | | | 粗砂 | | t | 4.632×0.157×1.02=0.742 |
| | | | | 卵石 | 0.5～3.5 cm | t | 9.659×0.157×1.02=1.547 |
| | | | | 圆钢 | $\phi$6 mm | kg | 3.10×0.157=0.487 |
| | | | | 圆钢 | $\phi$10 mm | kg | 19.56×0.157=3.071 |
| | | | | 板方材 | Ⅲ等 | $m^3$ | 0.114×0.157×1.02=0.018 |

续上表

| 序号 | 项目名称 | 定额编号 | 工程量 | 主材名称 | 规格型号 | 单位 | 主材使用量 |
|---|---|---|---|---|---|---|---|
| 2 | 做塑料管管道混凝土基础(150号) | TX2-004 | 0.373 (100 m) | 普通水泥 | 325号 | t | 1.064×0.373×1.13=0.448 |
| | | | | 粗砂 | | t | 2.421×0.373×1.13=1.020 |
| | | | | 卵石 | 0.5～3.5 cm | t | 5.049×0.373×1.13=2.128 |
| | | | | 圆钢 | $\phi$6 mm | kg | 1.54×0.373=0.574 |
| | | | | 圆钢 | $\phi$10 mm | kg | 9.78×0.373=3.648 |
| | | | | 板方材 | Ⅲ等 | $m^3$ | 0.099×0.373×1.13=0.042 |
| 3 | 通信管道包封混凝土(150号) | TX2-060 | 4.454 ($m^3$) | 普通水泥 | 325号 | t | 0.289×4.454=1.287 |
| | | | | 粗砂 | | t | 0.658×4.454=2.931 |
| | | | | 卵石 | 0.5～3.5 cm | t | 1.372×4.454=6.111 |
| | | | | 板方材 | Ⅲ等 | $m^3$ | 0.06×4.454=0.267 |
| 4 | 塑料管道填水泥砂浆 | 设计估列 | 0.16 (100 m) | 普通水泥 | 325号 | t | 0.228 |
| | | | | 粗砂 | | t | 1.136 |
| 5 | 砖砌手孔(1.2 m×1.7 m×1.2 m现场浇灌上覆) | TX2-098 | 2.0 (个) | 普通水泥 | 325号 | t | 0.65×2=1.300 |
| | | | | 粗砂 | | t | 2.100×2=4.200 |
| | | | | 卵石 | 0.5～3.5 cm | t | 1.300×2=2.600 |
| | | | | 圆钢 | $\phi$6 mm | kg | 2.10×2=4.20 |
| | | | | 圆钢 | $\phi$12 mm | kg | 15.37×2=30.74 |
| | | | | 圆钢 | $\phi$10 mm | kg | 7.64×2=15.28 |
| | | | | 板方材 | Ⅲ等 | $m^3$ | 0.02×2=0.04 |
| | | | | 人孔口圈(车行道) | | 套 | 1.01×2=2.02 |
| | | | | 积水罐 | | 套 | 1.01×2=2.02 |
| | | | | 电缆托架 | 60 cm | 根 | 4.04×4.04=8.08 |
| | | | | 电缆托架 | 120 cm | 根 | 4.04×2=8.08(按图计取) |
| | | | | 托架穿钉 | M16 | 根 | 8.08×2×2=32.32(按图计取) |
| | | | | 拉力环 | | 个 | 2.02×2=4.04 |
| | | | | 机制砖 | | 千块 | 1.08×2=2.16 |
| 6 | 钢管管道基础加钢筋 | TX2-127 | 0.117 (100 m) | 圆钢 | $\phi$6 mm | kg | 107.64×0.117=12.594 |
| | | | | 圆钢 | $\phi$10 mm | kg | 679.17×0.117=79.463 |
| 7 | 砂浆砖砌体 | TX2-137 | 1.947 ($m^3$) | 普通水泥 | 325号 | t | 0.105×1.947=0.204 |
| | | | | 粗砂 | | t | 0.322×1.947=0.627 |
| | | | | 机制砖 | | 千块 | 0.560×1.947=1.090 |
| 8 | 砂浆抹面(1∶2.5) | TX2-138 | 16.220 ($m^2$) | 普通水泥 | 325号 | t | 14.34×16.22/1 000=0.233 |
| | | | | 粗砂 | | t | 44.00×16.22÷1 000=0.714 |
| 9 | 铺设(3×2)塑料管($\phi$100×6 000) | TX2-036 | 0.395 (100 m) | PVC塑料管 | $\phi$100 mm | 根 | 39.5÷6×6.06=40 |
| | | | | 接续胶圈 | | 个 | 39.5×1≈40.0 |
| | | | | 圆钢 | $\phi$10 mm | kg | 44.72×0.395=17.664 |

续上表

| 序号 | 项目名称 | 定额编号 | 工程量 | 主材名称 | 规格型号 | 单位 | 主材使用量 |
|---|---|---|---|---|---|---|---|
| 10 | 铺设(6×1)镀锌钢管管道 | TX2-051 | 0.175<br>(100 m) | 镀锌钢管(6m) | $\phi$114 mm | 根 | 17.5÷6×6=17.5 |
| | | | | 管箍 | $\phi$114 mm | 个 | 120×0.175=21.00 |
| | | | | 圆钢 | $\phi$10 mm | kg | 44.72×1.11×0.175=8.687<br>(已知条件) |

**表 5-33 ××电话局×××光缆环配套管道单项工程主材用量汇总表**(按主材单价表顺序列出)

| 序号 | 工程量名称及数量<br>主材名称及单位 | | 新建手孔1.7×1.2×1.2 | 铺设塑料管道(3×2) | 铺设镀锌钢管(6×1) | 塑料管道填水泥砂浆 | 手孔内外壁抹面 | 手孔加深砖砌体 | 塑料管道基础(3×2)150号 | 钢管管道基础加筋(6×1)150号 | 钢管管道基础加筋 | 管道包封混凝土#150 | 合计 |
|---|---|---|---|---|---|---|---|---|---|---|---|---|---|
| | | | 2个 | 0.395<br>(100 m) | 0.175<br>(100 m) | 0.373<br>(100 m) | 1.622<br>$m^2$ | 1.947<br>$m^3$ | 0.373<br>(100 m) | 0.157<br>(100 m) | 0.117<br>(100 m) | 4.454 | |
| 1 | 钢筋 $\phi$6 | kg | 4.20 | | | | | | 0.574 | 0.487 | 12.594 | | 17.855 |
| 2 | 钢筋 $\phi$6 | kg | 15.28 | 17.664 | 8.687 | | | | 3.648 | 3.071 | 79.463 | | 127.813 |
| 3 | 钢筋 $\phi$6 | kg | 30.74 | | | | | | | | | | 30.74 |
| 4 | 镀锌钢管 | 根 | | | 17.50 | | | | | | | | 17.50 |
| 5 | 管箍 | 个 | | | 21.00 | | | | | | | | 21.00 |
| 6 | 人孔盖(含口圈) | 套 | 2.02 | | | | | | | | | | 2.02 |
| 7 | 电缆托架120 cm | 根 | 8.08 | | | | | | | | | | 8.08 |
| 8 | 电缆托架60 cm | 根 | 8.08 | | | | | | | | | | 8.08 |
| 9 | 托架穿钉(M16) | 根 | 32.32 | | | | | | | | | | 32.32 |
| 10 | 积水灌 | 套 | 2.02 | | | | | | | | | | 2.02 |
| 11 | 拉力环 | 个 | 4.04 | | | | | | | | | | 4.04 |
| 12 | 机制砖 | 千块 | 2.16 | | | | | 1.090 | | | | | 3.250 |
| 13 | 粗砂 | T | 4.20 | | | 1.136 | 0.714 | 0.627 | 1.020 | 0.742 | | 2.931 | 11.370 |
| 14 | 卵石 | T | 2.60 | | | | | | 2.128 | 1.547 | | 6.111 | 12.386 |
| 15 | 双壁波纹管 $\phi$100 | 根 | | 40.00 | | | | | | | | | 40.00 |
| 16 | 胶圈 | 个 | | 40.00 | | | | | | | | | 40.00 |
| 17 | 板方材Ⅱ等 | $m^3$ | 0.20 | | | | | | 0.042 | 0.018 | | 0.267 | 0.527 |
| 18 | 水泥325号 | T | 1.30 | | | 0.228 | 0.233 | 0.204 | 0.448 | 0.326 | | 1.287 | 4.026 |

4. 预算编制

××电话局配套通信管道单项工程一阶段施工图预算

(1)预算编制说明

①本工程概况

本设计为××电话局配套通信管道新建工程一阶段施工图设计。本工程新建各种通信管道全长 57 管程米，折合 0.342 孔千米。其中：新建(3×2)6 孔塑料管管道 39.5 管程米，折合 0.237 孔千米；新建(6×1)6 孔镀锌钢管管道 17.5 管程米，折合 0.105 孔千米，新建加深手孔(1.7×1.2×1.8)2 个。预算总值为 47 546.86 元。总工日为 205.44 工日，其中技工工日 40.22 工日，普工工日 165.22 工日。

②编制依据及有关取费标准及计算方法的说明

a. 原邮电部〔1995〕626 号文“关于发布《通信建设工程概算、预算编制办法及费用定额》等标准的通知及附件”；

b. 国家计委、建设部〔2002〕10 号关于发布《工程勘察设计收费管理规定》的通知；

c. ××市电信管理局物资处编制的《电信建设工程概算、预算常用电信器材基础价格目录》；

d. ××市电信管理局，电信建发〔1998〕556 号文〈关于通信管道工程概算、预算编制中有关赔偿费规定的通知〉；

e. 原邮电部〔1997〕52 号《关于明确通信建设工程概算、预算中“流动施工津贴标准”的通知》；

f. 原邮电部〔1995〕945 号“关于发布《通信工程类别划分标准》的通知”；

g. 有关费用与费率的取定：

(a)本工程为一阶段施工图设计，总预算中计列“预备费”，费率为 5%；

(b)人工费标准：技工费单价 16.80/工日；普工费单价 11.00 元/工日，普工为非成建制普工；

(c)水泥运杂费费率为 27%；钢材运杂费费率为 9%；塑料制品运杂费费率为 6.5%；木制品运杂费费率为 21%；砖、砂、石为地方预算价，不再计取其他有关费用；

(d)主材不计包装费；

(e)施工用水、电、蒸汽费按 200 元计取。

③工程技术经济指标分析

本工程预算投资 47 546.86 元，其中建安费 20 977.24 元，工程建设其他费 24 305.48 元，预备费 2 264.14 元；新建通信管道 57 管程米，折合 0.342 孔千米。平均每孔千米 139 025.91 元。

④其他需要说明的问题(略)

(2)预算表格

①预算表格总表(表一)，表格编号为 GD—Z；

②建筑安装工程费用预算表(表二)，表格编号为 GD—JAF；

③建筑安装工程量预算表(表三甲)，表格编号为 GD—GCL；

④建筑安装工程施工机械使用费用预算表(表三乙)，表格编号为 GD—JX；

⑤器材预算表[表四甲(主要材料)]，表格编号为 GD—ZC；

⑥工程建设其他费用预算表(表五甲)，表格编号为 GD—QT。

勘察设计费说明，勘察费 $L=57\ \text{m}=0.057\ \text{km}$，则勘察费为 1 000×0.8=800 元；计费额＝建安费＋设备工器具购置费＋联合试运转费＝建安费＝20 977.24 元，故设计费＝计费额×0.045＝20 977.24×0.045＝943.98 元，即勘察设计费共计 1 743.98 元。

## 预算总表(表一)

单项工程名称:××局通信管道工程 建设单位名称:×××× 表格编号:GD—Z 第 页

| 序号 | 概、预算表编号 | 工程或费用名称 | 概、预算价值(元)或外币( ) | | | | | | | |
|---|---|---|---|---|---|---|---|---|---|---|
| | | | 建筑工程 | 需要安装的设备 | 安装工程 | 不需安装的设备、工器具 | 其他费用 | 预备费 | 总价值 | |
| | | | | | | | | | 人民币(元) | 其中外币 |
| 1 | 2 | 3 | 4 | 5 | 6 | 7 | 8 | 9 | 10 | 11 |
| 1 | GD—JAE | 工程费 | | | 20 977.24 | | | | 20 977.24 | |
| 2 | GD—QT | 工程建设其他费 | | | | | 24 305.48 | | 24 305.48 | |
| 3 | | 小计 | | | 20 977.24 | | 24 305.48 | | 45 282.72 | |
| 4 | | 预备费(小计×5%) | | | | | | 2 264.14 | 2 264.14 | |
| 5 | | 单项工程费用合计 | | | 20 977.24 | | 24 305.48 | 2 264.14 | 47 546.86 | |

设计负责人:××× 审核:××× 编制:××× 编制日期:××××年×月×日

(注:凡由企业运营费列支的项目,不计人总价值,其数字加括号以示区别)

## 建筑安装工程费用预算表(表二)

单项工程名称:××局通信管道工程 建设单位名称×××× 表格编号:GD—JAF 第 页

| 序号 | 费用名称 | 依据和计算方法 | 技工费(元) | 普工费(元) | 合计(元) |
|---|---|---|---|---|---|
| 1 | 2 | 3 | 4 | 5 | 6 |
| | 建筑安装工程费 | 一～四之和 | | | 20 977.24 |
| 一 | 直接工程费 | (一)+(二)+(三) | | | 19 218.91 |
| (一) | 直接费 | 1～3之和 | | | 16 123.21 |
| 1 | 人工费 | (1)+(3) | | | 2 475.12 |
| (1) | 技工费 | 技工工日×16.8元/日 | 675.70 | | 675.70 |
| (2) | 成建制普工费 | | | | |
| (3) | 普工费 | 普工工日×11元/日 | | 1 817.42 | 1 817.42 |
| 2 | 材料费 | (1)+(2) | | | 13 597.46 |
| (1) | 主要材料费 | (表四甲) | | | 13 489.55 |
| (2) | 辅助材料费 | 主材费×0.8% | | | 107.91 |
| 3 | 机械使用费 | (表三乙) | | | 50.63 |
| (二) | 其他直接费 | 1～13之和 | | | 2 182.50 |
| 1 | 冬雨季施工增加费 | 人工费×6% | | | 148.51 |
| 2 | 夜间施工增加费 | 人工费×4% | | | 99.00 |
| 3 | 工程干扰费 | 人工费×10% | | | 247.51 |
| 4 | 特殊地区施工增加费 | 无 | | | |
| 5 | 新技术培训费 | 无 | | | |
| 6 | 仪器仪表使用费 | 无 | | | |
| 7 | 生产工具用具使用费 | 技工费×12%+普工费×2% | 81.08 | 35.35 | 117.43 |
| 8 | 工程车辆使用费 | 技工费×13% | | | 87.84 |

续上表

| 序号 | 费用名称 | 依据和计算方法 | 技工费(元) | 普工费(元) | 合计(元) |
|---|---|---|---|---|---|
| 9 | 工地器材搬运费 | 技工费×5% | | | 33.79 |
| 10 | 流动施工津贴 | 4.8元×技工工日 | | | 193.06 |
| 11 | 人工费差价 | 8.8元×技工工日+4元×普工工日 | 353.94 | 660.88 | 1 014.82 |
| 12 | 工程点交、场地清理费 | 技工费×6% | | | 40.54 |
| 13 | 施工生产用水电蒸汽费 | 估列 | | | 200.00 |
| (三) | 现场经费 | (1)+(2) | | | 913.20 |
| (1) | 临时设施费 | 技工费×9%+普工费×5% | 60.81 | 90.87 | 151.68 |
| (2) | 现场管理费 | 技工费×32%+普工费×30% | 216.22 | 545.30 | 761.52 |
| 二 | 间接费 | (一)+(二) | | | 324.34 |
| (一) | 企业管理费 | 技工费×48% | | | 324.34 |
| (二) | 财务费 | 无 | | | |
| 三 | 计划利润 | 人工费×30% | | | 742.54 |
| 四 | 税金 | 一～三之和×3.41% | | | 691.75 |

设计负责人:××× 审核:××× 编制:××× 编制日期:××××年×月×日

## 建筑安装工程量预算表(表三甲)

单项工程名称:××局通信管道工程 建设单位名称×××× 表格编号:GD—GCL 第 页

| 序号 | 定额编号 | 项目名称 | 单位 | 数量 | 单位定额值(工日) | | 概、预算值(工日) | |
|---|---|---|---|---|---|---|---|---|
| 1 | 2 | 3 | 4 | 5 | 6 | 7 | 8 | 9 |
| 1 | $TX_1$-001 | 施工测量 | 100 m | 0.57 | 3.85 | | 2.19 | |
| 2 | $TX_1$-006 | 开挖柏油(250 mm)路面 | 100 $m^2$ | 0.329 | 6.90 | 62.10 | 2.27 | 20.43 |
| 3 | $TX_1$-009 | 开挖混凝土砌块路面 | 100 $m^2$ | 0.125 | 0.60 | 5.40 | 0.08 | 0.68 |
| 4 | $TX_1$-010 | 开挖水泥砖路面 | 100 $m^2$ | 0.911 | 0.50 | 4.50 | 0.46 | 4.10 |
| 5 | $TX_1$-013 | 人工开挖管道沟及人孔坑(硬土) | 100 $m^3$ | 1.485 | | 43.00 | | 63.86 |
| 6 | $TX_1$-024 | 手推车倒运土方 | 100 $m^3$ | 0.180 | 1.00 | 12.00 | 0.18 | 2.16 |
| 7 | $TX_1$-019 | 回夯填原土 | 100 $m^3$ | 1.213 | | 26.00 | | 31.54 |
| 8 | $TX_2$-004 | 做(3×2)塑料管道混凝土基础150号 | 100 | 0.373 | 6.96×1.13 | 10.43×1.13 | 2.93 | 4.40 |
| 9 | $TX_2$-012 | 做(6×1)钢管管道混凝土基础150号 | 100 | 0.157 | 11.06×1.02 | 16.60×1.02 | 1.77 | 2.66 |
| 10 | $TX_2$-$036_1$ | 铺设(3×2)塑料管管道 | 100 | 0.395 | 3.04 | 4.56 | 1.20 | 1.80 |
| 11 | $TX_2$-051 | 铺设(6×1)镀锌钢管管道 | 100 | 0.175 | 3.46 | 5.20 | 0.61 | 0.91 |
| 12 | $TX_2$-060 | 通信管道的混凝土包封150号 | $m^3$ | 4.454 | 1.74 | 1.74 | 7.75 | 7.75 |
| 13 | $TX_2$-098 | (1.7×1.2)砖砌手孔(现场浇灌上覆) | 个 | 2.000 | 8.67 | 8.33 | 17.34 | 16.66 |
| 14 | $TX_2$-127 | (6×1)钢管管道混凝土基础加筋 | 100 | 0.117 | 1.42 | 2.12 | 0.17 | 0.25 |
| 15 | $TX_2$-137 | 砂浆砖砌体100号 | $m^3$ | 1.947 | 0.85 | 1.28 | 1.65 | 2.49 |
| 16 | $TX_2$-138 | 砂浆(1∶2.5)抹面 | $m^2$ | 16.220 | 0.10 | 0.15 | 1.62 | 2.43 |
| 17 | $TX_2$-139 | 原人孔壁开窗户 | 处 | 1.00 | | 2.00 | | 2.00 |
| 18 | XB-0038(给定) | 塑料管道(3×2)填水泥砂浆 | 100 m | 0.373 | | 2.40 | | 0.90 |
| 19 | | 1～18合计 | | | | | 40.22 | 165.22 |

设计负责人:××× 审核:××× 编制日期:××××年×月×日

## 建筑安装工程量预算表(表三乙)

单项工程名称:××局通信管道工程　建设单位名称:×××　表格编号:GD—JX　第　页

| 序号 | 定额编号 | 项目名称 | 机械名称 | 单位 | 数量 | 单位定额值 | | 概、预算值 | | 备注 |
|---|---|---|---|---|---|---|---|---|---|---|
| | | | | | | 数量(台班) | 单价(元) | 数量(台班) | 合价(元) | |
| 1 | TX-006 | 人工开挖柏油路面(250 mm以下) | 路面切割机 | 100 $m^2$ | 0.31 | 0.70 | 230.13 | 0.22 | 50.63 | |
| | | | | | | | | | | |

设计负责人:×××　审核:×××　编制日期:××××年×月×日

## 器材预算表(表四甲)

(主要材料表)

单项工程名称:××局通信管道工程　建设单位名称:××××　表格编号:GD—ZC　第　页

| 序号 | 名　称 | 规 格 程 式 | 单位 | 数量 | 单价(元) | 合计(元) | 备　注 |
|---|---|---|---|---|---|---|---|
| 1 | 2 | 3 | 4 | 5 | 6 | 7 | 8 |
| 1 | 钢筋 | $\phi$6 mm | kg | 17.813 | 2.72 | 48.57 | |
| 2 | 钢筋 | $\phi$10 mm | kg | 127.992 | 2.72 | 347.65 | |
| 3 | 钢筋(螺纹) | $\phi$12 mm | kg | 30.74 | 2.80 | 86.07 | |
| 4 | 镀锌焊接钢管 | $\phi$114 mm×4 mm×6 000 mm | 根 | 17.50 | 201.81 | 3 531.65 | |
| 5 | 钢管管箍 | | 个 | 21.00 | 1.02 | 21.42 | |
| 6 | 人孔盖(车行道、含口圈) | | 套 | 2.02 | 688.00 | 1 389.76 | |
| 7 | 电缆托架 | 120 cm | 根 | 8.08 | 28.30 | 228.66 | |
| 8 | 电缆托架 | 60 cm | 根 | 8.08 | 15.30 | 123.62 | |
| 9 | 电缆托架穿钉 | M16 mm | 副 | 32.32 | 3.35 | 108.27 | |
| 10 | 积水罐(带盖) | | 套 | 2.02 | 21.95 | 44.34 | |
| 11 | 拉力环 | | 个 | 4.04 | 8.65 | 34.95 | |
| 12 | 小计(1) | 1～11 之和 | | | | 5 964.99 | |
| 13 | 供销部门手续费 | 小计(1)×1.8% | | | | 107.37 | |
| 14 | 包装费 | 无 | | | | | 不计 |
| 15 | 运杂费 | 小计(1)×9% | | | | 536.85 | |
| 16 | 采购及保管费 | 小计(1)×2.8% | | | | 167.02 | |
| 17 | 运输保险费 | 小计(1)×0.1% | | | | 5.96 | |
| 18 | 合计(1) | 12～17 之和 | | | | 6 782.19 | |
| 19 | 机制砖 | 24 cm×12 cm×5 cm | 千块 | 3.250 | 236.00 | 767.00 | 预算价 |
| 20 | 粗砂 | | t | 11.37 | 30.90 | 351.33 | 预算价 |
| 21 | 卵石 | 0.3～3.5 cm | t | 12.386 | 29.11 | 360.56 | 预算价 |
| 22 | 合计(2) | 19～21 之和 | | | | 1 478.89 | 预算价 |
| 23 | 双壁波纹塑料管 | $\phi$100 mm×6 000 mm | 根 | 40.00 | 66.50 | 2 660.00 | |
| 24 | 接续密封胶圈 | | 个 | 40.00 | 0.95 | 38.00 | |

续上表

| 序号 | 名称 | 规格程式 | 单位 | 数量 | 单价(元) | 合计(元) | 备注 |
|---|---|---|---|---|---|---|---|
| 25 | 小计(3) | 23～24之和 | | | | 2 698.00 | |
| 26 | 供销部门手续费 | 小计(5)×1.8% | | | | 48.56 | |
| 27 | 运杂费 | 小计(5)×6.5% | | | | 175.37 | |
| 28 | 采购及保管费 | 小计(5)×2.8% | | | | 75.54 | |
| 29 | 运输保险费 | 小计(5)×0.1% | | | | 2.70 | |
| 30 | 合计(3) | 25～29之和 | | | | 2 951.61 | |
| 31 | 木材 | 板方材Ⅲ等 | $m^3$ | 0.527 | 1 300.00 | 685.10 | |
| 32 | 小计(4) | | | * | | 685.10 | |
| 33 | 供销部门手续费 | 小计(5)×1.8% | | | | 12.33 | |
| 34 | 运杂费 | 小计(5)×21% | | | | 143.87 | 运距 1 500 km以内 |
| 35 | 采购及保管费 | 小计(5)×2.8% | | | | 19.18 | |
| 36 | 运输保险费 | 小计(5)×0.1% | | | | 0.69 | |
| 37 | 合计(4) | 31～36之和 | | | | 861.17 | |
| 38 | 普通硅酸盐水泥 | 325号 | t | 4.026 | 267.00 | 1 074.94 | |
| 39 | 小计(5) | | | | | 1 074.94 | |
| 40 | 供销部门手续费 | 小计(5)×1.8% | | | | 19.35 | |
| 41 | 运杂费 | 小计(5)×27% | | | | 290.23 | 运距 500 km以内 |
| 42 | 采购及保管费 | 小计(5)×2.8% | | | | 30.10 | |
| 43 | 运输保险费 | 小计(5)×0.1% | | | | 1.07 | |
| 44 | 合计(5) | 38～43之和 | | | | 1 415.69 | |
| 45 | 主材费总计 | 合计(1)～合计(5)之和 | | | | 13 489.55 | |

设计负责人:××× 审核:××× 编制日期:××××年×月×日

## 工程建设其他费用预算(表五甲)

单项工程名称:××局通信管道工程 建设单位名称:×××× 表格编号:GD—QT 第 页

| 序号 | 费用名称 | 单位 | 数量 | 单价 | 合计(元) | 备注 |
|---|---|---|---|---|---|---|
| 1 | 2 | 3 | 4 | 5 | 6 | 7 |
| 1 | 建设用地及综合赔补费 | | | | 21 190.00 | 给定 |
| 2 | 研究试验费 | | | | 无 | |
| 3 | 勘察设计费 | | | | 1 743.98 | |
| 4 | 生产准备费 | | | | 无 | |
| 5 | 供电贴费 | | | | 无 | |
| 6 | 施工队伍调遣费 | | | | 910.00 | 91×2×5=910(元) |
| (1) | 技工调遣费 | 人 | 5 | 182元/人 | 910.00 | 技工单程调遣费定额为91元 |
| (2) | 成建制普工调遣费 | | | | | 本工程为非军民共建军工程 |
| 7 | 大型施工机械调遣费 | | | | 无 | |

续上表

| 序号 | 费用名称 | 单位 | 数量 | 单价 | 合计(元) | 备注 |
|---|---|---|---|---|---|---|
| 8 | 定额编制管理费 | | | | 20.98 | 建安工程费×0.1% |
| 9 | 建设期投资贷款利息 | | | | 无 | |
| 10 | 建设单位管理费 | | | | 440.52 | 工程费×4.2%×50% |
| | 其中:工程质量监督费 | | | | (31.47) | 建安工程费×0.15% |
| 11 | 工程监理费 | | | | 无 | (不委托监理) |
| 12 | 运土费 | | | | 无 | |
| 13 | 其他费用 | | | | 无 | |
| 14 | 总计(1+3+6+8+10) | | | | 24 305.48 | 其中含质监费31.47元 |

设计负责人:×××　　审核:×××　　编制日期:××××年×月×日

**实例二:交接箱配线管道电缆线路工程施工图预算**

1. 已知条件

(1)本工程设计是××市××局交接箱配线管道电缆线路单项工程一阶段施工图设计。

(2)本工程为四类工程,由三级施工企业施工;施工企业距施工现场12 km。

(3)不成立筹建机构;不委托监理。

(4)设计图纸及说明

① 施工图设计图纸:34号交接箱配管道电缆线路工程管孔图、电缆图如图5—19所示。

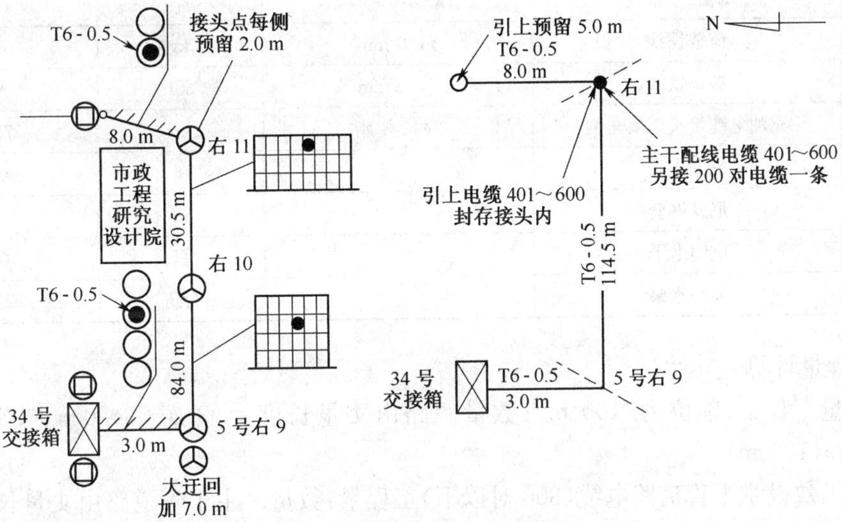


图5—19　34号交接箱配线管道电缆工程管孔图、电缆图

② 图纸说明

a. 5号右9—右11段为配线填充油膏型管道电缆(T6-0.5);5号右9人孔—34号交接箱段为架空交接箱成端电缆(T6-0.5);右11人孔—引上电杆为引上电缆(T6－0.5);

b. 交接箱成端电缆端除引上管道电缆外,引上管道上末端至架空交接箱引上电缆预留长5 m;

c. 右11人孔为电缆接头点,接头内共600对(其中与引上电缆接续400对;另外200对封存在接头内);

d. 右11人孔至引上杆的引上电缆除引上管道电缆外,引上管道末端至引上杆的引上电

缆预留长 5 m；

e. 本工程主材单价是按××市电信管理局物资处《电信建设工程概、预算常用电信器材基础价目录》取定的，见表 5—34；

f. 主材运距：电缆、钢材及其他类主材为 1 500 km 以内；塑料及塑料制品为 500 km 以内；

g. 电缆敷设方式为人工布放；接续电缆芯线的方式为模块接续方式(25 回线模块)；

h. 本工程不计列赔补费、生产准备费、研究实验费、供电贴费、施工大型机械调遣费、建设期投资贷款利息、运土费、施工生产用水电蒸汽费；

i. 右 9、右 10、右 11 人孔均有积水；

j. 电缆托板设计按实共需 18 块；

k. 流动施工津贴标准为 4.8 元/工日。

**表 5—34 主材及台班单价表**

| 序号 | 主材或机械名称 | 规格程式 | 单 位 | 单价(元) |
|---|---|---|---|---|
| 1 | 市话全塑充油电缆 | T6-0.5 | m | 138.80 |
| 2 | 电缆托板 | 三线 | 块 | 5.35 |
| 3 | 托板塑垫 | | 个 | 0.68 |
| 4 | 25 回线接线模块 | 4000.DVP | 块 | 16.20 |
| 5 | 600 对充油接头套管 | $\phi$130×900 以下 | 套 | 814.90 |
| 6 | 热缩端帽(不带气门) | RSZ76×27 | 个 | 15.70 |
| 7 | 镀锌铁线 | $\phi$1.5 mm | kg | 6.15 |
| 8 | 镀锌铁线 | $\phi$4.0 mm | kg | 4.80 |
| 9 | 充油电缆接头用填充剂 | 4442 树脂 | kg | 72.00 |
| 10 | 尼龙卡带 | | 条 | 0.60 |
| 11 | 尼龙网套 | | m | 6.50 |
| 12 | 电缆卡子 | | 只 | 0.40 |
| 13 | 离心水泵 | | 台班 | 71.29 |

2. 工程量计算

(1)测量工程量：单位为“100 m”；数量＝路由丈量长度＝(3.0＋84.0＋30.5＋8.0)÷100＝ 1.255(100 m)。

(2)人工敷设主干管道路电缆(800 对以下)工程量：数量＝主干管道路由丈量长度×(1＋0.5%(自然弯曲))＋人孔预留长度＝(114.5×1.005＋7.00(大迂回)＋1.0(右 10 预留)＋2.0(右 11 接头预留))÷1 000＝125.072 5 m/1 000＝0.125 千米条。

(3)敷设交接箱成端电缆工程量：数量＝1.0(条)。

(4)敷设引上电缆(杆上或墙上引 200 对以上)工程量：数量＝1.0(条)。

(5)敷设管道电缆人孔抽水工程量(积水)：数量＝3.0(个)。

(6)塑隔电缆芯线接续(0.60 mm 以下模块式)工程量：数量＝6.0(100 对)。

(7)充油套管接续($\phi$130×900 以下)工程量：数量＝1.0(个)。

(8)配线电缆全程测试工程：数量＝6.0(100 对)。

上述工程量汇总见表 5—35。

表 5－35　工程量汇总表

| 序　　号 | 工程量名称 | 单　　位 | 数　　量 |
|---|---|---|---|
| 1 | 施工测量 | 100 m | 1.255 |
| 2 | 布放电缆人孔抽水(积水) | 个 | 3.0 |
| 3 | 布放交接箱成端电缆(600 对以下) | 条 | 1.0 |
| 4 | 布放引上电缆(杆上或墙上引 200 对以上) | 条 | 1.0 |
| 5 | 人工布放主干管道电缆(800 对以下) | 1 000 m/条 | 0.125 |
| 6 | 电缆芯线接续(0.60 mm 以下模块式) | 100 对 | 6.0 |
| 7 | 充油套管接续($\phi$130×900 以下) | 个 | 1.0 |
| 8 | 配线电缆全程测试 | 100 对 | 6.0 |

3. 主要材料用量统计(见表 5－36)

表 5－36　主材统计表

| 序号 | 项目名称 | 定额编号 | 工程量 | 主材名称 | 规格型号 | 单位 | 主材使用量 |
|---|---|---|---|---|---|---|---|
| 1 | 布放交箱成端电缆(600 对以下) | TX4-123 | 1.00(m) | 充油全塑管道电缆 | T6-0.5 | m | 3.0＋5.0＝8.0(按图纸) |
|  |  |  |  | 尼龙网套 |  | m | 1.80 |
| 2 | 布放电杆和墙壁引上电缆(200 对以上) | TX4-097 | 1.00(m) | 充油全塑管道电缆 | T6-0.5 | m | 2.0＋8.0＋5.0＝15.0(按图纸) |
|  |  |  |  | 镀锌铁线 | $\phi$1.5 mm | kg | 0.10 |
|  |  |  |  | 热塑端帽 | 不带气门 | 个 | 2.02(接头点处增加 1 个) |
|  |  |  |  | 电缆卡子 |  | 只 | 7.00 |
| 3 | 布放管道市话全塑电缆(800 对以下) | TX4-084 | 0.125(1 000 m) | 全塑管道电缆 | T6－0.5 | m | 125.07×(1＋1.5%)＝126.95 |
|  |  |  |  | 电缆托板 | 三线 | 块 | 18.18(设计给定) |
|  |  |  |  | 托板塑垫 |  | 块 | 18.18(设计给定) |
|  |  |  |  | 镀锌铁线 | $\phi$1.5 mm | kg | 3.05×0.125＝0.38 |
|  |  |  |  | 镀锌铁线 | $\phi$4.0 mm | kg | 49.74×0.125＝6.22 |
|  |  |  |  | 热塑端帽 | 不带气门 | 个 | 8.08×0.125＝1.01 |
| 4 | 塑隔电缆芯线接续(0.1 mm 以下模块式) | TX5-042 | 6.00(百对) | 接线模块 | 4000-DWP 25 回线 | 块 | 4.04×6.00＝24.24 |
| 5 | 充油膏套管接续($\phi$130×900) | TX5-059 | 1.0 个 | 充油膏接头套管 | $\phi$130×900 | 套 | 1.01×1.0＝1.01 |
|  |  |  |  | 填充油膏剂 | 4442 树脂 | kg | 4.67×1.0＝4.67 |
|  |  |  |  | 尼龙固定卡带 |  | 根 | 2.02×1.0＝2.02 |

4. 预算编制

(1)预算编制说明

①工程概况

本设计为××市××电话局 34 号交接箱配线管道电缆线路工程一阶段施工图设计。在主干通信管道内人工布放填充油膏型 600 对电缆一条；布放电杆或墙壁引上全塑市话填充油膏型 600 对电缆一条，其中 600 对电缆中 400 对引上 200 对接另一电缆；预算总价值为 31 774.81 元。其中建安费 27 404.35 元，工程建设其他费 3 148.35 元，预备费 1 222.11 元；总工日为 39.44，其中技工工日 30.10，普工工日 9.34。

②编制依据及对采用的取费标准和计算方法

a. 编制依据

(a)施工图设计纸及说明；

(b)原邮电部〔1995〕626 号关于发布《通信建设工程概算、预算编制办法及费用定额》等标准的通知；

(c)原邮电部〔1995〕954 号"关于发布《通信建设工程类别划分标准》的通知"；

(d)《××市电信建设工程概算、预算常用电信器材基础价格目录》；

(e)原邮电部〔1997〕52 号《关于明确通信建设工程概、预算中"流动施工津贴标准"的通知》；

(f)国家计委、建设部〔2002〕10 号关于发布《工程勘察设计收费管理规定》的通知。

b. 有关费用与费率的取定

(a)本工程为一阶段设计，总预算中计列预备费，费率为 4%；

(b)本工程为四类工程，施工企业资质为三级，因此技工人工费取定 24.00×70%＝16.8 元/工日；普工费单价为 11.00 元/工日；

(c)主材运杂费费率取定：电缆按运距 1 500 km 以内取定为 3.8%；钢材及其他运杂费费率按 1 500 km 以内取定为 9%；塑料及塑料制品按运距 500 km 以内取定为 6.5%；

(d)主材不计包装费；

(e)本工程不计取施工用水、电、蒸汽费。

③ 工程技术经济指标分析

本单项工程总投资 31 774.81 元。其中建安费 27 404.35 元；工程建设其他费 3 148.35 元；预备费 1 222.11 元。敷设全塑市话电缆 600 对管道电缆 0.125 千米条，折合 75"对千米"，平均每"对千米"423.66 元。

④ 其他需说明的问题(略)。

(2)预算表格

① 预算总表(表一)，表格编号：34-B1；

② 建筑安装工程费用预算表(表二)，表格编号：34-B2；

③ 建筑安装工程施工机械使用费预算表(表三乙)，表格编号：34-B3J；

④ 建筑安装工程施工机械使用费预算表(表三乙)，表格编号：34-B3Y；

⑤ 器材预算表(表四甲)，表格编号：34-B4J；

⑥ 工程建设其他费用预算表(表五甲)，表格编号：34-B5J。

## 通信建设工程预算表格预算总表(表一)

单项工程名称:交接箱配线管道电缆线路工程　　建设单位名称:××电话局　　表格编号:34-B1　第　页

| 序号 | 概、预算表编号 | 工程或费用名称 | 概、预算价值(元)或外币(　) | | | | | | | |
|---|---|---|---|---|---|---|---|---|---|---|
| | | | 建筑工程 | 需要安装的设备 | 安装工程 | 不需安装的设备工器具 | 其他费用 | 预备费 | 总价值 | |
| | | | | | | | | | 人民币(元) | 其中外币(　) |
| 1 | 2 | 3 | 4 | 5 | 6 | 7 | 8 | 9 | 10 | 11 |
| 1 | 34-B2 | 工程费 | | | 27 404.35 | | | | 27 404.35 | |
| 2 | 34-B5J | 工程建设其他费 | | | | | 3 148.35 | | 3 148.35 | |
| 3 | | 小计 | | | 27 404.35 | | 3 148.35 | | 30 552.70 | |
| 4 | | 预备费(小计×4%) | | | | | | 1 222.11 | 1 222.11 | |
| 5 | | 合计 | | | 27 404.35 | | 3 148.35 | 1 222.11 | 31 774.81 | |
| | | | | | | | | | | |

设计负责人:×××　　审核:×××　　编制:×××　　编制日期:××××年×月×日

注:凡由企业运营费列支的项目,不计入总价值,其数字加括号以示区别。

## 建筑安装工程费用预算总表(表二)

单项工程名称:交接箱配线管道电缆线路工程　　建设单位名称:××电话局　　表格编号:34-B2　第　页

| 序号 | 费用名称 | 依据和计算方法 | 技工费(元) | 普工费(元) | 合计(元) |
|---|---|---|---|---|---|
| 1 | 2 | 3 | 4 | 5 | 6 |
| | 建筑安装工程费 | 一～四之和 | | | 27 404.35 |
| 一 | 直接工程费 | (一)～(三)之和 | | | 26 075.42 |
| (一) | 直接费 | 1～3之和 | | | 25 013.88 |
| 1 | 人工费 | (1)+(3) | | | 608.42 |
| (1) | 技工费 | 16.8元×技工工日 | 505.68 | | 505.68 |
| (2) | 成建制普工费 | | | | |
| (3) | 普工费 | 11元×普工工日 | | 102.74 | 102.74 |
| 2 | 材料费 | (1)+(2) | | | 24 362.69 |
| (1) | 主要材料费 | (表四甲) | | | 24 169.34 |
| (2) | 辅助材料费 | 主材费×0.8% | | | 193.35 |
| 3 | 机械使用费 | (表三乙) | | | 42.77 |
| (二) | 其他直接费 | 1～13之和 | | | 808.13 |
| 1 | 冬雨季施工增加费 | 人工费×6% | | | 36.51 |
| 2 | 夜间施工增加费 | 人工费×4% | | | 24.34 |
| 3 | 工程干扰费 | 人工费×10% | | | 60.84 |
| 4 | 特殊地区施工增加费 | 无 | | | |
| 5 | 新技术培训费 | 无 | | | |
| 6 | 仪器仪表使用费 | 技工费×4% | | | 20.23 |

续上表

| 序号 | 费用名称 | 依据和计算方法 | 技工费(元) | 普工费(元) | 合计(元) |
|---|---|---|---|---|---|
| 7 | 生产工具用具使用费 | 技工费×12% | | | 60.68 |
| | | 普工费×2% | | | 2.05 |
| 8 | 工程车辆使用费 | 技工费×13% | | | 65.74 |
| 9 | 工地器材搬运费 | 技工费×12% | | | 60.68 |
| 10 | 流动施工津贴 | 4.8元×技工工日 | | | 144.48 |
| 11 | 人工费差价 | 技工工日×8.8元 | | | 264.88 |
| | | 普工工日×4元 | | | 37.36 |
| 12 | 工程点交、场地清理费 | 技工费×6% | | | 30.34 |
| 13 | 施工生产用水电蒸汽费 | 无 | | | |
| (三) | 现场经费 | (1)+(2) | | | 253.40 |
| (1) | 临时设施费 | 技工费×11% | | | 55.62 |
| | | 普工费×5% | | | 5.14 |
| (2) | 现场管理费 | 技工费×32% | | | 161.82 |
| | | 普工费×30% | | | 30.82 |
| 二 | 间接费 | (一)+(二) | | | 242.73 |
| (一) | 企业管理费 | 技工费×48% | | | 242.73 |
| (二) | 财务费 | 无 | | | |
| 三 | 计划利润 | 人工费×30% | | | 182.53 |
| 四 | 税金 | 一～三之和×3.41% | | | 903.67 |

设计负责人:××× 审核:××× 编制:××× 编制日期:××××年×月×日

## 通信建设工程预算表格预算总表(表三甲)

单项工程名称:交接箱配线管道电缆线路工程 建设单位名称:××电话局 表格编号:34-B3J 第 页

| 序号 | 定额编号 | 项目名称 | 单位 | 数量 | 单位定额值(工日) | | 概、预算值(工日) | |
|---|---|---|---|---|---|---|---|---|
| | | | | | 技工 | 普工 | 技工 | 普工 |
| 1 | 2 | 3 | 4 | 5 | 6 | 7 | 8 | 9 |
| 1 | TX1-002 | 光(电)缆施工测量 | 100 m | 1.255 | 1.10 | | 1.38 | |
| 2 | TX4-144 | 布放电缆人孔抽水(积水) | 个 | 3.00 | | 1.00 | | 3.00 |
| 3 | TX4-123 | 布放交接箱成端电缆(600对以下) | 条 | 1.00 | 7.60 | | 7.60 | |
| 4 | TX4-097 | 布放电杆和墙壁引上电缆(200对以上) | 条 | 1.00 | 0.48 | 0.96 | 0.48 | 0.96 |
| 5 | TX4-084 | 人工敷设管道电缆(800对以下) | 1 000米条 | 0.125 | 17.79 | 30.26 | 2.22 | 3.78 |
| 6 | TX5-042 | 塑隔电缆芯线接续(0.6以下模块式) | 100对 | 6.00 | 0.66 | | 3.96 | |
| 7 | TX5-059 | 充油膏套管接续($\phi$130×900) | 个 | 1.00 | 1.53 | 0.38 | 1.53 | 0.38 |
| 8 | TX5-091 | 配线电缆全程测试 | 100对 | 6.00 | 1.50 | | 9.00 | |
| 9 | | 合计 | | | | | 26.17 | 8.12 |
| | | 市话线路工程总工日在100以下,调增15% | | | | | 3.93 | 1.22 |
| | | 总计 | | | | | 30.10 | 9.34 |

设计负责人:××× 审核:××× 编制:××× 编制日期:××××年×月×日

## 通信建设工程预算表格预算总表(表三乙)

单项工程名称:交接箱配线管道电缆线路工程　　建设单位名称:××电话局　　表格编号:34 - B3Y　第　页

| 序号 | 定额编号 | 项目名称 | 机械名称 | 单位 | 数量 | 单位定额值 | | 概、预算值 | | 备注 |
|---|---|---|---|---|---|---|---|---|---|---|
| | | | | | | 数量(台班) | 单价(元) | 数量(台班) | 单价(元) | |
| 1 | 2 | 3 | 4 | 5 | 6 | 7 | 8 | 9 | 10 | 11 |
| 1 | TX4-144 | 布放电缆人孔抽水(积水) | 离心水泵(ϕ50 mm以内) | 个 | 3.00 | 0.20 | 71.29 | 0.60 | 42.77 | |
| | 合计 | | | | | | | 0.60 | 42.77 | |
| | | | | | | | | | | |

设计负责人:×××　　审核:×××　　编制:×××　　编制日期:××××年×月×日

## 器材预算表(表四甲)

(主要材料表)

单项工程名称:交接箱配线管道电缆线路工程　　建设单位名称:××电话局　　表格编号:34 - B4J　第　页

| 序号 | 名　称 | 规格程式 | 单位 | 数量 | 单价(元) | 合计(元) | 备注 |
|---|---|---|---|---|---|---|---|
| 1 | 2 | 3 | 4 | 5 | 6 | 7 | 8 |
| 1 | 全塑市话管道电缆 | T6-0.5 | m | 149.95 | 138.80 | 20 813.06 | |
| 2 | 小计① | | | | | 20 813.06 | |
| 3 | 供销部门手续费(小计①×1.8%) | | | | | 374.64 | |
| 4 | 运杂费(小计①×3.8%) | | | | | 790.90 | |
| 5 | 运输保险费(小计①×0.1%) | | | | | 20.81 | |
| 6 | 采购及保管费(小计①×1%) | | | | | 208.13 | |
| 7 | 合计 | | | | | 22 207.54 | |
| 8 | 电缆托板 | 三线 | 块 | 18.18 | 5.35 | 97.26 | |
| 9 | 电缆接续模块(25 回线) | 4 000-DWP | 块 | 24.24 | 16.20 | 392.69 | |
| 10 | 镀锌铁线 | ϕ1.5mm | kg | 0.48 | 6.15 | 2.95 | |
| 11 | 镀锌铁线 | ϕ4.0 mm | kg | 6.22 | 4.80 | 29.86 | |
| 12 | 电缆卡子 | | 只 | 7.00 | 0.40 | 2.80 | |
| 13 | 充油膏电缆接头填充剂 | 4442 树脂 | kg | 4.67 | 72.00 | 336.24 | |
| 14 | 小计② | | | | | 861.80 | |
| 15 | 代销部门手续费(小计②×1.8%) | | | | | 15.51 | |
| 16 | 运杂费(小计②×9%) | | | | | 77.56 | |
| 17 | 运输保险费(小计②×0.1%) | | | | | 0.86 | |
| 18 | 采购及保管费(小计②×1%) | | | | | 8.62 | |
| 19 | 合计 | | | | | 964.35 | |
| 20 | 充油膏电缆接头套管 | (ϕ130×900) | 套 | 1.01 | 814.90 | 823.05 | |
| 21 | 托板塑料垫 | | 个 | 18.18 | 0.68 | 12.36 | |
| 22 | 热缩端帽(不带气门) | RSZ76×27 | 个 | 4.04 | 15.70 | 63.43 | |

续上表

| 序号 | 名　　称 | 规格程式 | 单位 | 数量 | 单价(元) | 合计(元) | 备注 |
|---|---|---|---|---|---|---|---|
| 23 | 尼龙卡带 | | 条 | 2.02 | 0.60 | 1.21 | |
| 24 | 尼龙网套 | | m | 1.8 | 6.5 | 11.70 | |
| 25 | 小计③ | | | | | 911.75 | |
| 26 | 供销部门手续费(小计③×1.8%) | | | | | 16.41 | |
| 27 | 运杂费(小计③×6.5%) | | | | | 59.26 | |
| 28 | 运输保险费(小计③×0.1%) | | | | | 0.91 | |
| 29 | 采购及保管费(小计③×1%) | | | | | 9.12 | |
| 30 | 合计 | | | | | 997.45 | |
| 31 | 总计 | | | | | 24 169.34 | |

设计负责人:×××　　审核:×××　　编制:×××　　编制日期:××××年×月×日

## 工程建设其他费用预算表(表五甲)

单项工程名称:交接箱配线管道电缆线路工程　　建设单位名称:××电话局　　表格编号:34-B5J　第　页

| 序号 | 费用名称 | 单位 | 数量 | 单价 | 合计(元) | 备　注 |
|---|---|---|---|---|---|---|
| 1 | 2 | 3 | 4 | 5 | 6 | 7 |
| 1 | 建设用地及综合赔补费 | | | | 无 | 给定 |
| 2 | 研究试验费 | | | | 无 | 给定 |
| 3 | 勘察设计费 | | | | 2 833.20 | |
| 4 | 生产准备费 | | | | 无 | 给定 |
| 5 | 供电贴费 | | | | 无 | 给定 |
| 6 | 施工队伍调遣费 | | | | 无 | 不足 26 km 不计列 |
| (1) | 技工调遣费 | | | | 无 | 不足 26 km 不计列 |
| (2) | 成建制普工调遣费 | | | | 无 | |
| 7 | 大型施工机械调遣费 | | | | 无 | 给定 |
| 8 | 定额编制管理费 | | | | 27.40 | 建安工程费×0.1% |
| 9 | 建设期投资贷款利息 | | | | 无 | 给定 |
| 10 | 建设单位管理费 | | | | 287.75 | 工程费×2.1%×50% |
| | 其中:工程质量监督费 | | | | (41.11) | 建安工程费×0.15% |
| 11 | 工程监理费 | | | | 无 | (不委托监理) |
| 12 | 运土费 | | | | 无 | 给定 |
| 13 | 合计 | | | | 3 148.35 | |

设计负责人:×××　　审核:×××　　编制:×××　　编制日期:××××年×月×日

注:勘察设计费说明:勘察费:$L$=125.5 m=0.125 5 km,则勘察费为起价 2 000×0.8=1 600 元;设计费:计费额=建安费+设备工器具购置费+联合试运转费=建安费=27 404.35 元,故设计费=计费额×0.045=27 404.35×0.045=1 233.20 元,即勘察设计费共计 2 833.20 元。

## 五、评价完成质量

(一)各小组介绍工作流程步骤,并演示操作过程、展示接续成果。

(二)学生按线务员作业程序、国家标准进行自评和互评。

(三)教师评价:教师对学生整个工作过程、结果进行评价,指出每个小组及成员的优点,并提出改进建议,综合评价学生各项能力。

(四)评价方案见表5—37。

表5—37　评价方案

| 评价指标(依据教学阶段设计) | 评价标准 | 评价依据 | 权重 | 自评分 | 互评分 | 教师评分 | 平均分 |
|---|---|---|---|---|---|---|---|
| 工程概况的内容编写 | 1. 工程概况的内容要求标准<br>2. 内容完整性<br>3. 内容准确性<br>4. 文字的规范性 | 学生编写的工程概况 | 20 | | | | |
| 编制依据内容编写 | 1. 编制依据内容要求标准<br>2. 内容完整性<br>3. 内容准确性<br>4. 文字的规范性 | 学生编写的编制依据 | 20 | | | | |
| 投资分析的内容编写 | 1. 投资分析的内容要求标准<br>2. 内容完整性<br>3. 内容合理性<br>4. 文字的规范性 | 学生编写的投资分析 | 20 | | | | |
| 需要说明问题内容编写 | 1. 需要说明问题内容要求标准<br>2. 内容完整性<br>3. 内容合理性<br>4. 文字的规范性 | 学生编写的需要说明问题内容 | 20 | | | | |
| 编制文件表格 | 1. 表格的编制方法标准<br>2. 内容完整性<br>3. 结果准确性 | 学生编制的表格 | 10 | | | | |
| 评价完成质量 | 1. 编写程序<br>2. 编制规范性 | 1. 实际编制过程<br>2. 学生编制结果 | 10 | | | | |

## 六、相关理论知识

### (一)通信机械定额

通信建设工程施工机械、仪表台班定额见表5—38、表5—39。

表 5－38 通信工程机械台班单价定额

| 编号 | 名称 | 规格（型号） | 台班单价（元） | 编号 | 名称 | 规格（型号） | 台班单价（元） |
|---|---|---|---|---|---|---|---|
| TXJ0001 | 光纤熔接机 | | 168 | TXJ0024 | 电缆拖车 | | 69 |
| TXJ0002 | 带状光纤熔接机 | | 409 | TXJ0025 | 滤油机 | | 57 |
| TXJ0003 | 电缆模块接续机 | | 74 | TXJ0026 | 真空滤油机 | | 247 |
| TXJ0004 | 交流电焊机 | 21 kV·A | 58 | TXJ0027 | 真空泵 | | 120 |
| TXJ0005 | 交流电焊机 | 30 kV·A | 69 | TXJ0028 | 台式电钻机 | $\phi$25 mm | 61 |
| TXJ0006 | 汽油发电机 | 10 kW | 290 | TXJ0029 | 立式钻床 | $\phi$25 mm | 62 |
| TXJ0007 | 柴油发电机 | 30 kW | 323 | TXJ0030 | 金属切割机 | | 54 |
| TXJ0008 | 柴油发电机 | 50 kW | 333 | TXJ0031 | 氧炔焊接设备 | | 81 |
| TXJ0009 | 电动卷扬机 | 3 t | 57 | TXJ0032 | 燃油式路面切割机 | | 121 |
| TXJ0010 | 电动卷扬机 | 5 t | 60 | TXJ0033 | 电动式空气压缩机 | 0.6 $m^3$/min | 51 |
| TXJ0011 | 汽车式起重机 | 5 t | 400 | TXJ0034 | 燃油式空气压缩机 | 6 $m^3$/min | 326 |
| TXJ0012 | 汽车式起重机 | 8 t | 575 | TXJ0035 | 燃油式空气压缩机(含风镐) | 6 $m^3$/min | 330 |
| TXJ0013 | 汽车式起重机 | 16 t | 868 | TXJ0036 | 污水泵 | | 56 |
| TXJ0014 | 汽车式起重机 | 25 t | 1 052 | TXJ0037 | 抽水机 | | 57 |
| TXJ0015 | 汽车式起重机 | 50 t | 4 169 | TXJ0038 | 夯实机 | | 53 |
| TXJ0016 | 载重汽车 | 5 t | 154 | TXJ0039 | 气流敷设设备(含空气压缩机) | | 1 449 |
| TXJ0017 | 载重汽车 | 8 t | 220 | TXJ0040 | 微管微缆气吹设备 | | 1 715 |
| TXJ0018 | 载重汽车 | 12 t | 294 | TXJ0041 | 微控钻孔敷管设备(套) | 25 t 以下 | 1 803 |
| TXJ0019 | 载重汽车 | 20 t | 622 | TXJ0042 | 微控钻孔敷管设备(套) | 25 t 以上 | 2 168 |
| TXJ0020 | 叉式装载车 | 3 t | 331 | TXJ0043 | 水泵冲槽设备(套) | | 417 |
| TXJ0021 | 叉式装载车 | 5 t | 401 | TXJ0044 | 水下光(电)缆沟挖冲机 | | 1 682 |
| TXJ0022 | 光缆接续车 | | 242 | TXJ0045 | 液压顶管机 | 5 t | 348 |
| TXJ0023 | 电缆工程车 | | 574 | | | | |

表 5－39 通信工程仪表台班单价定额

| 编号 | 名称 | 规格(型号) | 台班单价（元） | 编号 | 名称 | 规格(型号) | 台班单价（元） |
|---|---|---|---|---|---|---|---|
| TXY0001 | 数字传输分析仪 | 155/622 Mbit/s | 1 002 | TXY0012 | 多波长计 | | 333 |
| TXY0002 | 数字传输分析仪 | 2.5 Gbit/s | 1 956 | TXY0013 | 信令分析仪 | | 257 |
| TXY0003 | 数字传输分析仪 | 10 Gbit/s | 2 909 | TXY0014 | 协议分析仪 | | 66 |
| TXY0004 | 稳定光源 | | 72 | TXY0015 | ATM 性能分析仪 | | 1 002 |
| TXY0005 | 误码测试仪 | 2 Mbit/s | 66 | TXY0016 | 网络测试仪 | | 105 |
| TXY0006 | 光可变衰耗器 | | 99 | TXY0017 | PCM 通道测试仪 | | 198 |
| TXY0007 | 光功率计 | | 62 | TXY0018 | 用户模拟呼叫器 | | 626 |
| TXY0008 | 数字频率计 | | 169 | TXY0019 | 数据业务测试仪 | | 1 193 |
| TXY0009 | 数字宽带示波器 | 20 Gbit/s | 873 | TXY0020 | 漂移测试仪 | | 1 765 |
| TXY0010 | 数字宽带示波器 | 50 Gbit/s | 1 956 | TXY0021 | 中继模拟呼叫器 | | 742 |
| TXY0011 | 光谱分析仪 | | 626 | TXY0022 | 光时域反射仪 | | 306 |

续上表

| 编号 | 名　称 | 规 格(型号) | 台班单价(元) | 编号 | 名　称 | 规 格(型号) | 台班单价(元) |
|---|---|---|---|---|---|---|---|
| TXY0023 | 偏振模色散测试仪 | | 626 | TXY0039 | 微波线路分析仪 | | 466 |
| TXY0024 | 操作测试终端(电脑) | | 74 | TXY0040 | 视频、音频测试仪 | | 187 |
| TXY0025 | 音频振荡器 | | 72 | TXY0041 | 视频信号发生器 | | 193 |
| TXY0026 | 音频电平表 | | 80 | TXY0042 | 音频信号发生器 | | 165 |
| TXY0027 | 射频功率计 | | 127 | TXY0043 | 绘图仪 | | 76 |
| TXY0028 | 天馈线测试仪 | | 193 | TXY0044 | 中频信号发生器 | | 113 |
| TXY0029 | 频谱分析仪 | | 78 | TXY0045 | 中频噪声发生器 | | 72 |
| TXY0030 | 微波信号发生器 | | 149 | TXY0046 | 测试变频器 | | 145 |
| TXY0031 | 微波/标量网络分析仪 | | 695 | TXY0047 | 移动路测系统 | | 1 002 |
| TXY0032 | 微波频率计 | | 145 | TXY0048 | 网络优化测试仪 | | 1 048 |
| TXY0033 | 噪声测试仪 | | 157 | TXY0049 | 综合布线线路分析仪 | | 153 |
| TXY0034 | 数字微波分析仪(SDH) | | 145 | TXY0050 | 经纬仪 | | 68 |
| TXY0035 | 射频/微波步进衰耗器 | | 92 | TXY0051 | GPS定位仪 | | 56 |
| TXY0036 | 微波传输测试仪 | | 364 | TXY0052 | 地下管线探测仪 | | 173 |
| TXY0037 | 数字示波器 | 350 Mbit/s | 95 | TXY0053 | 对地绝缘探测仪 | | 173 |
| TXY0038 | 数字示波器 | 500 Mbit/s | 121 | | | | |

(二)通信建设工程概算、预算编制办法(摘录)

## 第一章　总　　则

**第一条**　为适应通信建设工程发展需要,根据《建筑安装工程费用项目组成》(建标〔2003〕206号)等有关文件,对原邮电部《通信建设工程概算、预算编制办法及费用定额》(邮电部〔1995〕626号)中的概算、预算编制办法进行修订。

**第二条**　本办法适用于通信建设项目新建和扩建工程的概算、预算的编制;改建工程可参照使用。

通信建设项目涉及土建工程、通信铁塔安装工程时,应按各地区有关部门编制的土建、铁塔安装工程的相关标准编制工程概算、预算。

**第三条**　通信建设工程概算、预算应包括从筹建到竣工验收所需的全部费用,其具体内容、计算方法、计算规则应依据信息产业部发布的现行通信建设工程定额及其他有关计价依据进行编制。

**第四条**　通信建设工程概算、预算的编制应由具有通信建设相关资质的单位编制;概、预算编制、审核以及从事通信工程造价的相关人员必须持有信息产业部颁发的《通信建设工程概、预算人员资格证书》。

## 第二章　设计概算与施工图预算的编制

**第五条**　通信建设工程概算、预算的编制,应按相应的设计阶段进行。当建设项目采用两阶段设计时,初步设计阶段编制设计概算,施工图设计阶段编制施工图预算。采用一阶段设计时,应编制施工图预算,并列预备费、投资贷款利息等费用。建设项目按三阶段设计时,在技术设计阶段编制修正概算。

**第六条** 设计概算是初步设计文件的重要组成部分。编制设计概算应在投资估算的范围内进行。

施工图预算是施工图设计文件的重要组成部分。编制施工图预算应在批准的设计概算范围内进行。

**第七条** 一个通信建设项目如果有几个设计单位共同设计时，总体设计单位应负责统一概算、预算的编制原则，并汇总建设项目的总概算。分设计单位负责本设计单位所承担的单项工程概算、预算的编制。

**第八条** 通信建设工程概算、预算应按单项工程编制。单项工程项目划分见附表一。

**第九条** 设计概算的编制依据

一、批准的可行性研究报告；

二、初步设计图纸及有关资料；

三、国家相关管理部门发布的有关法律、法规、标准规范；

四、《通信建设工程预算定额》（目前通信工程用预算定额代替概算定额编制概算）、《通信建设工程费用定额》、《通信建设工程施工机械、仪表台班费用定额》及其有关文件；

五、建设项目所在地政府发布的土地征用和赔补费等有关规定；

六、有关合同、协议等。

**第十条** 施工图预算的编制依据

一、批准的初步设计概算及有关文件；

二、施工图、标准图、通用图及其编制说明；

三、国家相关管理部门发布的有关法律、法规、标准规范；

四、《通信建设工程预算定额》、《通信建设工程费用定额》、《通信建设工程施工机械、仪表台班费用定额》及其有关文件；

五、建设项目所在地政府发布的土地征用和赔补费用等有关规定；

六、有关合同、协议等。

**第十一条** 设计概算由编制说明和概算表组成。

一、编制说明包括的内容：

（一）工程概况、概算总价值；

（二）编制依据及采用的取费标准和计算方法的说明；

（三）工程技术经济指标分析：主要分析各项投资的比例和费用构成，分析投资情况，说明设计的经济合理性及编制中存在的问题；

（四）其他需要说明的问题。

二、概算表（见附表二）。

**第十二条** 施工图预算由编制说明和预算表组成。

一、编制说明包括的内容：

（一）工程概况、预算总价值；

（二）编制依据及采用的取费标准和计算方法的说明；

（三）工程技术经济指标分析；

（四）其他需要说明的问题。

二、预算表（见附表二）。

**第十三条**　设计概算、施工图预算的编制应按下列程序进行：

一、收集资料，熟悉图纸；

二、计算工程量；

三、套用定额，选用价格；

四、计算各项费用；

五、复核；

六、写编制说明；

七、审核出版。

## 第三章　引进设备安装工程概算、预算的编制

**第十四条**　引进设备安装工程概算、预算的编制依据

引进设备安装工程概算、预算的编制依据，除参照第九条、第十条所列条件外，还应依据国家和相关部门批准的引进设备工程项目订货合同、细目及价格，以及国外有关技术经济资料和相关文件等。

**第十五条**　引进设备安装工程的概算、预算（指引进器材的费用），除必须编制引进国的设备价款外，还应按引进设备的到岸价的外币折算成人民币的价格，依据本办法有关条款进行编制。

引进设备安装工程的概算、预算应用两种货币表现形式，其外币表现形式可用美元或引进国货币。

**第十六条**　引进设备安装工程的概算、预算除应包括本办法和费用定额规定的费用外，还应包括关税、增值税、工商统一税、海关监管费、外贸手续费、银行财务费和国家规定应计取的其他费用，其计取标准和办法应参照国家或相关部门的有关规定。

**第十七条**　引进设备安装工程的概算、预算的组成除应包括第二章规定的内容外，概、预算的表格还应包括：《引进器材概算、预算表》（表四乙）、《引进设备工程建设其他费概算、预算表》见附表中的（表五乙）。

### 七、想 一 想

1. 总结文件编制程序。

2. 总结文件编制主要内容。

3. 查找有关概、预算文件编制软件，试分析其主要特点。

4. 试用有关概、预算文件编制软件和手工对同一工程进行设计对比其特点，并指出概、预算文件编制软件存在不足。

5. 试用电子表格编制通信线路工程设计软件。

# 附　录

## 实训一　电缆芯线接续

### 一、实训目的

(一)掌握扣式接线子接续方法。

(二)掌握模块式接线子接续方法。

### 二、设备及仪器

(一)扣试接线子。

(二)模块式接线子。

(三)电缆若干。

### 三、内容与步骤

(一)扣式接线子接续法

1. 扣式接线子接续规定

(1)按设计要求的型号选用扣式接线子。

(2)接续长度为 50 mm,并扭绞 3～4 花。

(3)接线子排列整齐、均匀,每 5 对(同一领示色)为一组,分别倒向两侧的电缆切口。

(4)无接续差错,芯线绝缘电阻合格。

2. 直接口与分歧接口接续步骤

(1)根据电缆对数、接线子排数,电缆芯线留长应不小于接续长度的 1.5 倍。

(2)剥开电缆护套后,按色谱挑出第一个超单位线束,将其他超单位线束折回电缆两侧,临时用包带捆扎,以便操作,将第一个超单位线束编好线序。

(3)把待接续单位的局方及用户侧的第一对线(4 根)或三端芯线(复接、6 根)在接续扭线点疏扭 3～4花,留长 5 cm,对齐剪去多余部分,要求 4 根导线平直、无钩弯。a 线与 a 线、b 线与 b 线压接,如图 F1 所示。

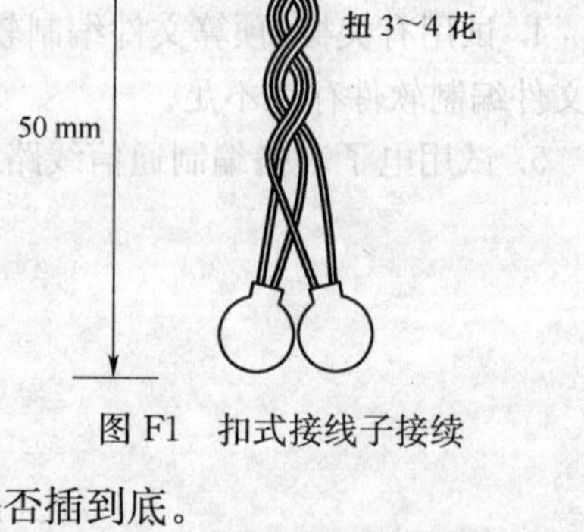


图 F1　扣式接线子接续

(4)将芯线插入接线子进线孔内。对于直接口,两根 a 线(或 b 线)插入二线接线孔内;对于复接,将 3 根 a 线(或 b 线)插入三线接线孔内。操作人员必须观察芯线是否插到底。

(5)芯线插好后,将接线子放置在压接钳钳口中,可先用压接钳压一下扣帽,观察接线子扣帽是否平行压入扣身并与壳体齐平,然后再一次压接到底。用力要均匀,扣帽要压实压平,如有异常，可重新压接。

(6)压接后用手轻拉一下芯线，防止压接时芯线跑出没有压牢。

3. 芯线的掏线搭接(T字形接)步骤

(1)将直通电缆芯线从4型或5型接线子侧面凹进的开口线槽套入，将扣式接线子在芯线上滑动，使扣式接线子悬挂在芯线上并放在预掏线的位置上，如图F2所示。

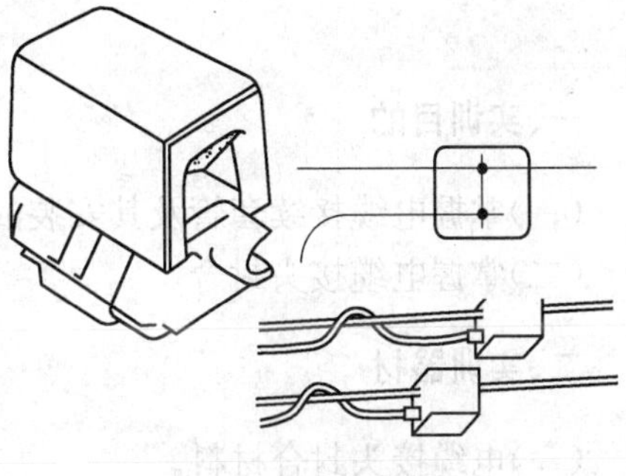

图F2 4型接线子

(2)将被搭接的电缆芯线插入4型或5型扣式接线子半通的进线孔内，通过透明的扣帽检查芯线位置及色谱，确认无误后预压扣帽，使接线子在芯线上固定。

(3)选用压接钳进行正式压接。

(4)进行电缆芯线的掏线搭接，常用在电缆装设分线设备的接头中。

(二)模块式接线子接续法

1. 模块式接线子接续规定

(1)按设计要求的型号选用模块式接线子。

(2)接续配线电缆芯线时，模块下层接局端线，上层接用户端线；接续中继电缆芯线时，模块下层接B端线，上层接A端线；接续不同线径芯线时，模块下层接细线径线，上层接粗线径线。

(3)模块排列整齐，松紧适度，线束不交叉，接头呈椭圆形。

(4)无接续差错，芯线绝缘电阻合格。

2. 准备工作和接口开长

(1)准备接线工具及接续器材，安装接线架，并把接线机头装在接线架上。

(2)电缆接续长度及模块式接线子排数应根据电缆对数、芯线直径及接头套管的直径等确定。

(3)全塑电缆护套开剥长度，根据电缆芯线接续长度而定。一般一字形接续(直接头)开剥长度至少为接续长度的1.5倍。例如：接续长度为483 mm，则护套开剥长度至少为483×1.5=724.5(mm)，如图F3所示。

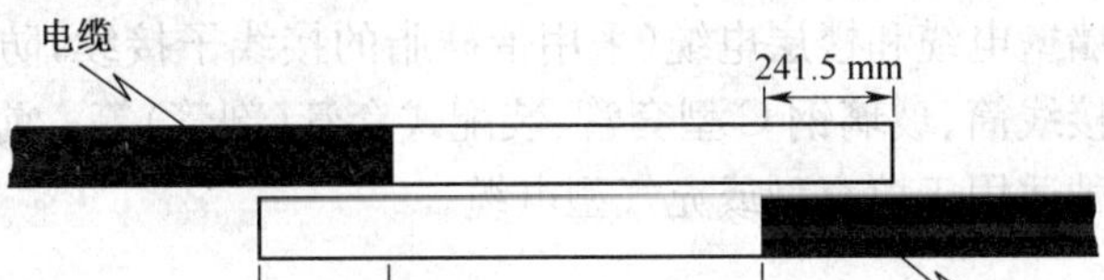


图F3 护套开剥长度

3. 模块接续注意事项

(1)模块接续时对不同线径的处理：将细线径芯线置于模块的下方，将较粗线径的芯线置于模块上方，即先放置较细线径，后放置较粗线径。

(2)模块三排列：3 000对及以上的大对数电缆的模块接续，为适应现有的热缩套管的最大外径，模块需分列三排，开口长度为678 mm。

(3)防潮措施：宜采用模块本体加防潮胶体为好，如 4000-DWP。

## 实训二 电缆接头封合

### 一、实训目的

(一)掌握电缆接续套管及其安装的技术要求。

(二)掌握电缆接头封合。

### 二、实训器材

(一)电缆接头封合材料。

(二)电缆若干。

### 三、内容与步骤

(一)全塑电缆接续套管及其安装的技术要求

全塑电缆线路的外界环境复杂、多变，外界影响因素较多。既要考虑经常性因素，如夏季烈日照射、严冬的低温和冰凌、风雨和气温变化以及潮气水分带来的影响；又要考虑突发现象如雷电、台风、地震的影响和电力烧伤、直流管线的泄漏腐蚀等影响。根据电缆线路的维护经验，电缆线路的故障大部分发生在电缆接头封合处，因此选用合适的封合材料和方式正确进行全塑电缆接头封合对设计、施工和维护工作具有极其重要的意义。

(二)全塑电缆接头封合的技术要求

(1)具有较强的机械强度，接头应能承受一定的压力和拉力。

(2)具有良好的密封性，能达到气闭要求。

(3)便于施工和维护，操作简单。

(4)具有较长的使用寿命。

(三)全塑电缆接续套管的封合方法

全塑电缆接头封合的类型有冷接法和热接法之分。冷接法主要应用于架空电缆线路和墙壁电缆线路；而热接法由于气闭性好，广泛应用于充气维护的电缆线路中。

1. 冷接法

用于架空电缆、墙壁电缆和楼层电缆(采用带硅脂的接线子接续，防潮性能较好)等，接续套管有多用接线盒、接线筒、玻璃钢 C 型套管、装配式套管(剖管)等。前 3 种接续套管主要应用于架空电缆，后一种适用于填充型或充气型电缆。

2. 热接法

热接法大体有：热缩套管封合法、注塑 O 型套管封合法和辅助 O 型套管包封法。

## 实训三 电缆的单盘检验

### 一、实训目的

(一)掌握单盘检验和配盘工作。

(二)掌握电缆的单盘检验与配盘仪表使用方法。

## 二、设备及仪器

(一)兆欧表、万用表、气压表、高压电表。

(二)对称电缆一盘。

## 三、内容与步骤

(一)不良线对检验

1. 断线检验

断线检验原理如图 F4 所示,通过模块式接线子将一端短路,另一端用模块开路,在调试端接出一根引线与耳机及干电池(3~6 V)串联后再接出一根摸线连测试塞子,通过模块式接线子的测试孔与芯线接触,如耳机听到“咯”声,说明是好线,如无声是断线。

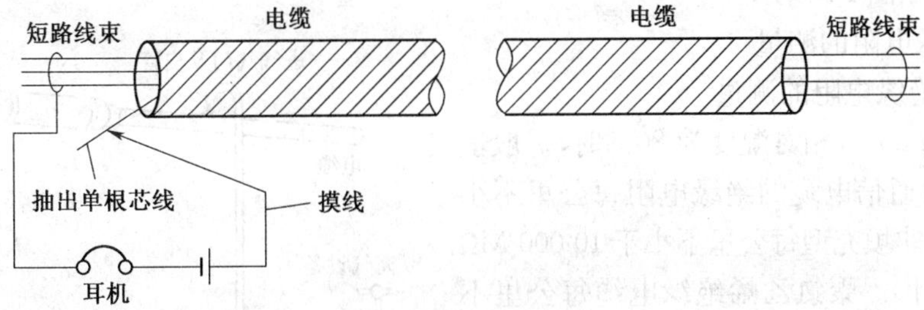


图 F4 断线检验原理图

2. 混线检验

混线检验原理如图 F5 所示,测试端的接法与断线检验相同,另一端全部芯线腾空,当摸线通过试线塞子和测试孔与被测芯钱接触时,耳机内听到“咯”声,即表明有混线。

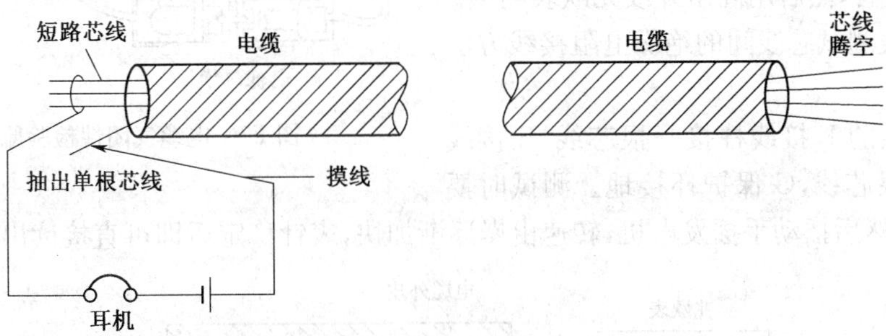


图 F5 混线检验原因

3. 地气检验

地气检验原理如图 F6 所示,电缆的另一端芯线全部腾空,测试端的耳机一端与金属屏蔽层连接,“摸线”通过试线塞子和模块型接线子的测试孔与芯线逐一碰触,当听到“咯”声时,即表示有地气。

(二)电缆气闭性检验

首先在全塑电缆的一端封上带气门的端帽,另一端封上不带气门的热缩端帽,以便充入气体和测量气压。充气时,在电缆气门处通过皮管连接一个 0~0.25 MPa 的气压表,用来指示气压。充气设备及输气管等不得漏气。充气设备可用人工打气筒或移动式充气机,充入电缆

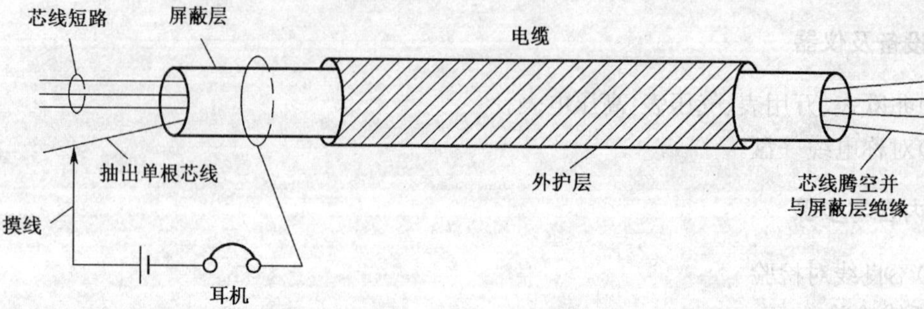


图 F6 地气检验原理

内的空气要经过干燥和过滤，滤气罐一般用有机玻璃制成，内装干燥剂。使用时，一般应串接两个滤气罐，如图 F7 所示。

（三）绝缘电阻的测量

1. 线间绝缘电阻的测量

在温度为 20℃，相对湿度为 80%时，一般填充型全塑市内通信电缆的绝缘电阻每公里不小于 3 000 MΩ；非填充型每公里不小于 10 000 MΩ（500 V 高阻计）。聚氯乙烯绝缘电缆每公里不小于 200 MΩ。测试电缆芯线绝缘电阻，一般使用 500 V 高阻计；500 V、量程 1 000 MΩ 的兆欧表只能用来测量局内电缆（施工现场也可代用）。测试时，首先将电缆两端护套各剥开 10～20 cm 左右，然后用高阻计或兆欧表测试。

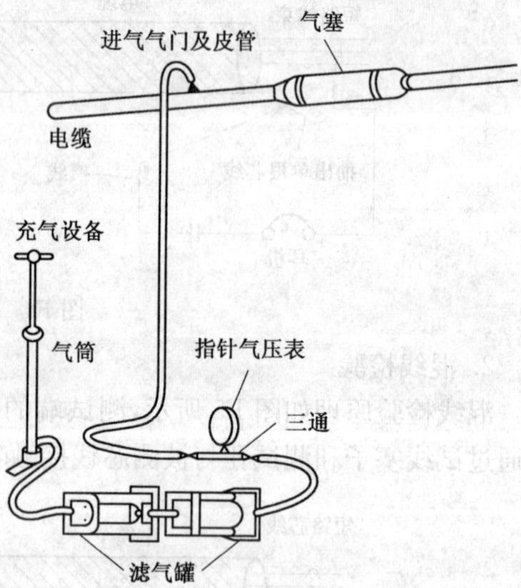


图 F7 电缆气闭性检验原理

用兆欧表测试芯线间的绝缘电阻接线方法如图 F8 所示。

将兆欧表的 L 接线柱接一根芯线，E 接线柱接至另一根芯线，G 保护环接地。测试时要把仪表放平，然后摇动手摇发电机，转速由慢逐渐加快，表针稳定后即可直接读出绝缘电阻值。

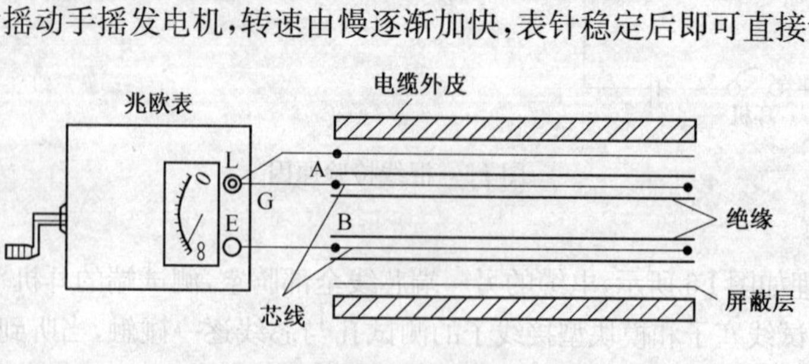


图 F8 用兆欧表测试芯线间的绝缘电阻

2. 芯线对地绝缘电阻的测量

用兆欧表测试芯线对地绝缘电阻的接线如图 F9 所示。

此时应将芯线与金属屏蔽层之间保持开路，L 接线柱接至被测芯线，E 接线柱接至金属屏蔽层，G 保护环接至芯线绝缘层表面。通过模块型接线子和测试塞子，可测试芯线与地之间的绝缘电阻，测试方法与测试芯线间的绝缘电阻相似。

（四）耐压测试

原则上所有电缆的芯线都应进行耐压测试，但在电缆质量比较稳定，绝缘电阻良好的情况下，也可以只对传输远供电源或在野外敷设的电缆进行测试。测试时可用输出电压相当的耐压测试器，根据通信行业标准规定的电压及时间进行。

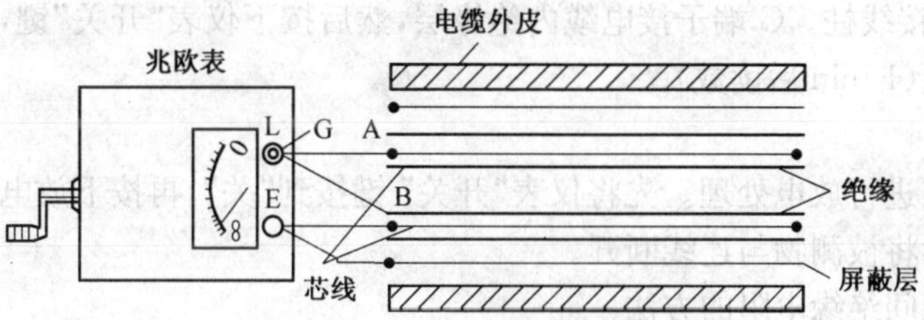


图 F9 用兆欧表测试芯线对地绝缘电阻

（五）电缆配盘

电缆配盘必须以单盘电缆检验记录、线路图、电缆分歧点、递减点的分布等为依据。

市内通信全塑电缆主要是根据电缆的制造长度配盘。根据线路图所提供的各种规格的电缆所在段长和现有盘装电缆的实际情况，在一定地段配设指定盘上一定长度的电缆，以免造成任意截断电缆，既增加接头，又浪费材料。对线路图所提供的长度，尤其对电缆管道的实际长度要进行实地测量。

同一地段应布放同一类型的电缆，根据自然地段等情况，必要时布放特种电缆。

在配盘时要注意不要把不同厂商的电缆或不同结构的电缆混在一起布放，应把它们分类集中在一个段落内。另外还应熟悉敷设电缆的沿途地形，必要时还要实地查勘，要考虑到线路通过的特殊地段对电缆实际长度的影响，如“S”弯、电缆余长、留长等。

# 实训四 线路绝缘电阻测试

## 一、实训目的

（一）掌握对称电缆 a、b 线间绝缘电阻的测试方法。

（二）掌握对称电缆 a 线或 b 线对屏蔽层的绝缘电阻的测试方法。

## 二、设备及仪器

（一）QZ3 型兆欧表（高阻计）。

（二）对称电缆一盘。

## 三、内容与步骤

（一）准备

利用兆欧表测试线路绝缘电阻时，连接有保安排或分线箱的电缆线路应使用不大于 250 V电压挡位。在电缆线路上没有连接保安设备者，可使用 500 V 电压挡位。

利用兆欧表测试线路绝缘电阻，应先将测量室的竖列保安单元拔出，并断开用户下线。

(二)校准

首先确定测量电压,然后应将“测量与校准选择开关”打到“校准”,按下仪表“开关”键,表头指针逐渐地指向校准线。如果一段时间后表针不指向校准线,应通过调整“校准”钮,将表针调到校准(红)线上。

(三)测量

首先将“测量与校准选择开关”打到“测量”位置。测量时用两根引线连到 L、E 接线柱上去,其中 E 为接地接线柱。G 端子接电缆内绝缘层,然后按下仪表“开关”键,表头所指的数值即为被测的电阻值(1 min 后读数)。

(四)放电

测试完毕后应进行放电处理。先将仪表“开关” 键按到“关”,再按下放电钮 2 s 放电,以免被测物带电。最后将被测物与连线断开。

(五)测试芯线间绝缘电阻的方法

测试接线方法参考实训三。

测试读数换算方法:

单位绝缘电阻数值=电缆芯线测试读数值×电缆长度 (MΩ · km)

(六)测试芯线对地(电缆屏蔽层)绝缘电阻的方法

测试接线方法参考实训三。

## 实训五 电缆线路障碍测试

### 一、实训目的

(一)掌握地气障碍点测定方法。

(二)掌握混线障碍点测定方法。

### 二、实训器材

(一)电缆故障测试器。

(二)电缆一盘。

### 三、内容与步骤

(一)地气障碍点测定

(1)在电缆的末端,把被测的好线与坏线各一根互相连接起来。

(2)测试端,将好线接在 $X_1$ 端子上,坏线接在 $X_2$ 端子上,如图 F10 所示。

(3)地端子连接电缆屏蔽层。

(4)先用测量环路电阻法,量出环路电阻值 $R_{ab}$。

(5)将量程变换倒向“V”。

(6)选择比率盘的比值,再调节变阻盘,使电桥平衡。

计算方法为:

$$R_x=\frac{R_{ab}-AR}{A+1}$$

(二)混线障碍点测定

混线障碍的测试原理如图 F11 所示，其测试原理和操作步骤基本上与地气测定方法一样，计算也完全使用同样的公式。所不同之处是：$X_2$ 端子连接混线中的一条，地端子连接混线的另一条。

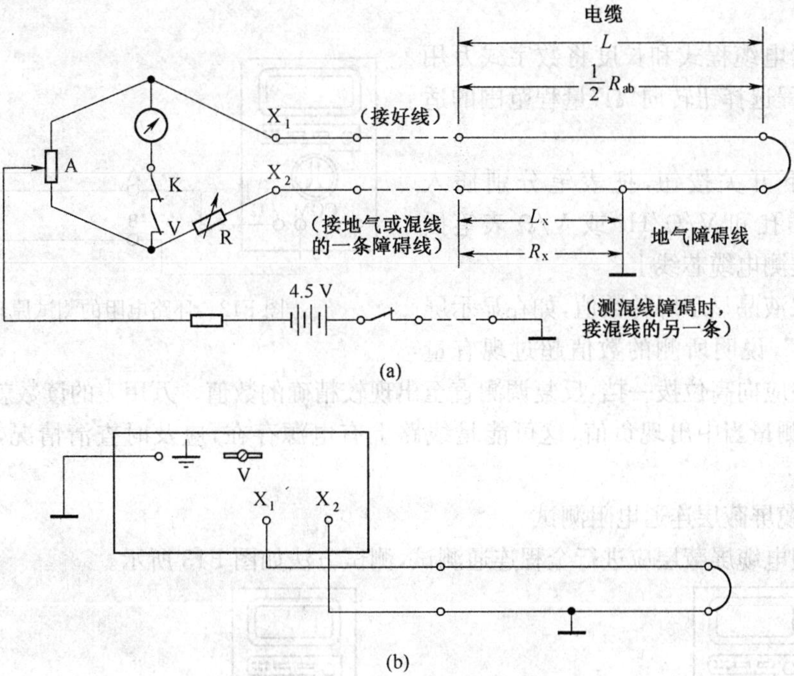


图 F10 地气障碍点测定原理

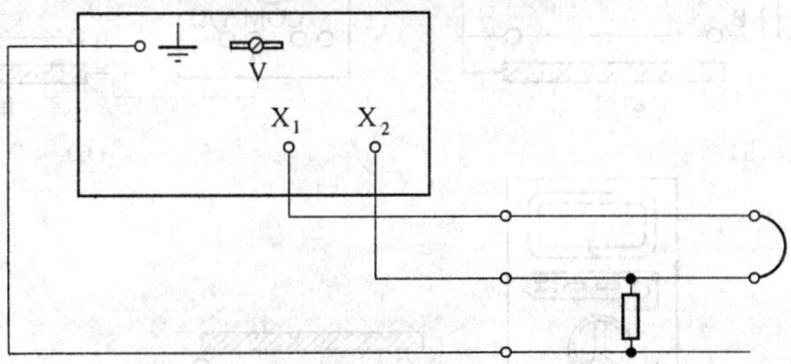


图 F11 混线障碍点测定原理

# 实训六 用万用表测试电缆线路

## 一、实训目的

(一)掌握环路电阻的测试方法。

(二)掌握电缆屏蔽层电阻的测试方法。

## 二、设备及仪器

(一)万用表。

(二)电缆若干。

三、内容与步骤

(一)环路电阻的测试

(1)将被测电缆芯线的始端与机房断开,在被测电缆的末端将两根芯线短路,如图 F12 所示。

(2)根据电缆程式和长度将数字式万用表的挡位量程选择钮转向"Ω"量程范围的适当挡位。

(3)按下开关按钮,把表笔分别插入 COM 表笔插孔和 V/Ω/Hz 或 V/Ω 表笔插孔,并接至被测电缆芯线上。

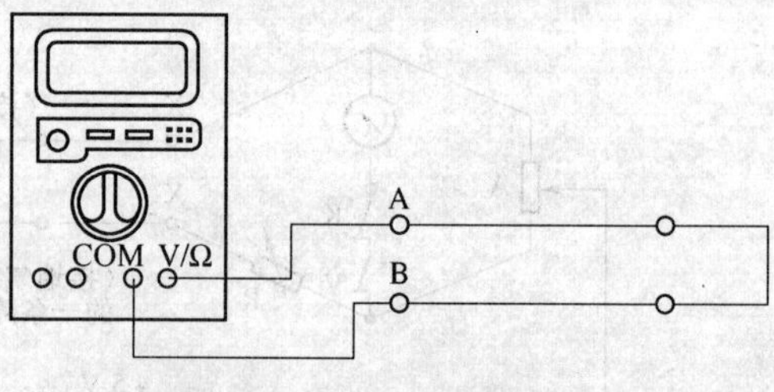

图 F12 环路电阻的测试原理

(4)读取液晶显示屏的数值,如在显示屏左侧出现"1",说明所测的数值超过现有量程,量程开关应向高位拨一挡,反复调测直至出现较精确的数值。万用表的读数就是导线的环阻值。如果测量当中出现负值,这可能是线路上有电源存在,应及时查清情况,否则将造成误差。

(二)电缆屏蔽层连通电阻测试

(1)全塑电缆屏蔽层应进行全程连通测试,测试方法如图 F13 所示。

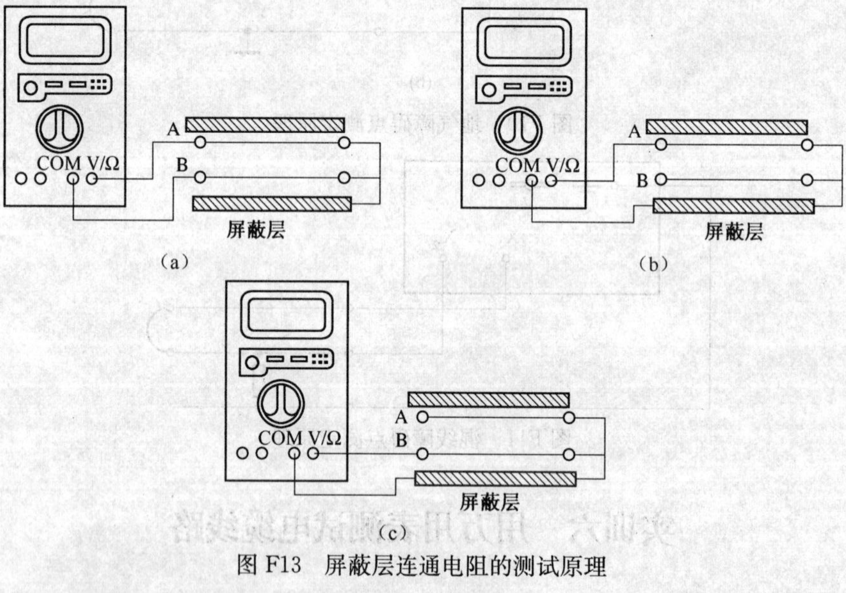

图 F13 屏蔽层连通电阻的测试原理

(2)全塑电缆屏蔽层连通电阻测试步骤

先要在被测电缆末端将一根屏蔽线牢固地卡接在电缆屏蔽层,选一对良好芯线,将其末端 A、B 线短路,并与电缆屏蔽线连通。

打开万用表开关,万用表连线插接正确,万用表量程开关拨到电阻量程范围,选择适当的测试挡位,准确读取读数。

①测试线对环路电阻 $R_{AB}$。

②测试 A 线与电缆屏蔽层的环路电阻 $R_{AE}$。

③测试 B 线与电缆屏蔽层的环路电阻 $R_{BE}$,用以下公式来计算出电缆每公里屏蔽层连通

电阻：

$$R_{屏}=\frac{R_{AE}+R_{BE}-R_{AB}}{2L}$$

式中 $L$——被测电缆长度 km。

# 实训七 接地电阻测试

## 一、实训目的

(一)掌握 ZC-8 型接地电阻测量仪的使用方法。

(二)掌握接地电阻测量测试方法。

## 二、设备及仪器

(一)ZC-8 型接地电阻测量仪。

(二)对称电缆一盘。

## 三、内容与步骤

(1)连接测试导线：用 5 m 导线连接 $P_2$ 端子与接地极，电位极用 20 m 接至 P 端子上，电流极用 40 m 接 C 端子上，如图 F14 所示。

(2)将表放平，检查表针是否指零位，若不为零应调节到零位。

(3)转动倍率盘到某数位置，如×0.1、×1、×10。

(4)以每分钟 120 转速摇动发电机，同时也转动测量盘使表针稳定在“零”位上不动为止。此时测量盘指示的刻度读数乘以倍率读数即为被测电阻值，即：

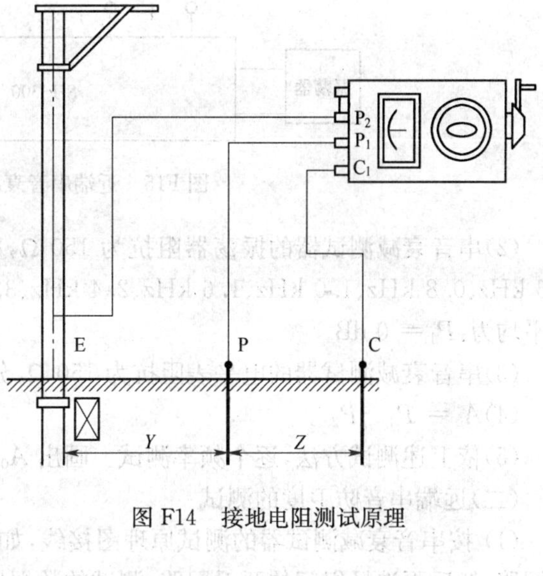


图 F14 接地电阻测试原理

被测电阻值(Ω)＝测量盘指数×倍率盘指数

# 实训八 电缆串音测试

## 一、实训目的

(一)掌握对称电缆四线组回路间近端串音衰减测试方法。

(二)掌握对称电缆四线组回路间远端串音防卫度测试方法。

(三)掌握串音衰减测试器的使用方法。

## 二、设备及仪器

(一)串音衰减测试器。

(二)仪表配套使用测试线。

(三)150 Ω终端电阻。

(四)对称电缆一盘。

## 三、内容与步骤

(一)近端串音衰减 $A_0$ 的测试

(1) 按串音衰减测试器的测试原理图接线,如图 F15 所示。测试时先选择同一四线组两对回路,然后再选择组间的两对回路,测试的数据填写在测试报告中的有关表格内。

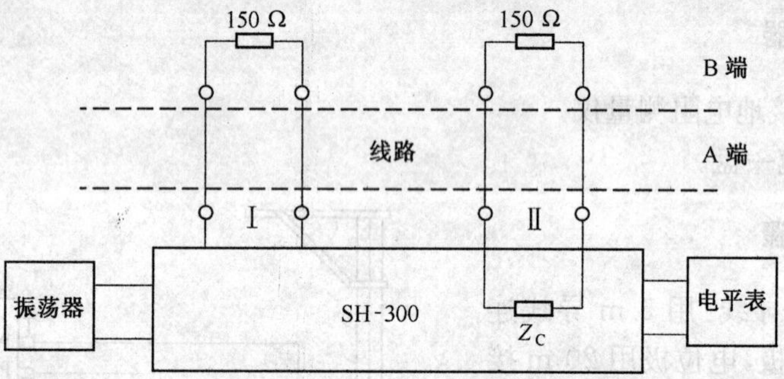


图 F15　近端串音衰减的测试原理

(2)串音衰减测试器的振荡器阻抗为 150 Ω,频率分别送:0.25 kHz、0.3 kHz、0.4 kHz、0.6 kHz、0.8 kHz、1.0 kHz、1.6 kHz、2.4 kHz、3.4 kHz、4.0 kHz、150 kHz、1 024 kHz,输出电平均为:$P_1 = 0$ dB。

(3)串音衰减测试器的电平表阻抗为 150 Ω,分别测出各频率的 $P_{20}$。

(4)$A_0 = P_1 - P_{20}$。

(5)依上述测试方法,逐个频率测试。画出 $A_0$ 与 $f$ 变化关系曲线。

(二)远端串音防卫度的测试

(1) 按串音衰减测试器的测试原理图接线,如图 F16 所示。测试时先选择同一四线组两对回路,然后再选择组间的两对回路,测试的数据填写在测试报告中有关表格内。

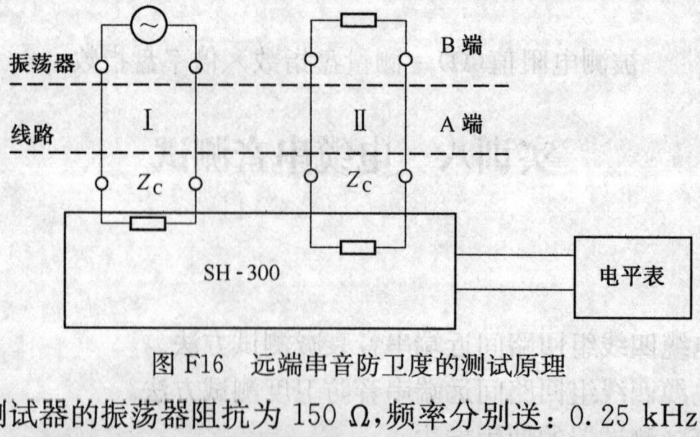


图 F16　远端串音防卫度的测试原理

(2)串音衰减测试器的振荡器阻抗为 150 Ω,频率分别送:0.25 kHz、0.3 kHz、0.4 kHz、0.6 kHz、0.8 kHz、1.0 kHz、1.6 kHz、2.4 kHz、3.4 kHz、4.0 kHz、150 kHz、1 024 kHz,输出

电平均为 0 dB。

(3)串音衰减测试器的电平表阻抗为 150 Ω,分别测出各频率的 $P_{信}$ 和 $P_{串}$。

(4)$A_u=P_{信}-P_{串}$。

(5)依上述测试方法,逐个频率测试,即可得 $A_u$ 与 $f$ 特性曲线。

# 实训九　环路电阻、不平衡电阻测试

## 一、实训目的

(一)掌握环路电阻的测量方法。

(二)掌握不平衡电阻的测量方法。

## 二、设备及仪器

(一)电桥。

(二)电缆若干。

## 三、内容与步骤

(一)环路电阻测量法

1. 测量原理(如图 F17 所示)

$$X=\frac{A}{B}R$$

式中　$A/B$——比率臂指示值;

$R$——比较臂指示值;

$X$——环路电阻的阻值。

2. 测量步骤

被测电缆芯线始端接在仪器的 $X_1$ 和 $X_2$ 接线端子上,末端混线。断接开关扳向“接入”,电键扳向 R,调整检流计,使指针指零。约估被测环阻值范围,按约估数调节比率臂的指示值,顺序按下 G 钮(0.01、0.1、1),再调节比较臂旋钮,使检流计指针在零线上无偏转,此时测量的结果可按上式计算。

在测量阻值大于 104 Ω 时,若发现检流计指针偏转不显著,可在仪器 G 接线端子上外接高灵敏指示仪表。此时已自动断开内接检流计线路。

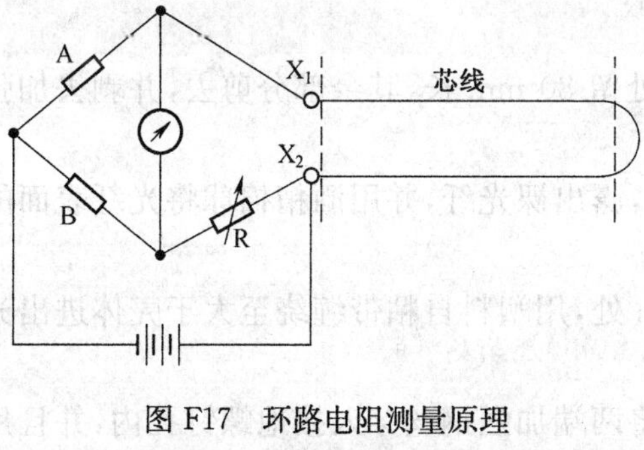


图 F17　环路电阻测量原理

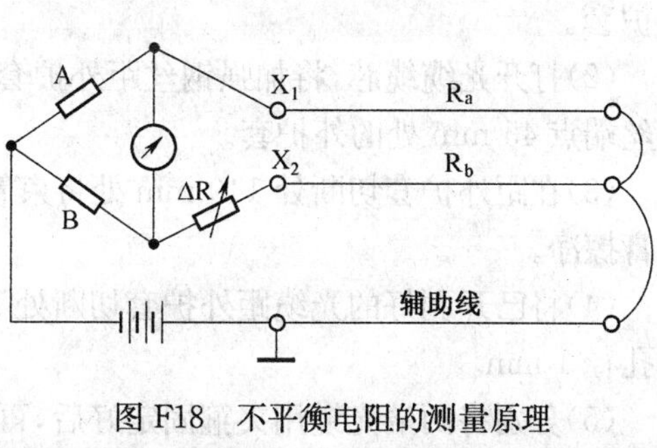


图 F18　不平衡电阻的测量原理

（二）不平衡电阻的测量

不平衡电阻的测试原理如图 F18 所示。仪器的比率臂调节在 1/1 处。电键扳向“V”的位置，电桥取得平衡时的比较臂读数，即为导线的不平衡电阻值 $\Delta R$。

$$\Delta R = R_a - R_b$$

若被测导线的电阻值较低，其不平衡电阻值较小，有可能使仪器的比较臂读数仅一位或无法平衡，则应该采用检流计指针分度偏读法来增加比较臂可读位数。

由于电桥平衡条件时必须满足 $R_a > R_b$，所以若发现电桥不能取得平衡时，可将 $X_1$ 和 $X_2$ 接线端互换。采用此方法时，不适宜用大地作为辅助线，因接地时会产生极化电流和带来其他杂散电流，给测量造成困难。

# 实训十　光 纤 熔 接

## 一、实训目的

（一）掌握光缆的正确开剥方法。

（二）掌握应用光纤切割刀进行光纤端面制作。

（三）掌握光纤熔接机的使用和维护。

（四）掌握运用热可缩补强法进行光纤接头保护。

（五）掌握余留光纤在接头盒中的收容。

## 二、实训器材

光纤熔接需要的设备和仪器包括光缆、热可缩管、酒精及清洁棉球、密封胶带、光缆护层开剥刀、束管钳、卡钳、扳手、螺丝刀、涂覆层剥离钳、光纤端面切割刀和光纤熔接机等。

## 三、内容与步骤

（一）光缆开剥及固定

（1）开剥光缆外护层。光缆开剥长度根据不同的接头盒确定。本次实训中光缆开剥长度为 1 200 mm。

将护套开剥刀放入光缆开剥位置，调整好光缆护套开剥刀刀片进深，沿光缆横向绕动护套开剥刀，将光缆护套割伤后拿下护套开剥刀，轻折光缆，使护套完全断裂，然后拉出光缆护套。

（2）打开光缆缆芯，将加强钢丝距外护套切断处留 80 mm 长，其余部分剪去，并剥去加强钢丝端点 45 mm 处的外护套。

（3）在距外护套切断处 140 mm 处将束管剥离，露出裸光纤，并用酒精棉球将光纤表面的油膏擦净。

（4）将已开剥好的光缆距外护套切断处 20 mm 处，用塑料自粘带缠绕至大于壳体进出光缆孔径 1 mm。

（5）分别将两端光缆用夹箍固定好后，再分别将两端加强钢丝穿入接地螺钉孔内，并且用螺母紧固螺钉，然后把光纤束管嵌入盘板的入口处，用尼龙扎带扎住束管。

（二）光纤熔接

(1)用酒精棉球将光纤接续所需要的材料、工具擦净待用，打开熔接机电源，选择熔接机模式（SM为单模光纤，MM为多模光纤），并选择合适的熔接参数。

(2)制备光纤端面

①清洁光纤涂覆层：用蘸有酒精的清洁棉球清洁光纤涂覆层（从光纤端面往里大约100 mm）。

②套光纤热缩管。

③去除涂覆层和清洁裸纤：用涂覆层剥离钳剥除光纤涂覆层，长为30～40 mm。

④光纤端面切割：使用光纤端面切割刀切割光纤，光纤切割长度为10～17 mm。端面做好后应保持光纤切割端面的清洁和无缺损，并立即将光纤放入熔接机，避免光纤端面与任何物体接触。

(3)熔接机上放置光纤

①打开防风罩。

②打开左、右光纤压板，提起光纤压板也就打开了光纤压脚。

③放置光纤于V型槽中，光纤端面必须放置在V型槽前端和电极中心线之间，放置光纤时应注意防止光纤端面接触任何物体，以免损伤端面。

④轻轻关闭光纤压板以压住光纤。

⑤以同样的方法制备和安装第二根光纤。

⑥关闭防风罩

(4)熔接操作

按“自动”键，光纤开始自动熔接。如果光纤状态检查及角度测量没有发生错误，熔接机将自动对准两侧光纤，然后熔接机产生一个高压放电电弧，使光纤熔接在一起。

当超过熔接损耗容限时，将显示错误信息，此时需重新熔接。在某些情况下，按“ARC”键，通过再放电可以改善熔接损耗，但在另一些情况下则可能恶化。

(5)取出光纤

①打开防风罩以及加热器夹具。

②把光纤热缩管移至熔接机左光纤压板用左手拿住（以热缩管套在左光纤为例），然后打开右侧光纤压脚和光纤压板，最后打开左侧光纤压脚和光纤压板。

③左手拿住热缩管，右手拿住右侧光纤从熔接机中取出光纤。

(6)熔接点加固

①将光纤热缩管滑至熔接处的中心，并确保加固金属体朝下。

②拉紧光纤的同时，将光纤放入加热器的中间位置，左边加热器夹具将自动关闭。

③继续拉紧光纤，用左手关闭右边加热器夹具。这可防止光纤在热缩套管内扭曲。

④按“HEAT”键，开始加热。

⑤打开左右加热器夹具，拉紧光纤，轻轻取出加固后的熔接点。

⑥观察热缩管内的气泡和杂质。

（三）盘纤

光缆接头必须留有一定长度的光纤，一般完成光纤连接后的余留长度（光缆开剥处到接头间的长度）为60～100 cm。进行光纤熔接时将熔接好的光纤盘于光纤盘板内，使每根光纤盘留半径大于45 mm以上，并把光纤加强管依次固定好。

# 实训十一 光缆测试

## 一、实训目的

(一)通过实验加深对理论知识的理解。

(二)掌握 OTDR 的使用方法。

(三)掌握光纤参数测试的技能。

## 二、设备及仪器

(一)OTDR 仪。

(二)光纤若干。

(三)活动连接器若干。

(四)酒精一瓶。

## 三、内容及步骤

(一)实训内容

(1)光纤断点测量。

(2)光纤两点平均损耗测量。

(3)光纤接头损耗测量。

(二)步骤

1. 菜单内容说明及基本操作

仪器具有五层菜单,包括一层主菜单及四层子菜单,只要按显示屏右边中文显示对应的按键即可执行其功能。

2. 条件设置

应根据所测光纤或光缆的长度、特性以及对测量的不同要求,合理地选择量程、脉宽、衰减、折射率和光缆正系数。

(1)量程选择

每量程表示在该量程内可显示的最大距离。为避免第二次菲涅尔反射的影响,一般应使所选量程为被测光纤长度的 2 倍。

(2)脉宽选择

仪器对每量程可发射 4 种不同的光脉冲。光脉冲宽度增加,后向散射光功率增加,波形的信噪比 4 得到改善,但测距空间分辨率下降。脉冲宽度变窄,信噪比变差,但可提高测机空间分辨率。因此,脉冲宽度按测试目的予以选择,可发射光脉冲宽度取决于光插件和所选的测距量程。

(3)衰减调整

根据光纤信号的大小,调整 ATT,将程控放大器衰减调到最佳值。

按对应衰减的菜单键,即进入衰减调整。其最大值设定为 20.00 dB,最小为 0.00 dB。顺时针转动旋钮,衰减值增大;逆时针转动,衰减值减小。其变化步距为 1.25 dB。

(4)折射率设定

其默认值为 1.460 00,可在 1.000 00～1.999 99 范围内变化。

根据所测光纤段的不同特性,置入适当的折射率。

(5)光缆修正系数调整

其默认值为 1.000 0,可在 0.800 0～1.000 0 范围内变化。

3. 量程选择

主要是根据测量要求对测得的波形进行分析所使用的方法。

(1)算法

算法就是测损耗所使用的计算方法,包括两点法、最小二乘法、合成法以及平均处理预制次数。

由于 OTDR 测长能力有限,距离越远,信噪比越差,因此应根据不同的光纤段合理选择两点法、最小二乘法或合成法以提高测损耗精度。

按对应"算法"的菜单键即进入算法选择菜单,此时再按与菜单对应的按键选择不同的算法,则在屏幕左下角相应位置显示其英文代号。当选择好算法后按"返回"键确认以便进行其他操作。

(2)项目选择

在测试的光纤中如果存在断点、连接点以及熔接点,如何知道断点、连接点的菲涅尔反射大小,熔接点的熔接损耗大小以及所测光纤段的平均衰耗呢?此时就可以通过项目选择来测出这些值的大小。

按对应"平均损耗"的菜单键,则可以测出任意两标志点之间的距离、损耗及两标志点的平均损耗。

按对应"连接损耗"的菜单键,则可以设置 4 个标志点,前两个标志点置于第一段光纤上,后两个标志点置于第二段光纤上,此时在屏幕相应位置将显示两段光纤的平均损耗以及连接损耗。

按对应"反射损耗"的菜单键,可测出菲涅尔反射峰大小。把第一个标志点置于菲涅尔反射峰的起始点,第二个标志点置于峰顶,即可测出该点的反射损耗。

(3)事件阀值

当对测得的波形进行自动搜索事件点时所设定的损耗阈值,即为事件阈值。事件阈值范围为 0.005～5.000 dB 其默认值为 0.005 dB。

(4)波形分析

当按"波形分析"菜单键时,则仪器将根据给定的事件阈值对测得的波形进行事件点自动搜索。

(5)事件表

如果对波形进行过波形分析或自动测试,此时可按对应"事件表"的菜单键调用事件表,了解所搜索到的事件点位置、性质及损耗大小。

(三)一般操作步骤

1. 接通电源

确认供给电源为交流 220 V±22 V 或专用电源,并确认仪器熔断器为 2 A 后,将电源线插头与仪器后面板上的电源插座相连。

接通电源开关,面板上全部指示灯点亮。仪器自测试通过后,键盘各按键进入工作状态。

2. 波长、群折射率及光缆修正系数设定

当仪器具有 1 310/1 550 nm 双波长功能时，按面板上的“λ” 键则可在 1 310 nm 和 1 550 nm 波长间选择所需的光波长，否则不用选择“λ”。

按“折射率设定”和“光缆修正系数调整”的操作方法设定光纤群折射率及光缆修正系数。

3. 测试光纤光缆的连接

将待测光纤光缆与光插件的光输出适配器相连。连接步骤如下：

(1)必须确保光连接器无灰尘污染，无任何外部杂物。

(2)用无水酒精棉球清洗光连接器的端面，加上匹配油。

(3)将光输出盒盖板向左移动。

(4)将光纤光缆连接器小心地插入光输出适配器，且适当旋紧。

(5)慢慢松回盖板。

## 实训十二　通信线路工程概、预算

### 一、实训目的

(一)通过实训加深对理论知识的理解。

(二)掌握概、预算有关文件精神。

(三)能阅读通信系统的工程竣工图。

(四)掌握通信工程概、预算的编制方法。

### 二、设备及仪器

(一)概、预算有关文件包括：原邮电部、建设部、中国人民建设银行文件。

(二)工程竣工图：通信系统工程图、竣工图。

(三)通信线路工程预算实例：根据施工图设计和已知条件，能编制通信线路工程预算。

(四)通信设备工程预算实例：根据施工图设计和已知条件，能编制通信设备工程预算。

### 三、内容与步骤

1. 线路工程已知条件

(1)工程概况：本设计为××局光缆环配套通信管道单项工程一阶段施工图设计。其中，新建 6 孔(6×1)$\phi$114 钢管管道 17.5 m；新建(3×2)$\phi$110 6 孔塑料管道 39.5 m；新建[1.2×1.7×1.8(内宽×内长×内高)]特殊手孔 1、2 共 2 个；钢管管道下方有污水沟，其基础应加筋；塑料管道基础不加筋；开人孔窗口一个。

(2)本工程采用一阶段设计。

(3)主材运距：钢材按 1 500 km 计取；水泥、塑料制品按 500 km 计取；主材及台班单价查定额。

(4)本工程为四类工程，施工企业为一级，其驻地距施工现场 26 km。

(5)施工用水电蒸汽费按 200 元估列。

(6)建设用地及综合赔补费总计 21 190 元。

(7)本工程不计列生产准备费、运土费、供电贴费、研究实验费、特殊地区施工增加费。

2. 设备工程已知条件

(1)本模拟工程为某石油水电厂新建120路长途人工交换设备安装工程。要求按一阶段工程预算编制。

(2)施工单位为二级施工企业,距工地 900 km。

(3)设备供货地点距工地 1 300 km,主要材料距工地为 1 200 km。

(4)工程类别为三类工程。

(5)辅材费调整系数为 1.5。

(6)施工生产用水、电、蒸汽费为 2 000 元。

(7)职工定员为 10 人,其中生产维护人员 6 人(计算培训人数时,不四舍五入)。

(8)联合试运转费 1 000 元。

(9)仪表使用费 500 元。

(10)供电贴费 1 000 元。

(11)勘察设计工日为 100 工日,每工日 85 元。(不需乘以系数。)

(12)建设用地及综合赔补费在本模拟工程中不发生。

(13)研究试验费 1 000 元。

(14)本工程无筹建机构,但有专业人员管理。

(15)原邮电部〔1991〕557 号《关于调整通信工程人工费的通知》规定:增加 8.8 元/工作日为人工费差额,计入概、预算表。凡以人工费取费的其计算基础仍以 24 元/工日为基数。

(16)给定本工程所安装的设备,除此之外,其余主要材料预算价为 10 000 元。

(17)给定本工程所工程所需主要材料,除此之外,其余主要材料预算价为 20 000 元。

(18)不需要安装的设备、工具、器具、仪表等在本次概、预算中不予考虑。

根据以上已知条件,分别进行通信工程概、预算设计。

# 参考文献

1. 简水生．通信线路原理．北京：中国铁道出版社，1984.
2. 晏蓉．光纤通信．北京：中国铁道出版社，2002.
3. 信息产业部通信行业职业技能鉴定指导中心．线务员（上册）．2002.
4. 信息产业部通信行业职业技能鉴定指导中心．线务员（下册）．2002.
5. 信息产业部通信工程定额质监中心．通信建设工程概预算人员培训教材．2002.
6. 李立高．通信工程概预算．北京：人民邮电出版社，2005.
7. 乔桂红．光纤通信．北京：人民邮电出版社，2005.
8. 李斯伟．数字通信系统原理．北京：人民邮电出版社，2008.
9. 陈昌海．通信电缆线路．北京：人民邮电出版社，2005.
10. 王郊．铁路通信技术．北京：中国铁道出版社，2008.
11. 晏蓉．多媒体新技术．北京：中国铁道出版社，2008.
12. 徐国庆．职业教育项目课程开发指南．上海：华东师范大学出版社，2009.